文化批判人類學——一個正在實驗的人文科學

Anthropology as Cultural Critique：An Experimental Moment in the Human Sciences

著 —— 喬治・馬庫斯（George E. Marcus）
—— 麥可・費雪（Michael M. Fischer）
譯 —— 林徐達

台灣版前言

《文化批判人類學》之計劃：過去和未來

馬庫斯

《文化批判人類學》一書是1980年代對於當時社會和文化詮釋的幾個批判潮流中的一環。當時在人類學裡，有幾項關於跨人類學以及其他諸如文學研究、哲學，以及歷史等學科間藩籬的行動——譬如，《文化人類學》期刊的開創——這種交換的觀點總是帶有一種強烈、卻尚未充分發展的傾向，或許其中最好的例子便是同樣在1986年所出版的《文化的寫作》（*Writing Culture*）一書。在這些跨學科的交換觀點中，特別重要的是關於女性主義、解構、電影和媒體研究、批判文化研究、科學研究等新式跨學科的大環境，以及利用新的思維作為對比，以修正傳統區域研究的努力。於是許多在1980年代以一般性的方式來加以理論化的新問題，都在1990年代的新式調查方法和研究策略中，獲得非常具體的內容。在1990年代的今天，再次閱讀《文化批判人類學》，極有助於對以下四個議題的審思。

一、文化批判的本質：「批判」（critique）此一觀念（以對立於評論〔criticism〕）起源自十八世紀的啓蒙運動，其致力於概念的澄清，以及評價邏輯性和有效度間的關係。在過去三個世紀以來，寰宇性應用的學習已不再是追求可靠且實用概念下所必需、甚至慣用的特色。的確，在人類學作爲文化過程的比較研究裡，其中一項持續的貢獻便是去堅持知識的生產及其多樣性內容二者間的關係。就像是幾何學一般——在歐幾里德幾何學尚未被開展出來前的時代裡，總是經常被想成是寰宇性的理性範式，並且將之作爲是親屬制度或是分娩等概念，或是有關時間、空間，或是人生觀概念下的一項實際操作。

「文化批判」就像《文化批判人類學》裡所運用的那樣，所指涉的不只是知識有效性的情況而已，並且是一種直接去評估社會和文化實踐的調查方法。我們從 1930 年代中舉出了三個影響 1970 和 80 年代文化批判的風格：德國法蘭克福學派早期、超現實主義及其法國人類學聯盟，以及美國大蕭條時代的文獻寫實主義。

90 年代，文化批判面臨了新的挑戰，大規模人口統計學上的改變，使得文化意義上「單一同質性國家」的想法受到挑戰；另外，還包括跨國際通訊以及視覺媒體的新形式出現等因素。即使頗富爭議，目前這種新形式在理性和認知模式的轉換上，正如先前由口述形式轉換成讀寫形式那樣深具潛力。這類新挑戰尚包含以提供新技術來影響大衆的新科技，正如我們在此一世界中的行動方式所賦予的一種新概念和隱喩那樣。而對人類學來說，最重要的是這些條件都需要調查和書寫的新形式，以便於應付這世界上的各種新演員和過程。然而我們絕不能就此輕易地向傳統的道德箴言或是政治評估的意識形態低頭，文化批判的新形式必須融入至日以俱增的專門知識和旨趣的協調中。傳統侷限於單一學者，並試圖以清晰的學術語言和個人權限的方式所書寫的民族誌，或將逐漸地屈服在目標明確的合作計劃上，即便該種計劃在當代人類學以及相關的學術訓練裡尚未尋得定位或是承認。在

1980 年代，我們將這種跨學科合作和對話式書寫的方式介紹給不同的讀者群。但美中不足的是，這些合作計劃裡的研究課題，並非是一個在傳統田野工作實踐下所描述的那種豐富的民族誌，而是一個令所有合作者——報導人、專家們，以及民族誌作者和文化譯者——都感到難以理解的活動領域。

在一個民族誌計劃裡的各個活動團體中，不管是重覆還是不同的知識旨趣，此一事實都需要結合這種新研究條件下的人類學家們，並且這種新的研究條件，不再是馬凌諾斯基式或是鮑亞士式專家們的研究特質，抑或是最近頗爲流行的「他者」理論所可以做到的。在這種新的研究條件下的合作者，已不再像是傳統模式底下的報導人，也不像是該人類學家計劃裡完全的夥伴。但至少他們相當於人類學家的社會位置。並且若欲挑出這種同等性說法中的異同之處，無異是去建構當代民族誌中合作計劃裡的運作關鍵。

是故，人類學計劃不再是對新世界的簡單發現，像是將奇風異俗翻譯成熟悉的事物，或是將奇風異俗給予去熟悉化而已，這個世界的發現已逐漸不爲任何人所熟悉或理解，而是所有的新發現都正在尋求解答。舉例來說，這類的計劃涉及了全球化過程中的在地效應，尤其是當我們不再堅持「現代化和歷史力量現在正利用此一效應，給予任何地點一個極爲相似的新定義」此種前提，並且如果我們注意到冷戰結束的同時，也同樣是兩極對立論點，或是三個世界這種簡易分類方式的結束。或許伴隨著所謂的「全球化」，會出現另一種另類突現的現代化，而探究人類學裡鮮爲人知的民族調查，正是延續當前研究批判的有效前提。

二、「回返」到文化批判人類學的多種方法和定位：在 1980 年代，我們主張人類學爲了實現它自 1920 年代以來，作爲世界上的文化和社會的比較研究此一承諾，需要「回返」其自身來研究自己的社會，就如同比較「其他」社會那樣地細微和嚴厲。在

1990年代，「回返」此一觀念已經逐漸變得太過單純與二元化，其中在社會和文化的形成過程中最爲有趣的地方皆是跨地方性且跨文化的操作方式。在1980年代，我們亦主張許多不同「多重田野場域民族誌」（multi-sited ethnography）的形成，即便該想法對於個人式民族誌作者而言，並非總是具備其操作的可能性，以作爲是在田野工作上的一項策略，但是「多重田野地點民族誌」作爲一項在概念上的架構，將會逐漸地成爲必需。我們所以爲的「多重田野場域」（"multi-sited"），其意義是超過文化差異的系統性研究——這麼說吧，譬如同樣的宗教，其意義會隨著從村落轉換到鄉鎮、都市的環境，或猶太移民的文化變遷，或商品的「社會興衰史」來轉換。我們也在意研究過程的困難度；舉例來說，南非社會的流動性黑人技術官員（technocrats），其意見足以影響約翰尼斯堡南方索威托城（Soweto）的勞工階級，但其所指涉之世界和專門知識，卻只是間接地對應了這些黑人勞工階級的經驗世界。於是「多重田野場域」計劃就可因此轉換於無差異的階層關係上（incommensurability）執行，並得作進一步的研究，使計劃的目的能更清晰地表現出來。「多重田野場域」計劃或許可以表現地更好——原先引以爲傲的結果，其實在擺脫道德壓力的面向上是無能爲力的，就像一個人（無論他位於該體系的哪一層面）對於其生存環境的各種議題，除非他可以切斷所有與金融經濟有關的聯繫，否則他根本無法避免問題的出現。這種種的關聯，都使得各種民族誌計劃都形構成一個整體，提供了各種有趣的可能性來具體擴大民族誌分析的領域，然而，它所付出的代價則是「偏袒」（"taking sides"）了道德經濟（moral economy）在民族誌歷史中成爲常見的議題。我們所主張的觀點在1990年代獲得了大家的注目，作爲一互動複雜的「田野工作」網絡中，人類學家與他者，也就是那些在傳統論述中被置於對照組的被報導人，當人類學家回溯其文化力量和改變中的社會壓力等網絡、變化、影響等連結時，與他者雖在共同地理解上感到興趣，但其中卻夾藏著不同的旨趣和風格。在1980年代，則是有關新的文類和寫作風格等實驗性議題，這包括了所謂的「共同合作」、「對話」等。如今可以確定的是，早期所強調的重點，預示了當今定義田野工作和研究策略的基準規範時所依循議論的方向。

三、「再現之危機」的艱難：「文化批判人類學」此一文化效應之崛起。作爲一門擁有優越的實驗價值以及深度保守的底基的學術訓練。部分人類學家已開始反抗「再現之危機」此一想法，無論此一「再現」反映了保存舊有概念的適當性，或甚至反映了其具有創造一新的客觀描述框架的信心。皆部份來自於對人類學深厚知識的堅持，迥異於衆多人類學家在有關民族誌議題的文化研究中所感受的膚淺性（superficialities），特別是受惑於過去對敘說和再現等框架的極端批判。不過，在許多工具實踐（instrumental practice）的領域（法律、科學、政治經濟），這種持續讓基礎知識處於不穩定的狀態——確實是當代民族誌的一項核心且特殊的事實。這些領域內的領導者經由眞實的全球事件，正首次體驗到到傳統和新方法間的連接，已讓研究者逐漸跳脫了往昔的窠臼。也正是這些領導者，得以對應晚期現代性所突顯的新世界，成爲人類學家的同僚，或是與持著不同目標，但卻因此一正在進行的高複雜度社會和文化互動變遷，而感到好奇或迷惑的人彼此共事。

在這些人中，對於民族誌所運用的方法感到特別有興趣的，包括非人類學家——譬如工程師或是建築師這類更需要了解使用者的人——以及主張那些科學哲學家在實證層面上是幼稚或是錯誤的科學社會學家、法律批判學者或公共健康專家等，則是有興趣於這些機構是如何實際運作和影響其生活，或是去探究調查知識領域內各種議題的記者在內。眼看著自身所考量的方法和概念被輕易地拿來挪用，部分人類學家感到並不舒服。（譬如，文學研究最近就挪用了人類學家對文化的概念，甚至是民族誌對此一觀念的實踐。）然而，在資訊蓬勃的今天，各種訊息對學術訓練所造成的重新配置，正給予了人類學大量的收穫，吸收汲取了這些精華，無異是給予了傳統民族誌在新環境中的系統性再製工程一項新線索。

更普遍地說，我們漸漸地發現了論點的有利條件——批判人類學承認了人類學的操作方式，已不再是像十五世紀的探險家那樣，尋找著「發現新世界」的理想典型。相反地，我們步入了新聞工作者、早期人類學家、歷史學家、文字創作者以及當然包括這些研究主體自身等所已提出的再現模式。因此，任何民族誌的主要架構工作，就是去並置這些早已存在的再現方式，以企圖去理解其生產物的多樣條件，並且將其結論分析合併融入至當代田野工作計劃的定義策略之中。就某種意義來說，正是這種將現存社會事實的再現領域融合至人類學的民族誌實踐之需求，激勵了民族誌在各種地點的研究領域，並成爲一種新的基準；以確認田野工作與傳統核心間兩者的關係。

我們在 1980 年代所論辯的寫作種類和模態的實驗性，並非只是去重振第一代現代人類學所早已完成的事業，而是企圖就民族誌實踐中，對於新形式實驗此一價值的恢復。寫作的新模態喚起了知識論的議題，直接涉及到研究的思考方式，以及知識是如何從中得以顯露出來；並且也促進了民族誌修辭的說服力，以作爲再現的競爭體制下的溝通模態。舉例來說，經由電視和其他流行媒體對其他不同文化知識所提供的串聯，提高了支撐學術報導的精確標準，並且甚至改變了人類學在推論自身社會上的空間與功能，或多或少地遠離了那種作爲不同人種間文化差異的詮釋者，所輕易建立並被認明的權威式角色。人類學維持了此種傳統功能，如今也明確地在極度複雜化的批判前提下操作著——相同的功能下仍存在著許多實踐上的差異；並且，這些差異會在當代任何人類學家所選擇的民族誌研究課題裡被發現。

四、**從人類學知識孕育的新政治學**：在1980年代中期，從過去民族誌的研究方法和基礎知識開啓了兩項非常顯著的挑戰——愛德華・薩伊將人類學歸類爲一種「東方主義」的形式，以及德瑞克・夫瑞曼對瑪格麗特・米德的田野工作及其對著名薩摩亞詮釋等準確度的質疑。我們運用這些挑戰來烘托人類學內部的批判，並認爲某些新趨勢已相當具創意地向人類學提出挑戰。事實上1980年代是多重詮釋的全盛時期，包括了當前的女性主義、後殖民研究、媒體研究、文化研究、以及科學研究等，都開始試圖「詮釋」自身的特性。在這些學科領域之中，人類學的位置扮演著夥伴、借用者，以及教師的角色。

此處值得去考量人類學及其批判調查的民族誌方法被非人類學家所借用和改造的程度。科學研究領域正是一個首要的例子。這不只是因爲人類學家曾經在其著作中貢獻至該領域，並且是因爲研究科學和科技的歷史學家找到人類學的概念和方法來作爲其自身研究的闡釋和操作工具。

後殖民研究包括幾項思想潮流，其中一項延續或修正了愛德華・薩伊的思想〔譬如，蓋雅翠・斯匹弗克（Gayatri Spivak）朝向更德希達和女性主義的方向；荷米・巴巴（Homi Bhabha）則朝向更具心理分析的方向〕，其他人則是直接地根植在〔由拉納吉・古哈（Ranajit Guha）所領導之次文化研究歷史學家們〕對印度次大陸的歷史資料再分析。這些對後殖民研究的興趣，包括了各種後殖民社會，從詹姆士・喬伊斯（James Joyce）筆下的愛爾蘭到對非洲和部分亞洲國家的分析。也有部份根植於印度次大陸，並在研究的過程中發現和其他區域間的關聯性。譬如對中國學者來說，該研究對中國自身歷史和文化提供了新的批判觀點。就像早期的附屬國理論一樣——其中以拉丁美洲、非洲、以及奧斯曼土耳其最爲適用——該理論之創始在全球或是世界歷史之輸入上，都具備寰宇化和本土化的意義。確實，民族誌在當地的深層知識及其在全球互動的過程中，確實證明了人類學在現代化的討論中，是一位重要的貢獻者，它在致力於重建下一世紀區域研究機構的過程中，也有切題性的關係。

至於人類學爲何對文化變遷等話語造成如許壓力，繫於底下的事實——那些當初曾經迴避將人類學視爲是開拓殖民地訓練的非洲大學，如今正在建立人類學科系，不僅表達了發展中的實際議題，同時更是有關文化形式和都會生活的概念性議題。對人類學家，第一世界的社會也同樣眞實地具備潛力，他們可以去扮演鍛造科學和科技等公共討論之角色，該角色——特別是醫學人類學所曾經扮演的——如今已經擴大到其他活動場域。這是因爲社區主體作爲公共議題所承擔之風險的緊急性、工業污染或是核電等風險、或是由新醫學科技以一種對立之位置來重新定義身體和生命，或是正在進行中的環境對其生命世界之影響。

於是，當今正在進行的民族誌研究已經失去一個「發現世界上民族的文化差異並爲之權威性代言」的傳統且顯著的功能——假使這並非是一項專斷的特色——此一事實並非像是長期以來所預料並且所害怕的那樣，成爲人類學一項警訊或是破壞性事件。我們能夠看見的是，知識上的政治型態自 1980 年代至 90 年代的轉變，諸如《文化批判人類學》以及《文化的書寫》這類書籍的出現所引爲標誌的，事實上已經爲長期以來人類學自身所需要的革新，展現了許多新的機會。其中有些顯然已在過去十年來成果輝煌，其他則是尚待探索與討論。不管這些機會是否需要依賴人類學家的勇氣、獨創性及其開放度，以建立其自身在權限授權上的新形式，這些機會與其他相關的學科訓練和知識領域的重新配置正似乎要啓動。它們將會仰賴民族誌所實踐的新規範和調整式典範間的連結，而在此一連結下，合作和對話不單只是民族誌寫作的理論和感想，也並非赤裸裸地揭露過去人類學家所一直在進行的研究方式，而是成爲新的研究景觀、議程以及人類學家所展示的新研究課題關係下的出發點。

英文版原序

在美國等地，最近數十年正目睹一場意義深遠的挑戰，這是對於自十九世紀晚期以來，企圖將社會科學引導成爲專業學術的理論目的與風格的挑戰。對徹底變革中的世界秩序的廣泛察覺，助長了這項挑戰，而它在 描述社會現實方面，也挑戰了我們在手段運用上的信心，這是任何一種社會科學所植基的基礎。因此，在當代的任何領域裡，只要它的研究主體是社會，它就會嘗試以鮮明的全新方向來重新定位自己的學術領域，要不然便是建立完備的研究機構，致力於對理論的綜合性新挑戰。

這些論辯對西方的知識傳統來說並不新穎——事實上，它們是對冀望社會研究成爲自然科學之期待的回應；這種期待被詮釋理論所挑戰，該理論堅稱人必須與自然受到不同的對待。但是在當前，這些論辯的歷史性表達經由獨特的政治、技術以及經濟事件的形塑之後，既是新鮮的，同時也揭露了當前的知識境況。就最廣泛的層面來說，當代的論辯是有關一個驟然顯現的後現代世界，如何在當代多樣的學術表現形式中，被再現（represented）爲社會思想的客體。

如果當前知識趨勢的討論並不關心自身作爲獨特的學術處境的話，這些討論可以是無足輕重，並且毫無說服力的。對我們來說，當代人類學的發展反映了在一個遽變的世界裡，再現社會現實所遭遇的核心問題。在人類學領域內，民族誌的田野工作和寫作已經成了當前理論探討和革新最爲活躍的場所。民族誌所關心的是描述的議題，並且致力於使民族誌的寫作，能對更廣泛的政治、歷史、哲學意涵有更高的敏感度，促使人類學得以置身於當代再現社會論述的問題論辯旋渦中。我們堅信，對社會文化人類學裡所稱呼的「實驗時刻」（experiment moment），所作的探討也同樣揭露了許多有關此一普遍知識的趨勢。

所以本書在實質上是一項對釐清當前社會文化人類學所作的努力。雖然本書包括了對過去著作的歷史回顧，但它卻沒有打算成爲一部人類學史。本書同時也援引了許多我們同事的著作，但並沒有意圖再作一次完整書目的審視。在此，我們對那些未能引用之作者感到歉意，同時希望獲得那些我們所引用之作者的寬容。

我們將會聚焦在美國人類學的發展上，但是在許多的內容上，也同樣可以適用於英國的人類學界，或者是更廣泛的範圍。在 1950、1960 年代期間，英國人類學界透過研究範式（research paradigm），作出了比美國人類學更具規律化的成果，它同時導出了一個異文化的民族誌，在描述和分析上應該要有更精確的觀念。這對美國人類學來說，具有很好的聲望以及影響力，而在各大研究所裡，這兩個傳統是合併在一起的。英國傳統在 1960 年代所延伸出來的生命力，正如當前在實驗時期所浮現出來的一樣。不過，今日影響的方向卻倒了過來：美國文化人類學的成果正導引著英國人類學研究努力的方向。同時，佔優勢的美國人類學傳統，也同時深深地被現代人類學的第三個主要傳統所影響，此即法國人類學。在這方面，有一些當代美國人類學著作中的實驗取向，對法國人類學家來說是不陌生的，就像是回憶兩次世界大戰的中間期裡，在法國所發生的一連串令人興奮的改革往事（Clifford, 1981）。因此，我們所聚焦的美國情境，反映出一種揉合了這三國傳統的歷史發展。

更甚者，這是一個逐步昇高的全球互賴意識，挑戰傳統學界裡涇渭分明的國家觀的時機。這些傳統至今仍微妙地保有其重要性，但是它們在運作上對交流（communication）和互動（interaction）的障礙卻日益減少了。至於其他如巴西、印度、以色列、日本、墨西哥以及其他國家的新興人類學，都正在從事一種混合當地所關心的議題與西方社會理論的古典議題間的發展（Gerholm and Hannerz, 1982）。這些具多元特色的人類學，首次開啓了人類學著作中跨多元文化讀者群的現實可能性，這終究會對美國和歐洲的人類學著作，產生構思與寫作方式上的深刻影響。

在與許多同事討論這本書的構想時，我們注意到一個持續的傾向，那就是欲將所有討論拉回到第一代現代田野工作者的古典著作中。相反地，本書的目的是協助鍛造一個有關當代以及未來著作的有用論述。或許挑剔的人會說，一些相類似的描述性陳述，早已被其他文化的先鋒作者，如伊凡－普里察德（E. E. Evan-Pritchard）、馬凌諾斯基（Bronislaw Malinowski）、鮑亞士（Franz Boas），或是倍簝（Gregory Bateson）所說過，或是民族誌寫作實驗就跟人類學一樣老舊等等；但是，如果這類的詭辯不能聚焦於如何才能使我們做得更好的話，恐怕是沒什麼幫助的。而假使這類的言論無法引導我們在當代做出一較優秀的成果，那麼去責備先驅們的過錯，將是令人厭煩且軟弱無力的流行風尚。

重新閱讀和分析古典作品，確實是一項令人尊敬的人類學演練，它可以磨練我們的分析技能，並且經常因此引導出新的洞見。然而我們認爲，這並不僅僅是因爲先驅們寫得好而已，事實上，許多我們的當代同事，對這些學科的過去已帶有一份敏銳的批判察覺力，做得已經比過去更爲出色。更多的人已經撰寫一些極具有旨趣的主體論述，縱使這些作品經常帶有瑕疵。然而正是這種引人注目的挑釁（provocation）意味，我們才稱呼它爲「實驗」（experiments），並且就瑕疵之處，請求讀者的寬容：瑕疵經常是帶有知識趣味的問題的「記號」，這些問題代表了重新陳述古老問題以及提出新議題的一種努力。

對我們的學生以及讀者大衆來說，我們希望本書將使當代人類學寫作能夠少一點怪異的味道，並且能夠對適宜的新寫作文脈提出建議。而對我們的同事來說，我們希望能夠詳述一種至今仍懸而未決的論述。我們並不希望看見自己是在公佈一種宣言，或是去展望一種新方向；我們當然也絕無擁護某某「主義」或是某某「論」的意思。相反地，我們唯一的信念是將一個已經正在進行的「讀本」，提煉出一條討論今日民族誌的接受度和作品的途徑，使之成爲一系列清楚陳述的議題。

所謂「正在進行中」對我們而言，似乎是一種孕育的時刻，這其中每一個別的民族誌研究和寫作計劃，都是一種潛在的實驗。整體來說，這些都是在重新建構人類學理論基石的過程中，藉由探索新的方式，來完成現代人類學植基於其上的承諾：提供對我們自身社會有價值且富趣意的批判；啓蒙我們自己有關人類的其他可能性，以產生一種覺知，了解到我們自身的社會只不過是許多模式中的一種罷了；著手於尚未檢驗的假設，藉以拿來運用於與異文化成員的接觸。人類學並非是一種對異地風俗的無心組合，而是運用文化豐富性以作爲自我反思以及自我成長。在此一不同社會間逐漸相互依賴，以及不同文化間相互覺知的現代世界裡，欲完成上述觀點需要一種新的感受力與書寫風格。這種人類學的探索，有賴於將「異文化他者的描述」這種簡單的旨趣，轉移到更具協調性的文化批判上，即藉由異文化現實來對照我們自身的社會，以便對文化獲得更爲適當的知識。

此一實驗時期具有一種折衷（eclecticism）、無權威式的研究範式①、對主體事物的批判和反思觀點、對實踐中多樣影響力

①「研究範式」（“paradigm”）早已成爲非常流行的概念。我們採取它現

的開放性，以及對田野方向的不確定和其對研究計劃的不完全的容忍等特徵。此一時期同時承擔著可能遭遇死胡同以及重大潛力的風險，並且這個階段是相對短暫且過渡地處於兩個更穩定、且由研究範式所支配的研究風格時期之間。解讀當前這種人類學趨勢，正是實驗性計畫所不會應用於自身的工作——實驗性計畫所從事的工作幾乎是對立於自身，同時也是在一個慶賀缺乏定義的時期，對何去何從的起始討論，我們希望對此有所貢獻。

有許多討論都企圖掌握人類學的脈動，或是去分析一種已被知覺的抑鬱（Ortner, 1984；Shankman, 1984；Sperber, 1982；MacCannell and MacCannell, 1982）等。並且這些討論都標示著某種轉換正在發生。然而我們採取了不同於上述這些討論的方式。上述這些討論都傾向於在一種有關知識思考的研究範式下被架構。其中，研究是在——或者應該是在——統一的理論體系底下進行著。也就是說，這些論述尋求去辯護一種老舊的研究範式，或者是去主張新的範式，或者更不明確地，它們視當前的處境爲一種與另類研究範式之間的衝突。舉例來說，在人類學界，這種處境經常被看成是較新式的詮釋性（interpretive）②研究方案，對處於支配地位的實證主義（positivist）③的挑戰。我們的觀點是，

存傳統的使用方式，來表達一個已建立好，並且準備交由一個研究機構來回答的問題組。類似的情況是有關文法的範式，來表達語尾變化或是詞性變化的形式，而不去詢問制定規則的文法學家是否已經盡可能準確地再現其語言。有關研究田野的「研究範式」用法，創始於由湯瑪斯・孔恩（Thomas Kuhn）那本身具影響力的論著《科學革命的結構》（*The Structure of Scientific Revolutions,* 1962）。

②我們將會在第二章定義我們所謂的「詮釋」。

③「實證主義」（positivism）已經逐漸變成一個界定模糊的口號用語。在最近幾次就社會科學的支配風格所作的抨擊裡，實證主義經常被輕蔑地使用，並且代表一種依賴於理論的形式主義和定量測量等知識的方式，

在當前的時刻裡，詮釋觀點雖然在性格上仍是「反建構」（anti-establisment），但是卻如同實證主義的觀點一樣，同樣是當代論述中被接受和被理解的一部份。如果仍舊是要提出一個研究範式，以便去對抗另一個範式，那麼便忽略了範式論述風格枯竭之時的基本特徵。的確，這確實是詮釋觀點的一項挑戰，該種詮釋觀點如今已在學科的論辯中成規化了，這一部份的結果導致了對所有加總式知識風格的猜疑，包括詮釋觀點自身。因此，儘管當代人類學狀態的討論表達了有力的議題，但是它們說話的口氣通常好像是來自一個已經確立的傳統，且因此缺乏對當前人類學論述的自身特質，一種更爲超然的觀點。我們試圖將自己定位在不同的地方，以避免這種研究範式衝突所導致的修辭衝突，這是爲了更直接地面對研究旨趣的極端零碎化，以及理論的折衷立場，這些對我們來說，似乎都是今日人類學最迫切的特徵。

我們也同樣完全地體認到當代人類學和其他相關學科中，有許多的「不確定性」是能夠顯著地歸因於一個制度上或是專業上的危機，這種危機與我們所知覺到的知識危機是並行的。政府對於包括人類學在內的一些研究領域的興趣與支持度，都顯著地衰退了，全國的大學部人類學系，和其他社會科學以及人文學科等科系一樣，招收人數正在下滑當中；而在大學院校裡擔任教學研

以及堅持自然科學的方法爲其理想的典範。然而就歷史意義來說，實證主義可以歸屬於另一種完全不同的事業。一方面，法國實證主義者，諸如聖西門（Saint-Simon）以及孔德（Auguste Comte），他們都認爲社會學能夠提供社會制定的律法，以及一個指導社會的新人文宗教；或者在另一方面，「維也納學派」（Vienna Circle）的邏輯實證主義者，尋求去澄清科學陳述的有效性。這些科學的研究取向，舉凡奠基在可測量實體這種確認的事實上，都被輕率地稱之爲實證主義者。而我們用這種方式使用這個字詞，正是因爲如我們所指出的，是近來社會科學支配趨勢下的評論家所使用的方式。

究職位的人數，也正急速地下降；人類學研究所的數量，隨著那些具潛力的學者在法律、商學院以及醫學院尋求更安定的專業教職，也在下跌當中。

確實已經有一個世代的人類學博士去從事其他的職業，而這造成了一項痛苦的損失。對那些幸運地擁有永久教職的學者，卻也擺脫不了士氣低落與遭受責難譏諷的命運。對他們來說，當初直接應用在上一世代的專業遊戲規則，如今已明顯改變了。有一件事甚至使他們更爲寂寞：他們的作品向新世代的研究生所表達的內容，比起同事間的還要少，他們是削減時期的倖存者。同樣地，他們比以往更清楚地意識到所屬學科的邊緣地位，純粹就人類學受到多麼貶抑或者猜疑——包括國內當權者（正是最根本的金主）或是國外的權力機構（操作於研究經費許可的看管和辨別）——的觀點來看。有一項結果是，人類學無論從事什麼都需要保證資力（solvency）此一策略的廣泛流行（譬如，應用方案的創作以及課程和研究計劃書的修裁，都廣泛地符合特定的擁護者或可能資助者的要求）。

然而，無論如何有根據，有關士氣低落和犬儒主義的意象或許是過於悲慘。人口統計學趨勢和流行在研究所教育裡，已經在過去不停地循環，並且在未來也很可能繼續下去。這或許是一種健全的發展，即在此一零碎和不統一的時期裡，有安定職位的年輕人類學家並不關心於良師益友的表面虔誠，也不想在一群汲於學習的研究生面前，背負著擺出權威姿態的負擔。許多學者都是在 1960 年代的政治性自我意識氛圍裡，受專業的學院訓練出身的，並且在這個寧靜卻又絕望的學術圈中，反倒得以將他們對學科的理念，自由地操弄及實驗至一個史無前例的程度。我們相信，正是這種正面的制度效應，使得這段悲慘的時期，可以社會學的角度解釋爲成功的時刻。

儘管應給予完全的個別論述，但我們在本書中將對上述這些形塑當代趨勢的制度因素，給予更多的注意力。我們拒絕一種知識危機的觀念——也就是我們所討論的焦點——可能僅只牽涉於我們所勾勒的制度危機，在檯面下對操弄研究旨趣的一種迴響而已。事實上他們之間的確有關聯。但是在此，我們選擇強調人類學對於人類學史上的特定發展，以及世界上大部份直接挑戰人類學實踐的特定政治、經濟與社會變遷的匯合的知識回應（intellectual response）。我們深信，這些議題對於理解當前民族誌描述和寫作的問題特點，比起人類學在制度上的處境來說，會有較明確的重要性。

本書的理念是馬庫斯（Marcus）在 1982 年至 83 年期間，於普林斯頓高等研究院所發展的，他在那兒描繪出本書論點的第一版。高等研究院確實是一處盤點廣闊知識趨勢的理想場所，然而本書較為深層的推動力，則是來自萊斯大學人類學系同事間的集體思考和討論，他們共同分享、推動了當代詮釋人類學，朝向更具政治和歷史敏感度的批判人類學。因此，馬庫斯邀請他的同事費雪（Michael Fisher）共同成為本書的撰寫者，並且就書寫的目標繼續進行對話。

在 1983 年的秋季，馬庫斯在萊斯大學推敲了本書的組織論點，並且完成了本書現有的完整初稿。1984 年的春季，費雪重塑了本書的論點，實質上重新整理了第一次的草稿，並且加入了主要的評論，組成了最後版本的範例以及定稿文本的分析。在 1984 年的夏天，我們聯合著手於此一版本，並且合作得非常愉快。

有許多同事在他們的論著之外，對本書的計劃直接或間接地付出貢獻。對馬庫斯而言，在高等研究院那一年，不管在時間和地點上，就構想本書的肇端來說都是很特別的；費雪則是要對巴西利亞大學（University of Brasilia）人類學系的刺激，表達感謝之意。在 1982 年春夏兩季，費雪在那探討了有關批判對人類學的功能，並且完成有關當前人類學理論的詮釋趨勢（1982a）的初稿。本書的一部份曾在 1983 年到 84 年間，於《人類學的萊斯學派》（*the Rice Circle for Anthropology*）此一組織中宣讀過，也曾在萊斯人文研討會（Rice Humanities Seminar）上於「資本主義文化」的議題下發展過。部分論點也曾經在馬庫斯與克里弗德（James Clifford）兩人於聖塔費（Santa Fe）的美國研究學院，所發起的研討會中討論過，該研討會舉辦於 1984 年 4 月，主題爲「民族誌文本的產生」（The Making of Ethnographic Texts）。我們非常感激所有這些活動的參與者對我們所提出的批判和鼓勵。

本書的兩位作者要對歷史學家席德（Patricia Seed）表達特別的感激之意。當我們正缺乏對本書風格、組織，以及論點的邏輯等方面，做出改進的重要觀點時，席德用一種非常嚴格的校對觀點，小心翼翼地閱讀並且編輯我們的手稿。我們同樣也要對出版社的審閱人表示感謝，他們對本書手稿的敏銳閱讀，幫助了我們最後的修訂和編輯。我們特別要對以下爲我們所知的讀者表示感激：卡普（Ivan Karp）、密克（Michael Meeker）、羅沙朶（Renato Rosaldo），以及史奈德（David M. Schneider）。

導讀

《魔山》——實驗性民族誌寫作的轉向

林徐達

在這本《文化批判人類學》譯作即將出版之際，桂冠編輯部希望我寫一篇導讀作爲本書的閱讀導覽，然而正當自己苦惱著該寫些什麼才較爲適當時，我又再度翻開小說《魔山》重新閱讀。但是很清楚地，這並非是一項隨機的選擇。如果可以實驗性質地將「小說作爲民族誌」閱讀的話，《魔山》將會是個優秀的範例。事實上，書中裡的男主角卡斯托普（Hans Castrop）大概也可以被視爲是一位人類學家了。（人類學家與小說家在敏銳的感受力和描述的技術上，甚至就捲入事件和文本脈絡來說，不正有種類似的命運嗎？）

《魔山》的故事始於二十三歲的德國青年卡斯托普，正準備前往一座位於高山的國際療養院，在那兒他的表哥由於肺部的疾病，已經居住了有半年的時間。卡斯托普花了兩天的旅程，遠離了自己所成長的世界、關注的興趣以及那些他視爲理所當然的點點滴滴，前來這所高山療養院。但事實上說穿了，這也只不過是在他接受一份新工作之前，順便來看看這位可憐並且老寫信回來抱怨「山上的生活是如何如何無聊」的表哥罷了。在這之前，卡斯托普只打算在那兒待個三個星期而已。表哥在卡斯托普尚未抵達之前便已經準備好一間房間，他用了一些化學藥劑徹徹底底地消毒了一番，因爲兩天前這兒才剛死掉一名美國婦女。就在這預期的三個星期的拜訪過程當中，卡斯托普逐漸地習慣了這裡的作息，偶爾他也會想像再過不久因爲他的離開，而使得表哥又得回到那般窮極無聊的日子，而因此憐憫起表哥呢！而正當在第三個星期，卡斯托普收拾起行囊準備下山時，一場感冒導致他被迫待在山上住院觀察。他躺在表哥當初爲他準備的三十四號房間的床上，空氣中彷彿還繼續飄散著當初的化學味道，等待下一次的三個星期，這一等等了七年。

這個時空背景無疑地對於人類學家來說是震憾的。回想自身的田野調查，彷彿自己也正捲入《魔山》的遭遇一般，無法離開的挫折感與一股對田野中人、事、物憐惜的情緒，濃濃地纏繞在一塊兒。「死亡」在這兒有著實證上和隱喻上的多重意義，呼喚了《魔山》文本裡無可避免的結局，以及田野裡的困頓感，剎那間我似乎也聞到了那股化學味兒呢。於是乎文學上的《魔山》，成爲了一位青年人類學家自我映射和反思的參照物。

《魔山》是作者湯瑪斯・曼（Thomas Mann）前後共花了十二年才完成的著作（1912-1924）①。在這期間湯瑪斯・曼經歷第一次世界大戰之後，展現了德國青年與歐洲青年對於他們心中所夢想的一個圍繞著愛、人文關懷以及充滿了未知的世界。巧的是在這段寫作的十數年中，正是人類學啓蒙的黃金時代——涂爾幹發表了《宗教生活的基本形式》（*The Elementary Forms of the Religious Life,* 1915）使得人類的知識得以脫離傳播論的想法，同時也擺脫了泰勒和弗雷澤這類知識份子的改革方式（Kuper 1996

①英文版本至 1955 年始出版。

[1973]:5）。而在人類學方面，鮑亞士在 1910 年代逐漸登上美國人類學學術成就的頂峰。1922 年，馬凌諾斯基以及芮克里夫－布朗更是發表了個自的民族誌。而馬凌諾斯基在《西太平洋的航行者》（*Argonauts of the Western Pacific*）裡開宗明義的那一章，更是替代了「安樂椅上的人類學家」的研究方式，成爲了古典研究取向裡重要的引用典範。接下來在 1920 和 1930 年代，美國文化人類學便在文化相對論（cultural relativism）底下開始澎渤發展，而英國的社會人類學則是傾向於功能論（functionalism）的建構②。在這段期間，民族誌的寫作方式開始專注在如何去構築一幅原始社會圖像的研究方法與取向，因而忽略了在修辭學（rhetoric）上的訓練。這層寫作上的偏失一直到了 1960 年代詮釋人類學（interpretive anthropology）「改變了旣有的人類學在行爲以及社會結構的分析，進而轉向象徵、意義和心靈上的研究」才有了轉變。自此民族誌寫作便開展了另一層的訓練－－－一種結合語言學、現象學、詮釋學的多學科訓練，並且詮釋人類學在修辭學上的影響更是深深地影響了所謂的「實驗性民族誌的寫作方式」（"the writing of experimental ethnographies"）③。

相較於文學作品，馬庫斯與費雪在本書宣稱，民族誌具備一種寫實的風格，在這之中，作者以一種細膩且繁複的方式，分享並且體驗了另一個完全不同的世界。而所謂的民族誌便成了一種研究的過程，在這過程裡，民族誌結合了「參與觀察」此類的田野方法，以及關於異文化中日常生活的深刻描述性寫作。根據他們的看法，一本「好」（*good*）的民族誌須包含幾個面向的考量－－它是容納了田野工作、日常生活以及一種微觀過程（micro-scale processes）的展現；一種跨越文化與語言障礙上的轉譯的展

②見本書第二章。

③同樣見本書第二章。

現；以及最後是全貌觀（holism）的展現。從文學的角度來看，民族誌在各個不同的社會、文化以及語言上的撰寫經驗，的確替文學領域提供了難得的貢獻。譬如在丹尼爾和培克合著的文章裡（Daniel and Peck 1996:15），便直稱文化研究諸如克里弗德和馬庫斯的《文化的寫作》（*Writing Culture* 1986）、馬庫斯與費雪的《文化批判人類學》以及其它的女性主義者，已經爲文學研究帶來了重大的影響。

但是反面來看，卻僅僅只有極少數的人類學家，可以稱得上是在從事修辭學上的運用與寫作④。除此之外，我們反倒看到了詮釋現象學家黎克爾（Ricoeur 1988）運用了三部古典小說作爲歷史世界的對照面—《達拉威夫人》（*Mrs. Dalloway*）、《魔山》（*Der Zauberberg*）[*The Magic Mountain*]以及《追憶逝水年華》（*A la recherche du temps perdu*）[*Remembrance of Things Past*]—企圖揭示時間在哲學上的謎題（aporia），進而朝向一個現象學上的理解⑤。傅柯（1965）以《唐吉柯德》（*Don Quixote*）作爲一種象徵的再現，以便揭露顚狂在史誌上的姿態；同時以這部作品描摹了他所謂的「事物世界下的崩解」（the breakdown of "the world among the resemblance of things"）（1970）。甚至在現代小說家村上春樹的作品中，大量的古典小說化身爲一種隱喻的方式現身在主角的奇異經驗之中！正如同馬庫斯與費雪所解釋的，這是由於民族誌的科學目標（"scientific aims"）所使然。「正當民族誌斷然隔絕了這層浪漫與冒險色彩的表達方式時，它同時也刻

---

④諸如葛茲在大學時代對馬克吐溫、甚至莎士比亞的高度興趣（見 Inglis 2000），或是近幾年前獲得維特・特納獎（Victor Turner Award）的年輕得主凱薩林・斯都華（Kathleen Stewart 1996），以猶如「詩的語法」表達出對民族誌歷史場域的企圖心，以及文後的李維史陀對於普魯斯特小說的「挪用」（見 Boon 1972）。

⑤見黎克爾《時間與敘說》第三卷，1988 年。

意將它的科學目標，與那些旅遊報導和業餘的人類學家保持相當的距離」（Marcus and Fischer 1986:24）。這導致了民族誌作者被訓練成去撰寫調查報告而非文學作品了。於是乎，李維史陀（Levi-Strauss）在《憂鬱的熱帶》（*Triste Tropiques* 1974）中，關於修辭學訓練裡的文學成就幾乎被人類學家所忽略，然而卻被其它領域的人們所鼓掌喝彩，如果我們辜且不論在《憂鬱的熱帶》裡，李維史陀那種對感受相當自我的表達方式的話。在《憂鬱的熱帶》裡，田野工作作爲一種刺激物，超越了民族誌的文類（ethnographic genre）而提供了研究者的背景資料。於是它成了一種在個人哲學以及自我投射上的綜合工作⑥。而對於李維史陀而言，根據丹尼爾和培克的說法，他在文學上的天資就像他在人類學一樣被（文學家們）所廣泛閱讀（1996:9）。一位法國資深編輯甚至附和李維史陀的說法，以爲他的研究經驗正有如唐吉柯德的再現⑦，而在該訪談紀錄中，李維史陀也同意波恩（James A. Boon 1972）將他的思維方式與普魯斯特作一對照。

正如丹尼爾和培克（1996:8）所指陳的，具備文學性的人類學可以爲雙方提供在廣度與深度上的訓練與認同，特別是在最近的話題上——所謂的「反思的轉向」（"reflexive" turn）。這使得我們必須重新看待《魔山》。它不僅僅是一部湯瑪斯・曼的作品，表達了歐洲知識世界自康德與弗洛依德以降的的背景；就某一特定的角度來說，《魔山》正是作者在高山療養院裡自我反思的經驗⑧。在《魔山》的後記裡，湯瑪斯・曼描述了一段當他去探望位於瑞士高山的一所療養院裡，正保受肺疾之苦的妻子的經驗：

---

⑥見馬庫斯 1980:509。

⑦見艾瑞本（Eribon 1991）第一部分，特別是 93-4 頁。

⑧見葛茲 1988:23。

……我[湯瑪斯・曼]在達沃斯（Davos）的三個星期之中，整個景象變得愈來愈強烈了。雖然對於他[卡斯托普]來說，這些景象轉而成爲七年之久的時光，我甚至可以這麼說，他們以同樣威嚇的方式要求我待在山上。……我待在這所謂的療養院裡已經有十天了，外頭是濕冷的糟糕天氣，而坐在陽台上的我則有著惱人的支氣管疾病。……首席醫生，當然看起來比起小說裡貝瑞斯（Hofrat Behrens）更有過之而無不及，他直接突然地告訴我說，在我的肺部發現了一顆溼點（moist spot），接著另一位醫生也警告我，如果我聰明一點的話，我應該待在那兒住院治療六個月。如果當初我採用了他的意見，誰知道呢？說不定我現在還在上頭呢！但是我選擇把這段經驗寫成《魔山》。（Mann 1955:718-9）

如果我們檢視《魔山》的寫作經驗，並且進一步將它視爲一部民族誌的撰寫的話，上述的引述便深刻的刻劃出，當民族誌作者的田野工作經驗涉及寫作過程的狀態。然而既然民族誌作者個人式的經驗直接涉入到寫作的過程中，那麼我們不禁要提問：我們該如何詮釋《魔山》呢？究竟這座魔幻之山該屬於湯瑪斯・曼的經驗，還是卡斯托普的遭遇，還是兩者，甚至是讀者自身經由閱讀行動所得到的報償？這些問題直接關聯著「文本應該如何詮釋」此一議題，這也是「有關於詮釋的特性，在作爲哲學性反思的詮釋學中的古典辯論」（Marcus and Cushman 1982:25）。也就是說，在我們輕易作出「將文化視爲一個文本」（taking culture as text）此一前提之前，我們必須愼重地澄清有關讀者、作者與文本彼此間的關係。在這之中，所謂的「文本的意義」仍舊是這個世紀裡一個嚴肅的詮釋學論戰。譬如，我們如何能那麼肯定在民族誌檔案裡，所描述的儀式能與田野裡的儀式視爲同一呢？並且當人類學家將田野裡的儀式予以文本化之後，這個文本化的儀式又可以視爲當初眞實的儀式（Lin 1994）。如果人類學家無法區分這二者之間的不同，所有的比較研究、批判以及文本的引用都顯然地失去了它們所被論述的基礎，而這些都成了「詮釋」的問題。正因爲如此，我們得將此一話題從一小說文本的詮釋移轉到「文化文本」的詮釋上頭，而這便直接涉及到詮釋人類學的知識論立場。

根據馬庫斯與費雪（1986）的看法，詮釋人類學自 1960 與 1970 年代以來，便已奠基在韋伯的社會學，以及現象學、結構主義、語言學和詮釋學等學科的訓練上。這些學科的思考方式導致了文化被視爲一個系統（system）。一方面詮釋人類學企圖以土著的本土觀點出發，去尋找文化的意義；另一方面他們也試圖將知識論上的考量帶進詮釋人類學裡⑨。葛茲的詮釋人類學的確在再現文化的知識論改變上，具有一定的影響力。這是因爲葛茲將人類學分析裡對行爲和社會結構的強調，移轉至對象徵物、意義和心性（mentality）的研究，或是按照薛克曼（Shankman 1984: 261）的說法，「〔葛茲〕轉移了對自然科學的仿效，而朝向了人文學科的再整合」。在一本論述葛茲的詮釋取向的合輯裡（1999），歐娜（Sherry Ortner）在導論中指出，在二十世紀的後半階段，葛茲已經重新調配了社會科學與人文學科的分界線。而就人類學自身，正如匹考克（James Peacock）所言，「美國文化人類學自克拉宏（Kluckhohn）和克羅伯（Kroeber）過世之後，進入了黑暗期，其中過度地奉獻在某種狹隘的技術追求之中，並且使得當初鮑亞士（Boas）所繼承下來的那種嚮往維持一種全貌觀式以及人文關懷式的努力也失敗了，而在當今〔葛茲〕美國文化人類學重生的策略上，具有一定的重要性」（1981: 122-3）。

---

⑨見本書第二章。

葛茲企圖在方法論上發展一種詮釋的科學，以便強調一種系統性，完備詮釋的可能性。葛茲在詮釋人類學的研究目標是要跨越社會科學的界線，提供一種分析的方式，「以引導它們的實體，而非去降低處理的方式」（1983:53）。在〈模糊的文類〉一文裡，葛茲對那些已經「自『律法／實例』的解釋模型，轉向到『案例／詮釋』的模型」的社會科學家們來說，社會科學已經持續急速地在其知識生活裡混合其文類（1983:19）。瑞比諾和蘇利文在他們的導讀裡（1979），同時附和著葛茲此一主張，以爲「葛茲展現了一種詮釋取向，這種取向並沒有降低事物的意義在理解上的多種面貌，相反的，它反而增加了許多」（Rabinow and Sullivan 1979:19）。的確，葛茲的詮釋人類學提供了一項理解文化意義（或是文化活動）的研究取向。葛茲視社會行動（social actions）爲（詮釋學般）象徵物，可以帶領並且傳遞意義予社會行動者，並且將這種文化意義的理解作爲一項世界觀的體系。所謂的價值觀和土著的觀點並非是經由「一種虛構出來作爲與報導人移情作用的行動，而是經由這些被有效、公開的編碼形式所作的詮釋」（Ortner 1999:6）。

對葛茲來說，文化和社會結構分別有著不同的抽象概念，儘管它們都與相同的現象有關——「文化是一種意義的織物，換個方式說，這是人類對自身經驗的詮釋，並且是導引他們行動的構造物；社會結構是一種形式，即行動所發生的形式，是眞實存在於社會關係下的網路。」（1973:145）。這使得葛茲對「文化」的概念不同於鮑亞士式文化概念在環境、生物學上以及心理狀態上所強調的分類特徵，同時也不同於馬凌諾斯基在生物學上的需求，即每一種習俗的存在都是爲了滿足一種目的，總括來說，所有的習俗都成爲人類用來滿足自身需求的工具（means）。葛茲指出，我們必須區分文化和社會體系。文化必須被視爲「一種意義和象徵物的秩序體系，並且是造成社會互動的處所」，而社會體系必須被想成是「社會互動的模式自身」（1973:145）。依此方式，結構包含兩種面向：文化意義，即個人去詮釋他自身的行動；以及社會結構，即這些行動所發生的地方。葛茲給予文化一個描述——「文化指稱一種意義在歷史層面上的傳送模式，這種模式則是具現在象徵物上，文化也指稱一種展現在象徵形式上繼承概念的體系，透過這種形式，人類傳遞、發展了有關生命態度的知識」（1973:89）。文化對葛茲來說，是一種脈絡，其中包含了行動的象徵意義，同時社會結構提供讓該行動發生的「空間」。正如瑞比諾和蘇利文所說的，「當我們試圖去理解一個文化世界時，我們正在處理的是詮釋，以及詮釋再詮釋的問題」（Rabinow and Sullivan 1979:6）。是故，文化的概念是由其呈現（presentation）以及再呈現（re-presentation）所形塑。

葛茲視這些在文化和社會結構註釋（rubric）下的行動爲文本。葛茲將文化的隱喻性當作是一個「文本」（text），以便探求社會活動的意義，進而在民族誌的撰寫裡再現這層意義。就像其他已經被引用了無數次的話語一樣，葛茲指出「從事民族誌就像是閱讀一份國外的手稿」（1973:10）。對詮釋人類學來說，文化是一種可以「被深度描述的」脈絡。藉由這種文本的挪用（text-analogy），葛茲著重在整個活動的含義（significance）上，並且試圖去提供一幅巨細靡遺的描述性圖像，以便告訴他的讀者，由自身文化來觀察這個正被描述的文化，到底是什麼意義（1983:29）。

由此，一種新的趨勢便逐漸形成，在這種趨勢裡，人類學家才能眞正思考「詮釋」的自身是如何被建構與再現的。這種想法主要來自兩方面：第一，它牽涉到詮釋學所關心的問題，也就是「詮釋的特性」，強調以這種方式開拓一條開放性（open-endedness）的詮釋之路。其中，葛茲將社會活動視爲一種社會話語（discourse），而民族誌作者正是去「銘記」（inscribing）這些社會話語。更精確地說，民族誌裡的描述內容，便是去詮釋這些社會話語⑩。第二，它企圖發展一個在方法論上的詮釋科學，其中「強調一種系統性的，自我涉入的詮釋可能性」（Marcus and Cushman 1982:25-6）。這導致了田野工作這項行動與「自我反思」（"self-reflexive"）、「對話」（"dialogic"）結合在一起⑪，於是相當多的人類學家便開始將他們的田野工作，描述成一系列個人式的互動經驗。

正由於詮釋人類學的影響，民族誌寫作裡所謂的「實驗性」（"experimentation"）便因此著重在人類學「自我察覺的意識性」上（the consciousness of self-awareness）。於是當描述的問題已經轉變成一種再現的問題之後，它加深了對「再現危機」（"crisis of representation"）的體認，並且轉而將這種省思擺在寫作的「合法性範疇」（authoritative paradigms）。它接著便牽涉到人類學的研究方法，其中包括在詮釋的內容中，對知識論、美學、以及修辭學上所觸及的各種特性。然而，所謂的「實驗」（"experiment"）並不意味著去創造出另一個新文體，或是去引導一場有關民族誌寫作的革命運動，而是可以被理解成「那些不同理論中所使用到的小工具上的一個元素」（Clifford 1983:118）。而其中「實驗民族誌」的特點企圖去拓寬原有民族誌在文類上的框線，那是「一種因朝向意義的理解所引發的問題，導致在理論層面上的改變」（Ibid:28）。

根據馬庫斯與庫胥曼所合著的文章（1982），這種實驗性並非僅是簡單地更換舊有民族誌的特性而已，其中舊有的民族誌不是被視爲一項成果，再不然就是一種研究方法，而且是一種「理論的企圖心在頗具潛力的再塑造的開端，並且是一種奠基在資料

⑩見葛茲 1973:19-21。

⑪見史塔金（Stocking）1992: 366。

與理論發展兩個層面的民族誌文本上，對研究訓練所做的練習」（1982:25）。比方說，在這篇文章裡，他們論及了數種不同的民族誌寫作慣習，其中一項便在探討舊有民族誌中，關於作者個人聲音的去除。根據他們的說法，寫實的民族誌與旅遊報導之間最大的區別，便在於「敘說者以第一人稱的姿態消失在文本裡」⑫，並且既之而起的是出現一位作爲冷靜猶如相機般的觀察者。接著由一群藉由收集與合法授權的第三人稱替代了沉淪的第一人稱（Ibid:31-2）。於是在上述的當代人類學作品中，這種特性似乎包含了兩種主要的特點：首先，民族誌作者開始質疑田野工作的正當性以及人類學著作的合法性；其次，人類學家開始關心田野工作中自我反思的想法，也就是「介乎於作者－主體－客體－觀衆－文本等彼此關係的複雜性」⑬。

根據庫柏（Kuper）對芮克里夫－布朗所引用的資料（1952），1904 年，「一個來自牛津、劍橋以及倫敦的教師們舉行了一個會議，會議中討論人類學主題裡的一個專有名詞，」並且「同意以『民族誌』（'ethnography'）去指稱那些沒有文字的人們的描述性作品」（p276）⑭。如果我們可以辜且不論有關文本自主性這個論戰的話，這項決定著實給予了民族誌者一個合法的授權，以便去再現這些土著文化的詮釋，正因爲這些民族誌者是描述與撰寫這些文化的第一人。於是他們便握有一個再現的合法授權。

在這層考慮下，馬庫斯與費雪借重了葛茲的詮釋人類學在社會（或人文）科學界許多面向上的貢獻。葛茲那些深具影響力的概念，諸如「土著觀點」、「深度描述」、「『近似經驗』與

⑫同樣見黑維克（Hervik）1994:80-82。

⑬見皮爾森（Pearson）1993: xvii。

⑭同樣見庫柏 1996[1973]:2。

『疏遠經驗』」、詮釋學循環式理解，以及〈深度活動〉此一章節，都已成爲非常重要的參考文獻，並且成爲自馬凌諾斯基所實踐的「參與觀察」後的另一研究範式。然而上述這些研究範式都涉及到「授權權限」的概念。對馬凌諾斯基來說，「授權權限」的有效性是給予那些專業的學術圈內民族誌作者，與一般業餘民族誌作者、傳教士以及旅行者所寫出來的報導有所區隔。而對葛茲式的詮釋人類學家來說，「授權權限」此種想法一方面已經造就了克里弗德、馬庫斯以及他們的同事所告訴我們有關「再現之危機」（the crisis of representation）；另一方面，這種二重的文本化——文化先被閱讀成爲文本，接著被寫成民族誌文本——造成對「文本」自身的理解更具問題性。自從民族誌寫作拒絕了那種「描繪其他民族的文化現實，但卻不將自身的現實置之於危險之中」的話語（Clifford 1988:41），這就是爲什麼克里弗德在其章節〈論民族誌之授權〉（"On Ethnographic Authority"）要在「經驗類型」（馬凌諾斯基）以及「詮釋類型」（葛茲）這兩種授權方式之 ,還要去區分「對話式」（例如，保羅・瑞比諾）和「對位式」（例如，瑞納多・羅沙朵）這兩種類型了。

讓我回到上述《魔山》的啓蒙上來作爲此篇譯序的結尾吧。就「實驗性」民族誌的觀點來閱讀《魔山》，那麼湯瑪斯・曼在異地的個人經驗，其考量的重心便由「描述」的問題轉爲「詮釋」——當然這部份尚有懸而未決的詮釋現象學論辯——即，移動到對《魔山》的詮釋的呈現問題，並且將小說世界裡的社會話語銘刻於文本之後的再呈現問題；以及通過對異地風俗民情的等同並置，作爲文本寫作的民族誌作者對其自身文化社會的反思（以及作爲讀者的我對於文本的再現的再反思面向）。於是當《文化批判人類學》出版時，其主要論述的重點之一便是文化的詮釋問題，這方面成就了馬庫斯與費雪二人所提出的「再現之危機」的概念，其中包括文化分析的「窘境」，以及「授權權限」

（authority）的概念；另一方面則是另類書寫的可能性，即所謂的「實驗性」民族誌，以作爲一股革新的潮流，其中技術上有「跨文化並置」、「去熟悉化」等批判策略，在書寫上則有「自我反思」等議題。

《文化批判人類學》原著英文版在1986年出版之後，在當代美國人類學研究上已成爲必要的教材，不管授課的教授是站在正面或是負面的立場（後者特別是女性主義人類學家）。一方面是它的語言淺顯易懂，二方面是內容的確具革新的企圖，諸如「多田野場域」（multi-sited fieldwork）的主張都符合了當代全球化變遷下，訴諸於人類學行動的對應策略和理論基礎。而該著作的（繁體）中文版譯作足足等了15年，（如果我能更努力一點的話，說不定可以早個兩三年，）文中有些觀點在今日已經證明了作者們在視野上的持續有效性，有些在當代人類學知識裡已經成爲一般常識而不足以爲奇，有些甚至需要更進一步地向前繼續移動。然而在15年後的今天，它的內容仍舊對世界各地不同的讀者群，在某種程度上維持著對思想的刺激，以及補充和澄清了人類學的知識。並且，我們樂見的是，站在原著作者的撰寫立場，可以想見任何人以具創意的知識再現方式，對許多異地文化與我們自身早已混血的本土思維所呈現的另類模態所進行的書寫，都是值得鼓勵的書寫方式。於是，我們需要一種不同於舊有慣習的寫作思維和方式，以便在這個全球化背景潮流之下，去維持批判及其策略的不斷進行。

果眞如此，那麼一切都從撰寫自己的《魔山》開始。

〈後記〉

葛茲在人類學理論的影響力並不僅侷限在人類學界內，近年來美國的社會學，文學批判（Stephen Greenblatt 1999）以及歷史學（Robert Darnton，Natalie Davis 1999），在某種程度上都受到葛茲對文化觀點的影響。舉例來說，社會學從葛茲的詮釋人類學那兒學習到「社會是如何由文化的面向來處理現代化的危機」（Swidler 1998:83）。文學批判則是感謝葛茲在符號結構上的觀點。而對於歷史學來說，歷史學家因而「得以從聚焦於事件的研究中掙脫，更具能力的去處理獨特的，甚至隱晦的文本，並且去詢問在某一社會中，他們所揭露的更爲巨大複雜的意義是什麼。〔由此〕歷史學家不單單有能力去處理流行儀式，也同樣有能力去處理罕爲人知，不尋常，甚或是奇異的事件，並得以檢試他們所揭露的社會裡，更爲深層的文化模式」（Swidler 1998:82）。

葛茲自 1970 年便自芝加哥大學轉往普林斯頓高等研究院任職，30 年來並沒有在大學院校擔任教職的工作，他的學生因此在數量上一直非常有限，這也是爲什麼詮釋人類學崛起的速度，和影響力的強度遠比其他理論學派來得緩弱的其中一項因素。葛茲目前仍在普林斯頓高等研究院工作，儘管他一直想要退休。他與普林斯頓大學歷史學系的關係非常熟絡，在歷史系的討論會裡常見他的身影及其論文初稿；他與該校人類學系教授的關係自不在話下，學生、同事和前妻希爾蕊・葛茲教授都在那兒，該系亦以詮釋人類學取向著稱。

參考書目

Boon, James A.
1972 *From Symbolism to Structuralism, Levi-Strauss in a Literary Tradition*. New York: Harper and Row.
Clifford, James
1983 "On Ethnographic Authority," in *Representation.* vol. 1（2）: 118-46.
1988 *The Predicament of Culture: Twentieth-century Ethnography, Literature, and Art.* Harvard University Press.
Clifford, James and George E. Marcus（ed.）
1986 *Writing Culture: The Poetics and Politics of Ethnography.* University of California Press.
Daniel, E. Valentine and Jeffery M. Peck
1996 *Culture/Contexture: Explanation in Anthropology and Literary Studies.* University of California Press.
Davis, Natalie Zemon
1999 "Religion and Capitalism Once Again?: Jewish Merchant Culture in the Seventeenth Century," in *The Fate of "Culture": Geertz and Beyond*, Sherry Ortner ed., pp56-85. Berkeley: The University of California Press.
Durkheim, Emile
1965 [1915] *The Elementary Forms of the Religious Life*, translated from French by Joseph Ward Swain. NY: Free Press.
Eribon, Didier
1991 *Conversations with Claude Levi-Strauss* [*De pres et de loin*], translated by Paula Wissing. Chicago: University of Chicago Press.
Foucault, Michel
1965 *Madness and Civilization; a History of Insanity in the Age of Reason* [*Folie et deraison*], translated from the French by Richard Howard. New York: Pantheon Books.
1970 *The Order of Things: An Archaeology of the Human Sciences*. New York: Vintage.
Geertz, Clifford
1973 *The Interpretation of Culture.* New York: Basic Books.
1983 *Local Knowledge.* New York: Basic Books.
Greenblatt, Stephen
1999 "The Touch of the Real," in *The Fate of "Culture": Geertz and Beyond*, Sherry Ortner ed., pp14-29. Berkeley: The University of California Press.
Hervik, Peter

1994 "Shared Reasoning in the Field: Reflexivity Beyond the Author," in *Social Experience and Anthropology Knowledge*. Edited by Kirsten Hastrup and Peter Hervik. Pp78-100. New York: Routledge.

Inglis, Fred

2000 *Clifford Geertz: Culture, Custom and Ethics*. Malden: Polity Press.

Kuper, Adam

1996[1973] *Anthropology and Anthropologists: The Modern British School.* 3rd edition. London and New York: Routledge.

Levi-Strauss, Claude

1974 *Tristes Tropiques,* translated from the French by John and Doreen Weightman. New York: Atheneum.

Lin, Hsu-Ta

1994 *Hermeneutic Discourse of Ritual: A Case of Nanwang-Puyuma's Great Hunting.* " Bachelor thesis. Taipei: National Taiwan Univ.

Malinowski, Bronislaw

1961[1922] *Argonauts of the Western Pacific : An Account of Native Enterprise and Adventure in the Archipelagoes of Melanisian New Guinea.* New York : Dutton.

Mann, Thomas

1955 *The Magic Mountain,* translated from the German by H.T. Lowe-Porter. New York: The Modern Library.

Marcus, George

1980 "Rhetoric and the Ethnographic Genre in Anthropological Research," in *Current Anthropology* 21:507-10.

Marcus, George E. and Dick Cushman

1982 "Ethnography as Texts," in *Annual Review of Anthropology* （11）: 25-69.

Marcus, George and Michael M.J. Fischer

1986 *Anthropology as Cultural Critique: An Experimental Moment in the Human Sciences*. Chicago: University of Chicago Press.

Ortner. Sherry

1999 "Introduction," in *The Fate of "Culture": Geertz and Beyond*, Sherry Ortner ed., pp1-13. Berkeley: The University of California Press.

Peacock. James

1981 "The Third Stream: Weber, Parsons, and Geertz, " in *Journal of the Anthropological Society of Oxford* 7:122-29.

Pearson, Geoffrey

1993 "*Foreword*: Talking a Good Fight: Authenticity and Distance in the Ethnographer's Craft," in *Interpreting the Field: Accounts of Ethnography*. Edited by Dick Hobbs and Tim May, ppvii-xx. New York: Oxford University Press.

Rabinow, Paul and William M. Sullivan

1979 "The Interpretive Turn: Emergence of an Approach," in *Interpretive Social Science: A Reader*, Paul Rabinow and William M. Sullivan ed., pp1-21. Berkeley: University of California Press.

Radcliffe-Brown, A.R.
1922 *The Andaman Islanders.* Cambridge University Press.
Ricoeur, Paul
1988 *Time and Narrative* [*Temps et recit*]. volume3, translated by Kathleen McLaughlin and David Pellauer. Chicago : University of Chicago Press.
Shankman, Paul
1984 "The Thick and the Thin: On the Interpretive Theoretical Program of Clifford Geertz," in *Current Anthropology* (25) 3:261-280.
Stewart, Kathleen
1996 *A Space on the Side of the Road: Cultural Poetics in an "Other" American.* Princeton: Princeton University Press.
Stocking, George W., Jr.
1992 "Postscriptive Prospective Reflections," in *The Ethnographer's Magic* and Other Essays in the History of Anthropology, pp362-72. Madison: The University of Wisconsin Press.
Swidler, Ann
1998 "Geertz's Ambiguous Legacy," in *Required Reading: Sociology's Most Influential Books,* Dan Clawson ed., pp79-84. Amherst: University of Massachusetts Press.

原著導論

二十世紀的社會文化人類學，儼然已經在兩方面爲至今仍廣大的西方讀者，承擔了所需要的啓蒙行動。其中，第一個是人類學在當今全球西化的過程中，對於不同文化下的生活形式的搶救與援助。藉由其浪漫的訴求以及對科學的意圖取向，人類學代表了拒絕接受這種支配性西方模式均質化的舊有窠臼。另一項成果雖遠較前一項來得薄弱，卻也成了一種針對我們自身文化的批判形式。借助於對異文化模式的描繪，以自我批判地反思自身的文化模式，人類學因此瓦解了我們自以爲是的常識，並促使我們重新檢驗自認爲理所當然的預設。

然而當代爲了維持現代人類學的這些目標，所引發的種種困窘，可以由最近一本被公認爲頗富議論的著作，所點燃的一場論戰來作說明。這場論戰兩方所堅持的強烈論點，係關於西方學者在描繪非西方人們時所產生的扭曲，而這些不當的歪曲都取決於其措辭的描述性，即半文學性的形式。

薩伊德（Edward Said）的《東方主義》（*Orientalism, 1979*）便是針對「以發展於西方的寫作文體，去再現（represent）非西方社會」這類方式的攻擊。然而他的文章所伸展的觸角卻是廣泛而雜陳的。以其中一個論點來說，薩伊德以一種相當扼要且頗富個人偏好地方式，引述了人類學大師葛茲（Clifford Geertz）的看法，似乎想要因此免除當代文化人類學，在這方面所可能遭受的攻擊。但是這種論調實在是有些模稜兩可。相反地，我們比較清楚的，反倒是薩伊德意圖讓這套對他者寫作的責難涵蓋所有西方學科，包括人類學在內。在他的論點裡，特別針對修辭學（rhetorical）的策略感到極爲不滿，然而正是這類修辭學式的表達，使西方作者得以處於主動，儘管因此使他們所描述的主體陷於被動。正因爲這些被描述的主體居處於受西方殖民主義或新殖民主義（neocolonialism）受支配的世界裡，因此，修辭學對西方支配的方式提出了例示，同時也增強了這種模式。更甚者，修辭學自身正是一種權力結構的運作，它有效地否絕了被描述主體的權利，同時也模糊讀者的認知，使得他們無法認知到，他們有可能以等同的有效性（with equal vabidity），但卻不同於作者的觀點來看待事物。而這些修辭學的策略，正是造成當代阿拉伯人、希臘人、埃及人或是馬雅人後嗣，對他們遠古祖先的貶損。在擴張帝國主義的全盛期，東方諸國的當代歷史反倒被宣告成古典希臘、法老埃及、或是「古典時期」伊斯蘭的榮耀與衰敗。直至今日，以這種「衰退暨頹敗模式」來研究這群燦爛光耀遺產的後嗣生存者，仍然是相當頻繁的，在此同時，所有他們在當代文化下的眞實（intrinsic）價値卻完全被否定。在十九世紀英國與法國議會議員的語言裡，「白種人的負擔」（the white man's burden）意謂著去解救此一世紀後期這些光榮遺產的後嗣，遠離數世紀的衰頽、疾病、無知與政治腐敗。其中他們固有的看法裡，便是將這些人們當成是小孩一般需要接受教育，教導他們眞理。薩伊德看穿了這種現代化意識形態下的帝國主義心態餘緒，於是乎他被西方的決策者與第三世界的菁英份子所擁護。

然而，在薩伊德的書裡頭，他並沒有對再現跨文化邊界的他者意見與觀點，提出適當的可能形式，同時也沒有灌輸人們這種想法的可能性。事實上，他運用了同一種修辭學，極權主義地來對抗他所挑選的敵人，而這種做法正是他所要譴責的。他一味的以爲西方國家除了支配之外，不存在其他的動機，而在西方社會的內部裡，也不存在任何有關再現的另類模式討論，同時從擴張帝國主義的時代（薩伊德即由此排他地得出其嚴謹的修辭學分析）到現在，也不存在任何的歷史變遷。大體而言，當他爲自己觀點下的這群後嗣生存者大力辯護時，並沒有注意到政治與文化的不同風貌。這使得他的著作中的論點姿態，與其他西方作者並沒有什麼太大差別。但是不管怎麼說，書裡頭的雙重性（duality）論點，的確相當雄辯地表達了一種政治的環境背景。薩伊德作爲一位巴勒斯坦人以及一位在美國大學任教的卓越文學家，他是在那種既失根又遭支配的文化下的一員，同時也是支配國家裡居於特權地位的知識份子。

然而薩伊德終究還是選擇了以火攻火，雖然成效也僅止於受議論的程度。就在缺乏足夠的說明下，薩伊德認爲這些被書寫的世界，是不同於像人類學這種學科的寫作所能想像的，後者毅然、權威性地再現了各種不同於西方世界的社會與文化下的生命形式。對具備此類學術訓練的人來說，當務之急是重新思考與檢試他們那種因襲不變的寫作形式，以回應薩伊德議論中的銳利批判。

正當薩伊德的《東方主義》已經在學界造成不小衝擊的同時，來自美國人類學界的一位澳洲人類學家夫瑞曼（Derek Freeman）於 1983 年出版的《米德及其薩摩亞群島》（Margaret Mead and Samoa）一書，引起了甚至在該書尚未出版以前就已經是頭版新聞的更大範圍論戰。薩摩亞是米德（Margaret Mead）早期的田野地點，在米德的一本書裡，主要是以個人對異文化的專業素養爲基礎，將薩摩亞這個主題拿來作爲美國社會的文化批判之用。

而在夫瑞曼的書裡，值得注意的辯論論點則是書中多處簡扼的陳述，被用來作爲他個人攻擊的特性。夫瑞曼以生物學作爲辯解，而非採文化上的觀點，或是社會行爲的解釋，或是建構一種人類學永續性的問題，諸如如何以較爲適當的方式對照異文化所衍生的詮釋問題。我們將在之後的一個章節裡，直接處理米德在薩摩亞文化研究中，努力於傳遞有關美國文化訊息的特性。而令我們感到印象深刻的，反倒是對米德所直接提出的攻擊，已經被廣泛的大衆所閱讀，而這些人正是當初受米德的文化評論所指點的大衆。如果夫瑞曼的著作所帶來的衝擊可以視爲一項科學性的醜聞的話，那麼當初的閱讀大衆或許會因爲這次對於知識的不誠實，或說是不精確所帶來的啓發而感覺被欺騙了。也因此，對人類學長期建立起的其它允諾所導致的困境，作爲一次實例：首先是關於人類學此一學科的能力如何能夠奠基在不同文化知識的基礎上，進而批判、建議並且改善我們自身的生活。事實上，這種有關能力的話題，已經替代了思考「到底是米德還是夫瑞曼在薩摩亞的描述較具精確度」等此類專業議題，而成爲公開論戰（public controversy）裡的焦點話題。人們在論戰裡探討人類學作爲文化批判的允諾，在這門行業裡到底失敗得有多徹底，然後接著去討論大衆趕流行的喜好，賦予了米德這類能言善道又具技能的期盼又有多高。這場論戰著實讓我們好好地上了一課——倘若能依照科學精確性此一尺度來衡量的話，對於人類學所提供關於對各個不同文化的知識時，究竟是誰授權給人類學，好讓它提供自身作爲該社會的批判？

本書的任務便是去描繪文化人類學在這兩方面困境的特徵。人類學家在關心非西方文化的描述與分析的優勢下，特別是從1960年代之後，一直在發展他們各自屬於薩伊德式的自我批判。這項動作目前已相當有成效地開始結合到研究的過程上，其中特別是對於異文化的書寫方式。這改變了人類學論著的標準形式，在實驗（experimental）策略上已逐漸地展露頭角了。一方面，一種新的敏銳力表達在再現文化差異的困難度上，取而代之的卻是當前幾乎具壓倒性的全球文化單一均質化的認知。另一方面，在過去的許多書寫裡，有關歷史與政經實體上曾經被忽略，或是被額外細膩化的複雜性再認可。於是，我們的任務之一便是從那些再現不同文化樣貌的當代著作裡所展現的實驗風格，去描繪出理論重點的各種主題。

接著談談有關文化人類學的第二個困境，也就是人類學作爲文化批判形式的姿態問題。這部份還尚未形成像實驗文學一般地豐碩，因此我們將探討當人類學家的接受度與研究頻率，正隨著他們自身的社會一起成長時，人類學作爲一種在話題上較不爲人言的潛勢或契機。我們以爲，在美國社會下發展出一種獨特的人類學式文化批判的潛式，的確相當自然地連結到實驗異地研究在傳統舞台的生命力表現。此種實驗的一項特色，是當人類學家在描述一個異文化時，對人類學家本人及其社會所發展出的一種複雜反映；而這種反映可以從實驗性寫作的領域中獲得，然後在國內改寫整個文化批判的計劃。的確，我們相信要全盤瞭解文化人類學的現代配方，是依賴於目前在傳統異地研究的強調性描述功能上的生動變換，再加上國內的批判功能。這種結果應該是一種學科訓練的目的整合，就如同薩伊德以及〈米德—夫瑞曼〉論戰中的例證一樣，必須好好地面對整個知識環境裡嶄新與精確性的挑戰。

這本書便是由上述這種任務的區分，所整個架構起來的。其中一個章節，關注在最近大多數仍放在異文化研究的著作上，而這些著作正扮演著文本評論的書寫革新潮流下的閱讀物。在其他幾個章節，則是放在人類學式的文化批判，這主要是作爲人類學領域論述內，尚未完全存在的可能性解釋。於是我們的重點將會針對當代的潮流，以及文化批判上更爲寬廣的知識傳統，特別針對是 1920 以及 1930 年代，提出一個人類學式較爲精確的定義。而我們因此在範例上所提出的延伸性討論，並不會如同我們對於實驗性著作的態度，而是去強調過去人類學書寫上的弊端，正如同它的批評面向，這是爲了思索另一個現代人類學長期允諾下的複雜成就的目的。

而引導我們對於目前文化人類學的狀態提出爭論的主要關鍵，卻是來自人類學界的同事們，對於修辭學形式在人類學寫作上的偏見。這是關於學科理論與方法從未有過的自我批判。事實上，我們很快地瞭解到對這種書寫特徵的批判動作，並不只是人類學才有的興趣，而是相關的領域都會有。

目前這個階段並沒有有關統合社會文化人類學理論興趣的論辯和潮流，然而卻有一種對研究機構的多樣化面貌的片斷式看法，其中部分還相當新穎，而有一些則是回歸到舊有的潮流。在此一折衷時機的核心位置上，伴隨著正在進行的實驗，正是人類學話語這種半文學文體——民族誌——而它正是此一學科訓練中，知識能量的匯集之處。有一些跡象值得我們提出來，在 1950 到 1960 年代，人們試圖定義人類學借自語言學模式的通用理論，並因此想去提供一個具吸引力、正式且嚴格的架構，以便去追求普遍化的描述科學。但是到了 1970 和 1980 年代，文學批判及詮釋領域內的理論發展，已經替代了語言學而成爲關於人類學理論與方法諸多新點子裡，一個相當有影響力來源。想想看，薩伊德這位文學家針對研究異文化議題學科，如人類學在修辭學及書寫策略上的看法，絕非只是一種巧合，而是對這些領域內先行者的一種共鳴。正當我們放棄將文本的那種態度拿到文學家的作品上時，這部份的任務早已經開始了。譬如在人類學方面，見克里弗德與馬庫斯（Clifford and Marcus）於 1986 年合著，在關於人類學式的修辭學裡的文學意識，對論戰的理解已經清楚地告知了當前趨勢的特徵。

然而爲什麼一個尾隨著描述文體而來的偏見，而非是那些已具盛名且整體性的理論，會成爲當前所要關注並且應該加以伸展，以便超越人類學此一單一學科呢？這是一個在開始從事此任務之前所必須提出來的問題。爲了達到這個目的，我們得先講講兩個背景故事，其中一個故事在人類學之外，另一個則是人類學的內部故事。事實上那一個無關人類學的故事，卻描繪出一個更廣度的知識趨勢，而人類學只是其中的一部份，那是有關文學批判對社會實體的詮釋與描述的問題，對社會普遍化理論所導致的改變。另一內部故事則是去討論人類學研究的半文學產品，也就是民族誌論文的中心位置已經爲專業訓練所佔據，而這種轉變正在持續。我們先從外部的故事談起。

目　錄

第一章
人文科學中的再現危機

現在正是重新評價支配性思想的時刻，此一思想包括了人文科學（一種包含社會科學並較之更廣泛的命名），並且延展至法律、藝術、建築、哲學、文學，甚至自然科學上。這種再評價雖然在某些學術訓練上比起其他來得醒目，但是它的出現卻是蔓延式的。這並非僅只是在遭受攻擊時所產生的想法而已，而是有關其自身所展現的研究範式風格（paradigmatic style）。特別是在社會科學裡頭，所有藉由抽象與普遍性框架所組織的學術訓練之目標——這當中包含全部的努力在內——都將面臨挑戰。

葛茲的文章——〈模糊的文類〉（"Blurred Genres", 1980b）——一文裡，藉著記述學術訓練間不固定地借用彼此觀點的角度，試圖去表達當前此一趨勢之特徵。可是葛茲並沒有分析這些學術訓練間所產生的各種困窘情形（dilemmas）。然而正當彼此間的訓練，都存在著理論不夠圓飽的問題時，對於此一困境的內容與應答也隨之改變。譬如說，在文學批評主義裡頭，有所謂的「新批評主義」，這是一種強調文本可經由對內部結構的分析，進而完整探查到意義的主張。如今，文學批評在其他的想法，乃至於有關文學的社會理論上都已合併起來。（Lentricchia, 1980；*Beautiful Theories,* Elizabeth Bruss, 1982，皆有相當出色的探討。）在法律這方面，由法律評議學會（Critical Legal Studies）所領導的「法理的長期威權模式」運動，引發了所謂的「去神秘化」（demystifying）批判。（Livingston, 1982）在藝術、建築方面，同文學一樣，技巧的翻新和適應性知覺——例如超現實主義——都已逐漸失去了它們當初原有的力量，而緊接給予刺激的，則是關於後現代主義美學特性的爭論。（Jameson, 1984）在社會理論中，這種反映在挑戰之下的趨勢建立了實證主義（positivism）。（Giddens, 1976, 1979）。在近古典（neoclassical）經濟學裡，它表達了一種經濟政策與預測的危機（Thurow, 1983），正如同經濟學理論中關於成長模式的批判（Hirsch, 1976；Piore and Sabel, 1984）。在哲學方面，它在「文脈性」（contextuality）議題裡，形成了一種破壞性暗示的認知形式，以及人類生活中建構抽象體系的非決定性策略，而這些都清楚地根基在正義、道德和話語的回歸寰宇化原則（Ungar, 1976, 1984；Rorty, 1979）。在當今有關人工智慧的爭論裡，描述的適當語言則是充斥在話題裡的關鍵議題（Dennet; 1984：1454）。最後，在自然科學（特別是物理學）與數學上，這種趨勢表現在理論家的參考書目上，它們不再專注於秩序的古典理論看法，轉而研究各種無秩序的微觀模式。舉例來說，「渾沌理論」（chaos theory）已經引起物理學、化學、生物學以及數學界的注意〔關於這項流行的發展（Gleick, 1984）〕。

當今知識的情況已不再是完全定義在「它們到底是什麼」上，而是「這些知識出現之後改變了什麼」。在人文與社會科學的談論裡頭，當今的特色已經成爲「後 XX 模式」，譬如後現代主義、後結構主義、後馬克思主義等等。在李歐塔（Jean-Francois Lyotard）的《後現代狀況》（*The Postmodern Condition*）一書裡，這些相當敏銳的解釋已經造成了一些震撼，李歐塔同時引用了當代給予科學法則中，合法性的「後設敘說的懷疑」（incredulity towards metanarratives）。他認爲敘說的危機已經轉向至一個多樣的「語言遊戲」，並使之成爲「拼貼的設置」（institutions in patches）。李歐塔在文章中提出，「後現代知識已不再只是一個權限（authorities）的工具而已，它提升了我們對於差異性的敏感度，增強了我們對於不相稱的忍受能力」（p. xxv）。於是乎，此刻正是鬆綁那些原本想用整體性或是普遍性的研究方式的關鍵時刻。「巨型理論」（grand theory）的權限風格，就像剛才所講的「文脈體」一樣，似乎在此刻暫時被凝結起來，好讓我們仔細地去回想，那些社會生活的意義對於這些制定者，以及對於異議和不相稱現象的解釋，而不是觀察現象裡的規則性等等，這總總議題都對理論模式的有效性，以及所有被視爲理所當然的事實，構成了一些質疑。

在之前我們感到興趣的諸多主題中，有一部份的狀態被稱之爲「再現的危機」（a crisis of representation）。這無疑對當代人類學裡有關「實驗寫作」（experimental writing）的活力，提供了一項刺激。這個危機產生自描述社會實體適當意義的不確定性（uncertainity）。倘若西方社會正處於一種轉變的環境，那麼對美國來說，這可說是一種對後二次大戰失敗的說明，也可說是對美國社會狀態中，各種領域間的研究整合。

這種趨勢隨著目前繁榮富麗的狀態，轉成爲對後戰爭階段管理模式瓦解的一種宣傳，這對美國的權力產生了一些不合適的改變，對全世界來說，也產生了相當程度的影響。在衆多的學院訓練裡，有關於社會秩序和自然法則底下穩定的普遍模式，其總體性架構與卓越性二者的旨趣，與人心的士氣和安危是相一致的。而目前這種理論風格的疲憊不振，正指出了後二次大戰知識趨勢內的政治化脈絡已呈個自的獨立發展了。

然而我們不免對一些較爲特殊的後戰模式提出疑問，譬如帕森斯（Talcott Parsons）的社會思想在 1960 年代的美國，因爲學院思想的政治化而廣爲散佈，時值巔峰。當時的背景是被許多期待（hopes）所充份支配的時光，這些期待帶有（或反應出）一種巨大的影像，以及對社會轉型的改革企圖，而這正是巨型理論，以及抽像理論能夠在當時興盛流行的主因。正當這種政治化面向隨著 1960 年代的逝去而存留下來時，社會思想便在那幾個年頭裡，開始質疑這些研究範式（paradigms）的能力，並且提出了一些頗具正面的問題，這些問題開始懂得先把答案擺在一邊，而去詢問在全球體系的管理下，當地的反應會是什麼，這個答案再也不是當初「巨型理論」底下人們所理解的那個樣子。當然，在諸多領域內最富爭議的理論爭戰，已經交由社會思想家轉移至方法上的層次，和有關再現其自身在知識論（epistemology）、詮釋和推論形式上的問題了。如果我們將理論的波瀾拉回到一個中心位置的話，描述的問題會變成是一種「再現」的問題。而這些便是詮釋的哲學理論與文學理論所一直探索的，因此他們的貢獻成爲了諸多學科反思其理論與自我批評的靈感來源。

歷史學家在看待這些最近的發展時，必須要有一種「似曾相識」（deja vu）的能力，以便在歷史的其他時段去概括這些議題，尤其是 1920 以及 1930 年代。在知識史上，經常會出現一種循環的動作，新的觀點會去質問當初所已經開拓的思想，以便去掌握當代那些棘手的難題。然而與其把這種歷史觀想成是一種循環，倒不如說它是螺旋形，甚至是一種重覆動作。知識是累積增長的，經由對舊有且執拗問題上的創造性再發現，以便去處理有關實踐諸訓練之下所導致不滿的種種經驗，而這些學術訓練的實踐動作正是去感知這世界上從未有過的變化。

當前此一階段有相當多的實驗性以及在概念上的冒險。事實上，舊有的優勢架構並非被否認的這麼徹底——沒有任何東西可以偉大到將它們完全取代——即使只是擱置也不至於。這些具現的想法仍舊在小說和折衷路線上，保持著它們作爲知識來源的地位。上述的階段最早是在 1920 以及 1930 年代，當時改革派、自由放任主義、改革社會主義，以及馬克思主義全都聚集在一片強勁的批判聲中。作家不再是從事巨型理論或是百科全書的工作，而是投身於寫作，紀錄著多樣的社會經驗，以及片斷式的闡釋。整個環境圍繞在改變浪潮中的不確定性，以及續存的社會理論當中，以便於較爲「全貌」地（holistically）掌握其特點。這些寫作、經驗、記錄徹底地將焦點擺在各個片斷與細節上——這些是 1920 和 1930 年代，班傑明（Walter Benjamin）、穆梭（Robert Musil）、維根斯坦（Ludwig Wittgenstein）以及超現實論者、美國史錄實在論者的世代語辭與字彙。

對戰前社會轉型理論的恐懼，帶來了法西斯主義和第二次世界大戰此一結果，這些轉型發生在工業資本主義、通信／宣傳、和商品生產的架構上。戰後的餘波使得美國握有經濟的支配力量，同時創造了一種朝向現代化邁進的信念。於是在社會科學裡，帕森斯（Parsons）派的社會學成爲一種領導的骨架，這不單單只在社會學上，也包含了人類學、心理學、政治科學，和經濟發展模型在內。帕氏的理論奠基在對十九世紀主要社會理論系統的整合下〔包括韋伯（Weber）和涂爾幹（Durkheim），但不含馬克思（Marx）〕，他提供了一合理社會體系的抽象觀點，以及建立了與文化、人格等分離的體系關係。他的理論計劃包含了對整個社會科學的實證作品在概念上的對等和統合。這是一個對龐大知識的努力以及企圖佔據人們心智與學術訓練上的野心。

到了 1960 年代，帕森斯的社會學隨著他的去世迅速下台，戲劇化的程度，如同當初史賓塞（Spencer）的社會學一樣。帕森斯理論裡的政治與歷史特色，無法禁得住整個 1960 年代的變動。以一種分析的語彙來說，帕森斯的看法忽略了社會生活的豐富性，特別是其中的衝突性，過分地依賴功能和系統間的平衡狀態，結果是無法令人滿意的。然而帕森斯的社會理論並沒有完全消失，當初的學生世代大多已接受了他的理論訓練，而在各地優秀的學校裡任教。然儘管如此，帕森斯的理論組織已經完全失去了「去正當性」（delegitimated），許多得自該理論的想法，雖係出同源，卻已經受各種勢力的影響而融合在一起了。

當然，這並不是說，目前未曾發生過企圖重振帕森斯社會學的學術行動〔正如在盧曼（Niklas Luhmann）1984 年以及亞歷山大（Jeffrey Alexander）在 1982-83 年等作品一樣〕，但是這種程度的努力和野心，並不會致力於巨型理論的研究上〔比方說，社會生物學的「新綜合思想」（the new synthesis）（Wilson, 1975）。在此情境下，所有的動作只是化成一種不同的聲音而被聽到，並沒有奪取知識領導地位的企圖。然而，如果帕森斯在今日仍在寫作的話，他的結構系統理論只不過會成為眾多宏大理論之一，並且還不算最龐大的，他所研究的機構與建議在跨學科研究中，只能充作那些指導學者們中的一小片殘片。

同樣地，在當代，「合法性」（legitimacy）與「授權權限」（authority）的類似動作也在馬克思主義那兒發生過。馬克思主義是一個十九世紀的理論模式，它展現自身作爲社會的自然科學，其中不僅包含一種對知識的認知（identity），也包含著對政治的體認。它是一種巨型理論，以便針對歷史作出各種反應與測量。在美國帕森斯主導的年代裡，馬克思主義維持了它另類、抑制的思想，並且等候時機的到來。今日，仍有許多學者如高德利爾（Maurice Godelier）以及阿圖塞（Louis Althusser）仍努力地維持馬克思主義的論點、教條和正統的用語。但是也有許多詮釋馬克思主義的論者，接受其論點做爲論述話語的大場域，藉由它去探索文化和經驗上的概念，如生產模式、商品崇拜或是商品的關係與力量，在變化多端的世界行爲中的意義。於是「馬克思理論者」這一標簽變得相當曖昧，馬克思論調在社會思想裡的使用變得普及和蔓延，而這些對於馬克思主義來說已經不存在清楚的界線了。在馬克思論的書寫裡，有一種新實證，且具有民族誌或是紀錄文件的調調出現（Anderson, 1984）。這是一種期待當社會思想的研究範式能被暫時擱置下來的時候，思想能夠跨越學科界線而得以傳播。因此，舊有的理論在此一知識趨勢下，對於當前的流動性及其交互動作，表現了它們的窮拙之處。而當馬克思主義作爲一種思想體系，而能夠在實踐上繼續維持它的思想，這就變得很難去確認馬克思論者的立場，或是在當代的傳統裡替他們定位。

帕森斯的社會理論和馬克思主義（以及最近的法國結構主義）已經在後戰時期，爲人文科學提供了研究範式與訓練的框架。這些思想在今日都成爲概念、方法論上的問題以及程序上的來源，但是卻尚不能在一個比較大的領域內指導研究機構。反倒是它們在其他領域內純粹充作另類思考，部份式地作爲研究者更爲獨立式研究的使用。如同 1920 以及 1930 年代一樣，當前這個階段，該是敏銳地意識到此一概念系統作爲一個系統的侷限性的時候了。

到目前爲止，我們已經看到了當前再現的危機，就像是在一個晃動的鐘擺——一邊是研究範式與整體理論彼此相安無事的時期，另一邊則是當理論已經轉移去關心現實體各細節的詮釋時，它避開了當初支配模式在描述與解釋這部份的能力，頓時間，此刻研究範式失去了合法性的地位與權限上的授權。這值得將這段知識史倒帶回去，這其中導致當前這種實驗性的脈絡伴隨著人類學寫作而出現，也就是在上述的改變中去捕捉文學和修辭學上該有的品質。於是，我們請教於先驅——懷特（Hayden White）1973 年的《後設歷史》（*Metahistory*）——懷特回溯十九世紀歐洲歷史和社會理論的主要變化，接著將其重點放在社會的書寫技巧上。如果我們將大部分地思緒放在懷特的論述骨架上，將察覺到二十世紀的人類學，正如其他的學術訓練是一樣散漫的，特別是在表達主題的文學造詣上，這正如同是十九世紀「史誌」（historiography）一樣，努力於透過對事物與行爲所表達出的寫實及精確度，以企圖建立社會中的一門科學性的學問。

根據懷特的看法，任何歷史（或是人類學）著作都具有情節（employment）、議論以及意識形態的暗示。這三種元素，或許可以再加入其他項，與其所圍繞的事實存在著一種不穩定的關係。從這些不穩定因子所改變的書寫模態當中，它連結到當今更爲廣泛的社會潮流。從文本的書寫對這些元素的交戰奮鬥到和解的狀態描述，特別是那些重要且具影響力的作品，爲歷史學家呈現了關於在現實世界的詮釋裡，如何去定義一個理論用語的方法。懷特的構想令我們感到興趣的地方，在於他轉達了一個歷史的（以及人類學的）解釋問題，並且經常被理解成再現問題上，對於作者在理論研究範式上的衝突。

對懷特來說，十九世紀的歷史寫作，既開始也結束於一種文諷的模態（ironic mode）。這種文諷至今仍尚未解決：這是關於察覺所有詭異複雜的概念化動作的自我意識。文體上來說，它涉及作者對事實的說明，所產生的眞實性或是杜撰性的懷疑之修辭學策略，特別是對語言本質的再認知部份，即所有現實世界中，語言特徵裡的潛在愚昧性，並且它同時也耽溺——或是沉迷在——諷刺挖苦的表達技巧上。然而，啓蒙時代結束時的文諷，卻是相當不同於十九世紀結束時的態樣。在這段時期裡，歷史學家與社會理論學家企圖在三方面打破關於這種諷刺的行爲，於是他們在歷史過程中找到了一個適當的再現方式。

在懷特的文學用語裡，這些另類的方式作爲一種情節策略的理解，建構了歷史與社會理論的作品——浪漫史（romance），悲劇和喜劇。浪漫史是藉由作者在穿越時空的情境下，一種移情式（empathetic）的自我認同：在民族學上，弗雷澤爵士（Sir James Frazer）將《金枝》（*The Golden Bough*）的想像作爲對迷信世紀中，對眞理需求的反抗。悲劇是一種關於增強社會力量下的衝突意識，在那之下，個人或是事件純粹是作爲一個不愉快的場域，經由社會衝突力量的考驗，意識和理解可以在那兒被增強。悲劇比起浪漫史更具世界性，馬克思得自勞工異化的階級衝突觀，堪稱爲一代表。喜劇則是悲劇的相反形式：它蘊釀了一種片刻式的成功，或是可以達成和解的感知，它通常出現在節慶及儀式的陶醉上，將競爭者全都擺在一起，即使彼此在短期間仍存在著衝突。涂爾幹以社會分工爲論點的《宗教生活的基本形式》（*Elementary Forms of Religious Life*），可以作爲代表。

對於十九世紀的史誌，懷特描述了一個自浪漫史至悲劇和喜劇的脈動，其脈動結束於一個深度諷刺的模態。於是十九世紀結束時的文諷情況又相當不同於啓蒙時代的態樣。十九世紀的史誌比起啓蒙時代來說，在整體上是較不抽象的，且更具實證味兒的。在十九世紀那個階段，努力地想去尋找一個描述的「寫實」模態（"realist" mode）。此一階段結束於文諷，然而正因爲那是可理解並且合理的，因此對相同事件上的不同概念，可以互不排斥。在十九世紀結束時，尼采（Nietzsche）以及克羅齊（Croce）這些作者將這種諷刺性意識的年代，視爲他們的問題，並且企圖尋找一些方法去克服這種尚未被安置，又缺乏自我意識能力的問題，以給予一種信念（faith）。克羅齊再一次嘗試浪漫主義的移動，藉由藝術的同化，企圖淨滌這種諷刺的歷史，但是他只在知識的諷刺行爲的意識上，取得成功。

二十世紀的人文科學雖然還不致於像懷特所描述的十九世紀那樣，重蹈覆轍的那麼深，卻在描述的寫實模態與文諷之間，持續地搖擺猶豫。比方說，葛茲掙脫了前面所介紹的帕森斯的理論框架，而發展了文化體系的想法，再現了一種浪漫主義的移動。就像克羅齊，他整合了一種意象（image）或是一種象徵物，並且揭露、定義和設制了文化思想裡一種可辨識的模式，譬如以鬥雞活動來探尋峇里島的思想模式，或是以劇場方式來討論西方思想中的政治輕視。但是同時，他以這種選擇象徵物或是影印的模態來描繪對觀點（perspective）以及「科學式」課題的質疑。類似地，當代對馬克思主義的觀點，依舊保有興趣，並且持續在馬克思的寫作中，加入一種悲劇式的移動，這同時也增強了對知識論議題的關注。因此，經過整個二十世紀，文諷維持著它的強度，並且在 1920 和 1930 年代以及 1970 和 1980 年代兩個時期額外突出。在那兩個時期裡，對於企圖廣概各範疇的理論，並掌控各研究範式的想法，已經普遍迷漫著一股對信仰（faith）的懷疑了。

此刻的任務，尤其是現在，已經不是去逃脫關於寫作諷刺模態的深度懷疑性與批判性，而是去擁抱並整合這種書寫模態，並綜合其他策略以便爲這個社會生產寫實性的描述。隨著再現的其他模態，這種對文諷持續的調和能力，根源自辨識（recognition），於是所有的觀點與詮釋都成了一種被評論檢閱的東西，最後，它們必須作爲多元且開放性結局（open-ended）的變通（alternatives）。於是如果我們要作一種較爲精確的見解，以及對這個世界提供一個較具信心的認識，唯一途徑就是通過一個複雜的知識論，以便去應付一個棘手的矛盾、弔詭、諷刺以及各種人類活動解釋的不確定性。這種橫跨多種學術訓練，而且正在發展的應答及精神，似乎便是之前我們所說的當代再現的危機。

文諷的增強時期在再現社會實體的意義上，似乎隨著社會所可能改變的歷史契機中，增強了生命的知覺。於是社會理論的內容被政治化與歷史化，而理論的侷限範圍也因此清晰許多。這些對於描述與解釋社會現象有著共同關注的領域，緊密地結合在一起，以便去探尋那些社會現象下的複雜改變，而這些改變正是對主導性的研究範式及自身的內部挑戰。因此，在 1970 和 1980 年代早期，我們找到對社會理論的概論性著作，例如紀登斯在 1976 年的《社會學方法的新法則》（*New Rules of Sociological Method*），1979 年的《社會理論的核心問題：社會分析中的行動結構與矛盾》（*Central Problems of Social Theory: Action Structure, and Contradiction in Social Analysis*），古德納（Alvin Gouldner）

1970 年的《西方社會學的危機之來臨》（*The Coming Crisis in Western Sociology*），伯恩斯坦（R. J. Bernstein）1976 年的《社會和政治理論的再建構》（*The Restructuring of Social and Political Theory*），以及布迪厄（Pierre Bourdieu）1977 年的《實踐理論大綱》（*Outline of a Theory of Practice*）。這些問題同時存在於這些理論話語的作品中，以更直接、切實的方式由研究過程中提問出來。這些問題反應在文化人類學與歷史學上，是對於社會和文化實體中再現敘說形式（narrative form）的問題。實證性的研究論文，通過對於書寫的自我意識，已經等同地成爲一種增強的理論意義和野心的作品。從知識的層面來說，此刻的問題已不是在一個大範圍的研究框架裡，去找尋那些解釋性的改變，以便去維持理論的目的與合法性，而是去探尋這些變化在過程中，係以一種微觀的方式去描述的革新意義。

當然，以這種「珠寶商之眼」的方式微觀地看待世界，是相當迫切而需要的，而且這正是文化人類學的長處和特色所在。在下一章，我們將就人類學研究的獨特方式——民族誌——進行探討，已經有很長一段時間，民族誌把焦點放在所觀察的社會文化過程的記錄、詮釋和描述等問題上。事實上，人類學長期在所謂的初民孤立的社會，就使用這種「珠寶商之眼」的方法，應用在包含我們自身社會在內的複雜階層社會裡。更甚者，肇端自其他學科同樣的再現危機的影響，人類學寫作的當代革新，正朝向一個從未有過的政治與歷史的精確敏感度，它轉變了人們所描繪各式各樣形形色色的文化路徑。於是人類學以一種跨越傳統社會科學與人文關懷的劃界，正像是作爲一個導管（conduit）將這種思想與方法各處傳播。而目前對於異文化從過去習慣裡書寫上的改變，正是人類學在當代策略性功能的管理場域。

對人類學自身而言，當前研究範式權限（paradigmatic authority）的缺乏，導因於存在著許多不同的人類學：他們有的致力於重振舊有研究取向，如民族符號學（ethnosemantics）、英國功能主義、法國結構主義、文化生態學、心理人類學；有的綜合馬克思論調與結構主義、符號學以及其他象徵分析的形式；有的建立一種更具包融力量的解釋框架，如社會生物學企圖去成就更具「科學性」的人類學目標；有的結合社會理論的關注點與人類學裡頗具影響力的語言學研究。這些在論理上不同的測量，各有其價值與問題，然而它們不管是啓發人家也好，或是被啓發也罷，都把民族誌的實踐看成是一段極短暫的時期內的共同基礎（common denominator）。

用一種清楚的話語來說，民族誌的書寫，便是我們今天所說的「詮釋人類學」（interpretive anthropology）。它自 1960 年代的文化人類學中成長，從最初企圖建立一套關於文化的通論，到田野工作和民族誌書寫的反思。詮釋人類學的主要發言人葛茲及其作品，在更廣的知識界裡，已經建立起人類學中頗具影響力的風格。而人類學自 1960 年代以來的實驗民族誌趨勢，也正是本書的核心關注點。

現在，我們回頭來談談內部的問題，也就是這股較爲廣泛的知識趨勢是如何影響人類學的。首先，我們將先討論民族誌方法的核心角色，特別是佔據現代文化人類學的民族誌文本的產生。接著，我們將追溯詮釋人類學在此一研究的實踐過程中，如何作爲一種話語（discourse）脫身而出，以及對於此一章節我們所指稱的「再現危機」，詮釋人類學又是如何看法與應答的。

第二章
民族誌與詮釋人類學

二十世紀的人類學和它在十九世紀中晚期的面貌，是相當不一樣的。當初的人類學自一個鼓吹著社會進步意識形態的西方學界中萌芽，並且為「期待」（hopes）所支配著，在這些期待之下，是一種關於人的普通科學，以便去發現在人類長期進化中的社會律法，進而去追尋理性（rationality）的更高標準。而現在人類學的分支——考古學、生物人類學以及社會文化人類學——都在一開始就被整合成一個獨立的人類學家所該具備的能力，以便在現今和過去不同人種資料的比較下，去尋找關於人類的普遍性。對當代社會文化人類學來說，在這些知識卓越的老祖宗裡，首先應記得的是英國的泰勒（Edward Tylor），弗雷澤，法國的涂爾幹以及美國的摩根（Lewis Henry Morgan）。這裡頭的每一個人都經由對人類社會發展階段的對比，追求著一個知識上的野心計劃，以探尋現代制度、儀式、習俗和思想的偏好模式。而這些記載當時被稱之為「野蠻」、「原始」人類的資料，乃是作為與過去聯結起來的文化類推之用。這便是民族學上的「安樂椅」年代。雖然他們偶爾也會自行出去調查，但是最主要的資料仍是依賴於旅行家的記載、殖民時期的記錄以及傳教士等所作的第一手資料。這些作者所制定的風格、範疇、和主題等流程，成了二十世紀人類學的辯論話題。

英、美人類學界的特性在二十世紀的前三分之一時期，有了一次批判性的轉變。這場轉變導致了關於社會科學與人文議題的專業性，由較大的範疇轉而成爲大學的專業訓練，特別是在美國（Haskell, 1977）。它區隔出學院的事務，然後由這些訓練予以專業化，建立起獨特的方法來分析語言與各種標準，而這些都成爲今日的準繩。話說回來，十九世紀這些普遍的領域，如歷史學，和接續發展如人類學般的各種學科，當時只是衆多訓練中的一門，然而它們的偉大計劃就是要成爲學術官僚體系裡的一門專門學問。

因此，爲了像社會科學在大學裡佔有一席之地，人類學在學院建立的過程中，曾經狂歡也曾經絕望過。貝克爾（Ernest Becker）在《人類科學的失落》（*The Lost Science of Man, 1971*）一文中悲歎，社會文化人類學好不容易跟它的歷史夥伴，考古學和生物人類學，在社會科學領域內生存下來，卻常常在埋怨爲什麼這門學科老是只接受對「原始」習俗，異文化研究這類的委任。正當十九世紀的修辭學與精神仍存活在人類學體內，並且持續地在人類（Man）此一普遍科學裡，特別是在主題上的教授，人類學家已經在方法上變得愈來愈專業了，並且相當顯著地轉移著興趣。然而大多數的人和許多其他學者，仍以人類學在十九世紀的目標爲限，不曾去瞭解此一分支在二十世紀初期的重要改變，這突顯了社會文化人類學的一個問題。

這場轉變重整了社會文化人類學的核心，使它成爲社會科學裡一個獨特的訓練。而這一旦被理解成人類學的「革命」時，這種改變在當今就會更容易發生，以作爲對過去人類學的改造以及一種持續的轉變（Boon, 1982）。這種獨特的方法正是「民族誌」，其主要的革新就是將民族誌帶進一個整合的專業實踐裡，而這些對非西方人們的資料收集過程，正是由業餘人士或是其他人在現場的收集，以及由學院裡的人類學家所做的安樂椅式的論理和分析。

民族誌是一種研究過程，人類學家在之中觀察、記錄並且融入到另一個文化的日常生活裡——這是一種標舉為田野工作方法的經驗——然後寫下關於這文化的內容，強調描述性的細節。而這些內容的主要形式，正是將田野工作程序、異文化以及民族誌作者個人的和理論上的假設，提供給那些專業人士與其他讀者群。在當今學院的專業與專精化的新世界裡，有一項仍是遺留自過去的人類學通論，那便是對主題的多樣性，然而在民族誌的寫作上，它已經轉變了關注的位置。正當人類學的傳統興趣仍舊被認為是在那些所謂的初民社會，人類學家已經完成所有不同種類的社會研究，其中包含西方社會在內，而主題範圍從宗教到經濟都有。理論上來說，人類學相當地依附在民族誌方法所調查到的第一手資料，檢試特殊文化下關於人（通常在「民族中心論」底下）的普遍性。

民族誌方法的轉變有其複雜的歷史，而這至今尚未被書寫下來。（比方說，有許多在英國殖民地時代工作的半職業民族誌作者，各自有其民族誌歷史，而其對人類學實踐的看法，已逐漸地取得權威①。）然而，卻有一位人類學家被英、美兩邊的人類學家們所共同推認是民族誌方法的奠基者，那便是馬凌諾斯基（Bronislaw Malinowski），他在民族誌——《西太平洋的航行

①即便在二十世紀，馬凌諾斯基、芮克里夫—布朗，以及之後的葛拉曼，在「身為學術界裡的人類學家」以及「在殖民行政部門裡擔任一位政府的人類學家」兩者間，仍保持一個銳利的區別。馬凌諾斯基與芮克里夫—布朗二者都曾為殖民行政部門開過課，將收入作為研究經費的支應。葛拉曼更在李文斯頓研究所（the Rhodes Livingstone Institute）強制區分，要求學術界的人類學家回到英國來撰寫田野資料，以便遠離行政官員的操作及其問題等影響。儘管有許多有價值的民族誌來自於其他方式，此一人類學家的界限仍被銘記為權威性的模式。在美國，法蘭士・鮑亞士強加了相似的權威式版本，使得先前以及當代的民族誌傳統黯然失色。

者》（*Argonauts of the Western Pacific,* 1922）——的開頭〈首章〉裡所描述的方法，已成爲英、美大學科系裡專業訓練的範例先驅。弗雷澤爵士曾經爲這本民族誌寫了一篇讚賞的前言，而馬凌諾斯基這本民族誌則相當出色的貫徹了十九世紀人類學所建立起的目標。然而馬凌諾斯基的這一首章，如今則被當成一篇說明古典方法的文章來閱讀，並且已經變成一種實質上的判斷和學術訓練的轉換點。

就如同之前我們所提到的，正當學院組織的轉型導致了人類研究在普通科學中的逐步凋萎時，當代社會文化人類學的困窘之處，便在於它有系統地對文化多樣性提出各種描述的功能上。這種對知識的巨大挑戰，以及民族誌自身的影響，在西方社會思想的潮流底下，改變了原有的主張，成爲一種更大的意圖，持續地闡釋社會文化人類學的特徵。

在 1920 到 1930 年代間，美國文化人類學接續在文化相對論（cultural relativism）的觀點下進行研究，而英國的社會人類學則是在功能論的觀點下。在接下來的章節裡，我們會去討論對於田野資料的思考與民族誌資料的組織；而在歐洲的社會理論的拉扯下，人類學形塑了特有的描述和比較目的。如同功能理論一樣，文化相對論一開始只是一種方法學上的指導②，以便於去幫助人類學記錄文化多樣性此一優越的興趣。然而經由美國 1920 到 1930 年代之間，一種關於學院式並且範圍更廣的意識形態論辯下，文化相對論這個說法才不再只是一種方法，而變成一種信條、一種位置。在二次世界大戰結束之時，它逐漸地消褪在美國人類學界

②這些指導是這樣子的：不存在最佳或是最理性的社會組織方式；不同文化會引申出不同的價值群集以及社會機制；藉由觀察異文化來學習組織社會的另類方式，會比在象牙塔裡沉思有關社會改造，來得更爲現實；文化價值無法用一種抽象的哲學語彙，在種族方面來加以判斷，而是必須根據其社會生活的實際效果來加以評價。

（直到現在，它才又再度重返，待會兒我們會敘說這部份）。在這時候，功能理論持續關注於人類學的核心，緊緊地扣住人類學的方法論研究。得此，功能主義，如同它之前在英國一樣，在美國人類學界裡變成了一個在理論和方法上相當有影響力的話語（特別是在二次大戰結束後，以及文化相對論討論的結束）。

然而，經由大衆對文化相對論的廣泛確認，人類學得以在美國的社會科學裡保持一個普遍的傳統。另外，人類學在社會科學裡，貢獻了一個有關理性（rationality）、人類寰宇性的存在、人類制度的文化順從性（malleability），以及關於一個改變中的世界，其傳統與現代特色等議題的論辯。在美國，文化人類學與自由主義有相當的關聯。它提出了具實證基礎的、倫理上的相對主義，挑戰了那些過度狂熱追求普遍化的模式，法律科學的發現原則，因而對人類多樣性予以降級、輕視，並且訴之於其他社會科學的作品等行爲。並且，它紮下了一個地基，批判了「無價值觀（value-free）的社會科學」此一想法，此想法在 1950 年代相當地流行，而在 1960 年代卻逐漸地被挑戰了③。

因此，假使秩序的所在地以及現代人類學知識對學界的貢獻來源均足以被確認，那會是對於民族誌研究的過程，而它是由兩方面的辯護所架構起來的。一個是它捕捉了文化的多樣性，特別是在部落與非西方社會，而這是十九世紀人類學計劃裡不確定的傳統。另一個則是對於我們自身的文化批判，這個動作在過去還

③社會科學是否能夠成爲一純粹客觀、技術性的，以及類似數學那樣的科學，已經論辯有一段時間了。其古典語彙是由馬克思・韋伯所提出。他就某些（無價值觀）客觀性工具的研究技術，與（價值有關的）研究旨趣的規劃二者作一區分，如同其他社會努力一般，與目標、價值及觀點有關。對 1960 年代那些聲稱不帶任何價值觀的帕森斯社會學評論家，譴責他們利用科學的聲望，爲意識型態添加一種霸權性，並且因此排擠了其他不同的觀點。

不怎地明顯，而在今日卻是一個逐步復甦的潛勢。正因爲當前對於再現的危機，以及學術訓練下對修辭學的興趣，我們對這本書裡關於民族誌研究過程的某一部份，感到特別關心，那便是將民族誌看成是田野工作的書寫產品，而不是跟隨著田野工作自身的經驗。民族誌的中心處，在現代社會文化人類學中，有兩條路徑會予以討論。第一是關於民族誌作爲一種書寫文類（genre）的發展；第二則是它在專業的定義下，與人類學實踐的角色。我們將簡要地處理這兩個路徑。

從一個機構的角度來看，民族誌在人類學專業的領域內所扮演的意義（significance）可以被劃分有三種角色。首先，民族誌文本範例的閱讀與教授，是傳遞學生「倒底人類學家在做些什麼」以及「他們懂些什麼」的主要方式。比起其他領域，人類學的古典作品適切的維持其資料作爲修辭學上的問題，以及長久以來，作爲萌生新概念的長久來源。既然這表達了數十年前這一群人的看法，並且被記載在古典作品裡，而不是他們目前正在改變的環境，這一點提供了人類學內部話語一個保守並且「非歷史性」（ahistorical）的角色，有助於對所謂人類學論辯作一個認知上的掌握。而「非歷史性」（ahistoricism）的來源則常常被反覆攻擊。在本書中，我們將會去考量當代民族誌在生產的歷史脈絡中，對自我意識的堅持程度，因此不贊成那些將描述內容，作爲永久不變的社會或文化形式的閱讀物。

第二，民族誌是一種相當個人以及想像的工具，人類學家在那裡被期待能夠在本科的學術訓練中，甚至超越自身的學科訓練，進而在修辭學與知識論上作出貢獻。從某種角度來說，正因爲是一個人獨自在從事田野工作，民族誌作者比起其他學術訓練，那些說明性的文體，更可以自主地表達意見。並且，對以前的民族誌主題的再研究或是多主題式的計劃，在今日也是愈來愈普通了。但是民族誌作者仍是在一個相當大並且獨特的研究經驗下寫作的，而且在學術圈子裡也只有他／她有這樣的實踐機會。就像待會將被我們討論的，直到現在，這種得天獨厚的創造性潛力才在一個較大的尺度下被探察著。

第三，也是最重要的，民族誌已經擁有一些已在從事發展和建立起的聲望。這些期待的意義，在於所有的人類學新手都應該接受在不同的語言、文化下從事田野工作，並且自他們開始田野工作後，居住的安排不能被過於強調——人類學比起其他的學術訓練，提供一種對各樣的審查更廣的範圍——所有人類學家所共同分享的便是這種經常被浪漫化的民族誌學界。這種尚未被檢試的一致性，造成民族誌的特性在過去數十年，已被人類學內部的一股強烈批判影響著，並且對當今民族誌書寫造成了衝擊。

然而這種相對的粗心爲何後來會成爲社會文化人類學的實踐核心呢？這似乎導因於在當代學院組織裡所接受的學術訓練，使得人類學家有著敏感度及脆弱的心靈，也就是實證主義下的社會科學，其正式的方法與研究設計下所帶來的結果。但是這並非是說社會文化人類學，在後二次世界大戰期間，在其風格上缺少那種意識形態性的實證主義觀點，然而這的確造成了人類學家對不依慣例的方法更強烈的敏感度。雖然的確有人在田野工作研究的設計和資料的獲得上，去討論更嚴格的取向〔特別是認知人類學，或民族科學（ethnoscience）在 1960 年代的運動，這在下一節會討論〕，以及對於田野工作的談論，已經發展了一套專門術語（如「參與觀察」），但是基本上，這整個情況仍舊是混亂的，並帶有質化的經驗，而在對立面的，則是一套社會科學實證主義看法下的方法④。

④每一個人都不應該過於強調田野工作及其成果報告，在性質以及特性上的本質。自然科學的哲學家們在很久以前，也同樣區分了科學所賴以發展的發現、理解和直覺的非系統性本質；以及爲了洞悉「科學」所從事

而有關田野工作的書寫生產上，這種具現民族誌寫作的文類慣例，已經合併了許多十九世紀人類學計劃裡的一般認識。在過程中，比起現代人類學裡佔優勢的實證主義風格來說，他們允納了更多社會理論與研究裡相當不同的看法。於是這種關於民族誌寫作的沉默，便被打破了，這主要是再現的危機已經挑戰了社會科學下實證主義的目標之合法性，並且在這種潮流之下，人類學變得更早熟了。

從十九世紀關於人的「人類學式的科學」這種崇高的看法，到二十世紀圍繞著民族誌方法上激烈且獨特的再整編，社會文化人類學的雄心壯志普遍都放在民族誌實踐此一藍圖上。這其中有兩條路徑，首先，十九世紀傾向於淨除那種全球性的說法被再次整頓。人類學家作爲一個民族誌作者，將他的努力聚焦在「全貌觀」（holism）：不是去提供一個寰宇化有效的說法，而是盡可能完整地去再現一個特殊的生活方式。其全貌觀的特色——也就是去提供一張仔細觀察生活方式下的完整圖片——是二十世紀民族誌的基石之一，並且正是當前所接受的嚴酷批判與校正。然而重點是，民族誌作者至少把對於他們所描述的文化裡，所提供較爲完整的看法，看成是他們的責任。全貌觀式的再現，其精髓在現代民族誌裡至今尚未被好好地加以編輯，（雖然在古典假說裡，支持其民族誌作者的權限授權去管理這種背景知識），然而卻已經把文化要素的脈絡（contextualize）加以組織，並且在各要素之間作有系統地聯結。

其次，人類學全球觀點底下的比較研究面向，已不再是屬於

的證明，或確認隨後而來的系統程序。所以同樣地，這些可證實的資料，其質與量決定了民族誌工作的價值。但是，在田野裡所意外發現的東西，影響了民族誌的書寫方式。除此之外，在觀察內容上也存在著許多書寫的方式，提高了讀者的感知力；而上述的最後一項，在意義上是有別於自然科學的。

一種改革的體制，或是朝向「理性」價值的相關進步的測量，雖然比較研究在民族誌文本裡，已經根深蒂固在修辭學上。這種發展不全的現象，相對地在民族誌對於異文化描述的內部性，正是民族誌推測他者行爲的參考，並且交由作者與讀者所共同分享的熟悉世界。當代對於人類學知識判斷的關鍵之一，正是根源自這個「我們／他們」，而民族誌的比較研究面向，同樣地，也有此一重要的看法。

此一文類慣例的改變，界定了民族誌文本的定義，也形成了對過去六十年來社會文化人類學的評價基礎，這種評價被馬庫斯和庫胥曼（Marcus & Cushman, 1982）以及其他人認爲是民族誌的寫實主義⑤。這種暗示（allusion）涉及到十九世紀的寫實小說。寫實主義是一種尋求再現整個世界的現實性，或是生命形態的寫作模態。以文學家斯登（J. P. Stern, 1973）對狄更斯（Dickens）的小說中，所謂的「描述性轉換」（descriptive diversion）：「轉換之最完全的目的就是去增加和追加其確定性與豐富性的意味，以及小說對我們所說的每一頁和插話的現實性……。」（p. 2）相似地，寫實主義的民族誌是被書寫成去暗示一個整體，而整體是藉由一個喚起社會和文化的全體性（totality），以作爲分析其所注意到的部份和焦點。如果我們將注意力放在細節和冗長的範例上，那麼作者所分享與體驗的這一整個不同的世界，將更具寫實主義寫作的進一步面向。事實上，授權民族誌的作者，以及散佈文本的具體現實性，正是作者再現世界作爲第一手資料的主張，其主張得以打製一個聯繫民族誌寫作與田

⑤民族誌自然主義此一用語，有時是指涉民族誌寫實主義（Willis, 1977, 附錄部分；Webster, 1982, 1983），以便於反映實證主義式的社會科學精神，此部分甚至大於民族誌發展所記述的脈絡。有許多文學寫實主義裡的彈性，在民族誌身上尚未得到利用，民族誌在社會生活的描述上，大多在追求一個中性，且最不具喚起任何作用的語言。

野工作的環節。

然而這種寫實主義式的暗示並不是意味著，民族誌已經如同寫實主義小說那樣，對同樣的靈活能力（flexibility），或是對寫作策略上的想像運作，已經感到愉悅；它對於寫實主義的實驗，甚至超越這些舊有慣例的能力，是直到最近才有的，而且並不是不可被論戰的。況且，在這種對生命不同方式之整體性再現的興趣（以及從文學的立場）下，民族誌已經發展出一種特別的寫實主義，緊緊地與優勢的歷史敘說主題扣住，而這種主題是已經被框架住的。而民族誌作爲一個文類，和旅行者和探險者遊記具有相類似的地方，那便是主要的敘說主題，是藉由作者對於讀者所未知的人、事間浪漫式的發現。正當民族誌充滿著一些浪漫與發現味時，它同時企圖以科學式目標與這些旅行者遊記和業餘的民族誌作者劃清距離。爲了達到這個目的，民族誌的主要主題便自栩爲科學，以便去援救那些被全球西方化所威脅的文化多樣性，特別是殖民主義時代。於是民族誌作者在書寫之中，捕獲了對文化變遷中的研究授權，得此，他們進入到人類學比較式研究計劃的記錄之中，而這正是支持西方社會與經濟進步的旨標。話說回來，這種援救主題，被視爲是一種值得去做的科學目的（加上一個緩和的浪漫式發現主題），已經從當初的民族誌一直持續到現在。而當前的問題是，這些主題不再能夠反映當前民族誌作者所工作的世界。現在所有的人們至少都已知道，甚至作過研究了，並且對於當代文化變遷來說，人類學的旨趣在於由異文化裡展開援助行動，「西化」早已是一個過於簡單的觀念了。然而，正由於民族誌的敘說主題仍過於薄弱，其功能反而尚未過時。人們需要不斷地去發現各種世界文化，正如同人們在改變中的歷史環境下，重新去創造這些文化，尤其是當自信的後設敘說（confident metanarratives）與研究範式都很缺乏的時候：正如同我們所說的，目前正是一個「後狀態」（postconditions）的年代——後現代、後殖民，以及後傳統。而這種民族誌的持續功能，需要一種新的敘說主題，以及一場針對民族誌寫實主義的既有常規，對當代實驗潮流所產生的論辯。

對於這些舊有常規的徹底對待，確實是需要另外分開來研討（Marcus & Cushman, 1982；Clifford, 1983b）。我們會在下一章對實驗民族誌的批評中，好好地確認與討論更細節的部份。在此，我們希望能從一個民族誌專業讀者的角度，來記述一本「優秀的」民族誌，不管它有什麼特別的論述，要能夠提供關於田野工作、日常生活，以及微觀過程等行爲的含意〔一種田野工作方法上的內在有效性（implicit validation），使其能明白指出人類學家的所在（was there）〕，其轉譯可以跨過文化和語言上的阻礙（土著想法在概念上與語言上的註釋，得此，可以作爲範例以便於去展現民族誌作者的語言能力，以及能夠成功掌握土著的意義與主題等此一事實），以及一種全貌觀。後兩項文類，是民族誌之所以成爲民族誌的特徵，尤其是作爲反映正在改變中的要點。而對於文化的全貌觀描繪，寫實主義已經成就了過去民族誌寫作裡所主要強調的目標；這種設計一部份得歸功於功能主義的論點，也就是曾經支配社會文化人類學的理論話語。但是，自 1960 年代起，人類學的理論研究與興趣卻開始轉變了，其中的理由，我們會在下一節討論，以便於去轉譯和解釋「精神文化」（mental culture）——「抓住土著的觀點，以及他們在生活上的關係，並試著瞭解他的世界觀」，如同馬凌諾斯基的民族誌裡，對古典方法的說明（1922, p. 25）。這種對田野工作的反射，以及民族誌寫作的特色，導致了詮釋人類學的出現。

詮釋人類學的出現

詮釋人類學是一種統稱，它主要是對於文化的概念，與民族誌的實踐兩方面所作的各類反省。詮釋人類學自 1960 和 1970 年代開始，萌芽於當時社會理論中的強勢觀點，所支配的理論正是帕森斯的社會學；從古典的韋伯社會學；以及相當數量的哲學和知識潮流等同時的衝擊，包括現象學、結構主義、結構與轉換語言學、符號學、法蘭克福學派的批判理論，以及詮釋學。這些理論的來源提供了一些要素，造成了許多過去從未有過的複雜討論，以便於關注民族誌中的主要抱負，並且從現代肇端的位置，去引導出這種「土著觀點」（native point of view），來闡明現實世界的文化建構，是如何迥異地影響到社會行動。同時，這些理論的影響亦同樣應用在談論過程的檢試，也就是藉由人類學家在田野裡，對文化意義系統主題所獲得的知識，然後再現到民族誌文本裡。而民族誌詮釋的有效性，在研究過程自身的理解與探討上，就顯得更豐富了。得此，詮釋人類學在管理上同時展現著兩個面向：它提供了一個對其他世界來自於內部的展現，而此一展現，也反映了一個關於知識論的基本訓練。

在這二十年裡，有關人類學思想發展的評論，一直企圖將焦點放在一種轉變上，這是從包束在「社會的一種自然科學」目標下的行爲和社會結構，轉變到人文科學下的意義、象徵、語言以及一種更新的認知，其社會生活必須奠基在意義交涉的理解上。詮釋人類學因此著重在社會行動裡「較爲紛亂」（messier）的一面，而這一面曾被認爲是一種相對於科學家客觀測量下的行爲研究等主流觀點的邊緣話題。然而這些對詮釋人類學所出現的評論，卻很少去注意，甚至幾乎沒有發覺這種將文化理解成是一種意義系統的努力，已經將焦點擺在詮釋過程的自身上，也就是聚焦在作為知識過程的民族誌上。

此種將「文化視之為文本」的隱喻，正是葛茲所展示的（1973d），它鮮明地顯現了文化詮釋者與行為科學家之間的不同。根據此種觀點，社會行動可以交由觀察者的「閱讀」（read）來獲得它的意義，就像我們所習慣的書寫和敘說的資料那樣。不只如此，民族誌作者在行動中閱讀的象徵物，也同樣在那些被觀察者身上發生——一種彼此關係下的演員。然而，這帶來了一個具批判性的問題，即這種交由觀察者與被觀察者雙方，將詮釋所喚起的隱喻視之為文本的閱讀，替代了研究的實際過程。這導引了當前詮釋人類學的主流興趣，也就是有關於詮釋是如何經由人類學家建構起來，以及是誰在報導人的詮釋中進行。然而，這其中的重點並不是在於人類學家已經成為文學批判下的奇怪品種，或是他們必須去放棄圍繞在行為－如同思想－的整合科學之目標；重點在於他們對理論的熱衷，他們將詮釋的活動視之為對社會科學的長期奮鬥，並且將民族誌的實踐帶到一個範圍更廣的批判省思當中。在一片社會科學實證主義的聲浪下，這種實踐曾經假以裝扮，而不為人類學家與其他人所知，以為它就像是其他學科的方法一樣。詮釋人類學在當下的吸引，精確地來說，是關於民族誌報告裡的複雜需求，這並不只是作為所有人類學知識的根基，去追求任何方向來的理論，而是藉由當代再現危機的刺激，作為其他社會科學中的一種主要激勵來源，以便去解決自身的困境。就歷史的觀點來說，以人類學作為一個社會科學來看，在制度的定義上已經稍具一席之地，但對於主題和方法上的獨特點（singularity），則尚有一段距離。

我們可以藉由回顧1920年代民族誌風格的改變，來回溯詮釋人類學的成長。美國早期的民族誌（從十九世紀晚期到1930年代）形成了各式各樣的不同風格，其中在它自身的實驗路徑上，從班德利爾（Adolph Bandelier）嘗試替普波洛（Pueblo）印地安人撰寫的民族誌式小說（1971 [1890]），到鮑亞士（Franz Boas）面對歐洲文明入侵後驟變的文化搶救史錄；從庫辛（Frank Cushing）對祖尼（Zuni）文化的洗禮所表現出的熱忱，到班乃迪克（Ruth Benedict）在跨文化的遠距研究，《文化模式》（Patterns of Culture, 1934）裡的風格與情感的編織。

自 1930 年代起，民族誌的寫作增加了功能主義取向，此一取向是在英國馬凌諾斯基以及芮克里夫－布朗（A. R. Radcliffe-Brown）之下發展的。功能主義是一組設計來指導民族誌中，方法論的從事與書寫的問題；它當時並不是一個社會的理論，雖然它是經由芮克里夫－布朗而來，但是涂爾幹的社會學卻也相當強烈地影響到它。這些方法論上的問題是去確保一位民族誌作者可以去詢問，任何一個獨特的制度或是思想，是如何可以與其他制度相互關聯，並且其主張是貢獻在什麼範圍上，而在這個主張下，它要不是把社會文化系統看成是一個整體，不然便是一個社會行動的特有模式。而功能主義論者特別喜愛去展現親屬制度或是宗教等議題，也就是在表面上是如何構成社會的經濟制度，或是儀式體系如何去刺激經濟生產和政策的組織，或者說，神話並非是一無是處的故事或思索，而是作爲編制社會關係的憲章。

功能論者的這些問題，若與十九世紀人類學思想和關注作一比較，在他們的時代是相當令人振奮的，比方說，文化特徵的傳播論之追溯，或是獨立於各個不同種類的社會內容之制度的改革。於是詢問這些問題變成是二十世紀人類學的常識之一，而功能主義取向的民族誌，最初是感受到民族誌撰寫者此一角色的開拓式發現和自我意識，接著則是演變成一系列的話題（生態學、經濟、親屬制度、政策組織，以及最後的宗教），這些話題從參考書目的遞除，到研究者的角色，以及從制度的具體化到跨文化比較的類型學格局都有。這些問題的種種辯論，舉例來說，開始變得去關心爲什麼非洲所發展的系譜觀念，不能完全一致地應用在新幾內亞，或者後裔的概念可以適用在非洲的親屬制度，卻不能如法泡製在南亞等問題上。

這種在學界裡逐漸嚴苛的類型學論辯僵局，以及乾澀的制度概略，第一次在1960年代變得緩和，這是受到法國結構主義的影響，以及相當諷刺地，也受到當時帕森斯的功能理論的影響所致。話說回來，帕森斯所提出的社會抽象性和巨觀理論，爲文化體系此一課題留下了一些伸展的空間，並且他這一點的疏忽，卻留給人類學家去仔細推敲。這導致了在1960年代，詮釋人類學的兩位開路先鋒，葛茲以及史奈德（David Schneider）在帕森斯於哈佛大學所任教的社會關係科系裡，所接受的研究所訓練。

這兩位先鋒，分別從不同的面向，去詢問「這些制度是如何藉由文化在一種概念性語詞之下所建構的」等問題，藉此去突破社會學在功能主義面向下所表達的具體化。這同時，正當帕森斯的文化體系企圖用各自的語詞去處理各自的社會時，李維史陀（L'evi-Strauss）的結構主義卻是去尋找一個關於所有文化體系的寰宇化文法或句法。但是二者都在社會結構（社會體系）上頭，轉移了注意力到心智或是文化上的現象去。

於是語言學成爲了仿效的對象，這是由於二者都視語言學爲其文化的核心，並且這也由於語言學似乎已經發展出一套更具嚴格的方式，以便去引出一種具文化模式的現象，以便去定義這些現象，而這便是所謂「對發言者來說，他並不意識到的深度結構」。於是這種語言學模式的實驗發展出各式各樣的風貌：認知人類學（泰勒, 1969），結構主義（李維史陀，1963，1965，1969 [1949]），以及象徵分析（葛茲，1973a）等是主要的種類。上述的第一項，企圖描繪出文化的範疇，以便去對抗文化中立範疇的「客觀」（objective）格式；第二種企圖將文化描述成一種關於差異的系統，其中任何單元的意義是經由其他單元的對比下的系統所定義的；而第三項則是企圖去建立一個藉由話語、行動、概念、以及其他象徵形式等所展現的意義的多層次網路。

如果我們將注意力放在語言學現象和模式上，這會更加普遍地導引我們到關於以「溝通作為過程」的考量中，以及個人如何在他管理的世界裡形塑自身的理解，這不僅包含民族誌的課題，同時以一種反思的立場來說，這也包括人類學家自身。於是認知人類學對於客觀格式的期待，便在許多關於文化建構的想法中萌芽且被發現；但是關於自身的架構卻實在是一點也不怎地文化中立，說穿了，便是藉由分析者己身的文化範疇與預設來作決定，於是他們搞砸了這個設計。另一方面，結構主義雖還不至於這麼糟，但仍被批判成過於遠離意圖（intentionality）和社會成員的經驗，在此同時，人類學的象徵分析被怪罪成一種不充份的組織，在那之下，分析者冀盼意義能超越任何客觀式的方法或是評估的標準（criteria）。

在這些問題的回答裡，其中的一個就是這種跨文化式的理解，如同任何的社會理解，但又包含了一種經由對話，所不定向地成就出的近似物（approximation），也就是，藉由彼此的對話在某種程度的共識上，對於其他較為特別的理解互動上的共同校正。而人類學家，就如同葛茲最終所結論的（1973c），在一個文化之中，選擇了一個能夠吸引注意力的東西，並且將之巨細靡遺地加以描述，以便於告訴處在自身文化底下的讀者們，關於這個被描述的文化意義。在這種顯著的實用主義式（pragmatic）的解決辦法裡，民族誌正是這種橫越文化符碼裡最佳的對話管道，最起碼，民族誌是以一種公開演說者的姿態，對聽眾在風格與內容上所調整的書寫形式。葛茲雖然傾向於以詮釋者的理解，保持對詮釋課題的某種距離，或是作為一位讀者與文本所可能的指涉關係，而非是作為一種對話（dialogue）的隱喻性，事實上該種理解更樸實地表達了人類學在田野裡實際的詮釋情形，然而將葛茲所強調的近似物與開放性結局（open-endedness）的程度，用來作為一種詮釋的特色，這種說法仍舊是極有幫助的。就像待會兒我們會看見的，該種隱喻性在最近的詮釋人類學的話語裡，變得更具有力量。

其他在1960年代，對語言學所支配的文化研究取向所感到的不滿，則表達了更強烈的努力，這些努力主要是企圖更精確地概念化「再現土著觀點」的意義，並且展露出收集史錄的過程，是如何朝向此一目標去進行的，以便於讓讀者能監視民族誌資料的可靠度。這種種的努力都分別來自歐洲思想中，其各自不同的發展。在人類學此一範疇上，現象學被定位成一種學問，也就是如何將注意力極細微地擺在土著如何觀看自身世界的方式，以便於儘可能地去支撐起民族誌作者的觀點。這被看成是韋伯「理解社會學」（*verstehendes Soziologie*）的成就，亦即是一種給予演員理解力核心角色的社會學，以及狄爾泰（Dilthey）早期為*Geisteswissenschaften*（作為自然科學對立面的人文科學）所訂定的學科目標。詮釋學也很相似地，被歸類為一種對土著的解讀，並解碼成自身複雜「文本」的映射方式，而這些文本可以是書寫文本，或是文化溝通的其他形式，例如儀式；並且詮釋學著重於推論的法則，聯同（association）的模式，以及暗示的邏輯。同時，詮釋學也作為人類學家關注的參考，以便於人類學家在跨文化詮釋中進行自我的反思。馬克思理論的分析則是作為一種指標，去關心在文化下的思想，是如何應用在獨特的政治與經濟的興趣上，當然，這包括民族誌研究裡，觀察者與被觀察者二者。

這是影響詮釋人類學中實驗民族誌寫作的三種理論。近來就書寫活動自身的討論，常圍繞在對話的隱喻性上，此議題猶勝早期對文本的隱喻性探討。在這裡，對話成為一種意象，以便去表達人類學家（或甚至伸展至讀者們）在不同文化下，所涉及的一種活躍式溝通過程。它是一種雙向式的交換，於是，詮釋過程在文化體系的內部溝通，以及意義體系之間的外部溝通二者間，便變得極爲需要。有時候，假若民族誌作者與主題之間的外部溝通，變成是研究中最重要的目標時，這種對話的隱喻性就會被過於簡化，導致了一些民族誌作者輕易地滑到一種自我表白式的書寫模式，因而在從事這類異文化研究之際，缺乏了在溝通上一種平衡且濃郁的再現。經由此種虛假式的簡單對話，它卻表達了一種與民族誌有關的複雜想法，譬如伽達瑪（Gadamer）在對話課題上的辯證觀點，拉岡（Lacan）在雙向式會話或訪問此一課題裡，所展現的「第三者」（third parties）觀念，以及葛茲的「近似經驗」與「疏遠經驗」的並置（juxtaposition of "experience-near" and "experience-far"）概念⑥。

葛茲指出，理解土著的觀點並不需要直觀上設身處地式的溶

⑥「近似經驗」與「疏遠經驗」修正了曾經具有其影響力的 emic 和 etic 兩者在文化範疇上的區隔，而這是由認知人類學所介紹的。前者 emic 的文化範疇是從語言或是文化內部出發的理解觀點，引申自後者 etic，etic 則被提出爲一種寰宇化或是科學式的理解觀點。〔二者的區分是奠基在語言學對 phonemic（音素）與 phonetic（音形）的區分。音素是一種從人類聲音所可能產生的寰宇性聲音中，所選擇來構成某一語言的使用單位。〕etic 此一用語是在客觀的跨文化比較下，所提供的「格網語言」（grid-language）。此一區分在知識論的批判上，顯示了純粹的 etic 文化範疇的無效性，因爲在某種因素之下，是完全置身於文化脈絡之外。我們可以製作出「科學式」的範疇，但是它們仍舊具有其原則和獨斷的定義（例如，顏色的分類還是能夠藉由光譜來測量；然而，當我們假設紅色是唯一或主要的參照系統，是以文化的特性來作爲光譜的範圍時，混淆的情況便發生了。甚至，當我們去假設英國的紅色（red）、法國的紅色（rouge）和波斯的紅色（sorkh）代表著同一個東西之時，會出現一種更爲混淆的情況。因此，emic 和 etic 兩方的文化範疇，變成是一種相對的語彙，這是由葛茲對「近似經驗」與「疏遠經驗」的區分發展，所捕捉到的例子。

入（empathy），或是偶爾鑽入別人的腦子裡去。雖然這種設身處地式的溶入可以是一種有用的幫助，但是訊息的傳達（communication）仍舊是取決於交換。除非其協議或是意義已經被共同地建立起來，不然的話，在普通的會話裡，仍舊會出現一種冗長的訊息，然後是一種理解的共同校正。於是「近似經驗」或是他者文化的本土概念，表現在跨文化的彼此交流裡，以及異文化的書寫中，而「疏遠經驗」的概念，則表達在作者與讀者的分享上頭，並且這二者皆被一起並置下來。任何跨文化詮釋行動裡，所涉及到的轉譯動作，都因此與民族誌作者有關，於是民族誌作者在民族誌的撰寫過程中，是以一種中介者的姿態，出現在範疇上不同的分類與文化概念之間，而這二者則是以不同的方式彼此互動著。

話說回來，概念的並置與協商，第一次是發生在田野工作的對話裡，而第二次則是發生在民族誌的撰寫中，也就是人類學家與他的讀者群的溝通。在當代實驗性寫作裡，大多數都相當關注在近似經驗與疏遠經驗的再現，及其一種結合的策略，而這種再現發生在田野工作的過程中，並且直接帶進民族誌自身。

因此，「並置性」（juxtaposition）便成爲詮釋人類學裡一個重要的成份，並且被視爲是一種對話。然而這種在概念或是範疇上的並置性，並非被隔離在社會脈絡之內而已。拉康以及其他人便已指出，在一個雙人的會話裡，便至少存在著第三者，那是一種在語言、專有名詞、行爲的動作符碼，以及關於構成意象、眞實、和象徵的假設前題之內，對於潛藏在文化結構裡，或是無意識的文化結構裡的調停者。而這些交由居間的協調結構，正是民族誌的分析框架，也是對話的隱喻性。

最後，伽達瑪的歷史詮釋學是一種對話的概念，其中結合了上述兩種並置和調停的觀念。伽達瑪關注在過去歷史的視域，然而詮釋的問題仍舊是相同的，這一點不管是穿越時間還是橫跨文化。每一個歷史的片斷自有它的前題和偏見，而其溝通的過程正是將己身的片刻（或文化）觀念與其他人的作一種銜接。於是，從閱讀所獲得的理解內容與品質，比方說，一個在十九世紀的讀者對格雷戈里（Gregory of Tours）的著作中所獲得的東西，必然與一個二十世紀的讀者有所不同。這裡，歷史詮釋學應該要有能力去指認和釐清此一不同處的特色，而一個文化詮釋學也應該在民族誌的過程中具有等同能力。

然而，當前這些人類學理論的發展——從 1960 年代改變原有興趣到詮釋人類學，再到目前對民族誌自身過程的強烈關注——如何與過去的學術訓練連結起來呢？在現代美國人類學的歷史脈絡中，詮釋人類學可以被理解成相對主義的復甦和精密化的繼承人，這項觀點乃是由文化人類學作爲開路先鋒，於 1920 和 1930 年代所建立。然而相對主義已經過於被描繪成是一種教條，而不再是一種作爲詮釋過程自身的方法和反思。這導致它特別地遭受一種批判，也就是去質問是誰訓示相對主義在所有價值體系內的等同有效性，使其道德判斷不予存在，然後透過對人類社會中的文化差異性基礎的堅持，使其廢除所有科學所賴以進步的普遍化輪廓。

在美國的政治思想裡，人類學的相對主義概念和自由的信念有著緊密的關聯性，助長了寬容的價值，和對多元論的尊重，進而去反對種族主義的教條，譬如優生學以及社會達爾文主義。在這場政治論辯的辯駁裡，不管是學術界圈內或圈外，相對主義的位置有時的確被放在相當極端的語彙裡，而且這種賭注是相當高的，這導致了具批判性的結果。自由主義，包含有強烈的相對主義成份，結果在美國的公開政策、政府以及社會道德觀等明確的意識形態上獲得勝利。它也變成了在權力與正義的討論裡，成爲多元社會與繁容狀態的定義式架構。只有在二十世紀末的今天，自由主義長期的盛行，才會出現在對相對主義作更新的學術討論，包含著擁護或批判的兩方（Hollis and Lukes, 1982；Hatchm, 1983；Geertz, 1984）。

然而這一次，相對主義具有詮釋人類學觀點的理論式表明，以及那些具招惹性質的議題，比起當初開拓時期來說，已變得更加複雜且包含著一種歷史性的立場了。簡而言之，當代的詮釋人類學就是之前我們所討論的對話隱喻性，它是相對主義實體的一種，適切地說，也可以看成是一種對不同文化間溝通的審查模態。民族誌處在無可否認的全球政治經濟力量結構裡，作爲相對主義和詮釋人類學實踐的具體化，挑戰了在社會思想裡所有關於現實（reality）的看法，而這些看法爲了具有足夠能力去概括或是去確認一種寰宇化價值，經常是處在西方所擁有的優勢之下，發展出全球的均質化觀點，因而忽略或是降低了文化的多樣性。但這絕不是去否認人類基本價值中的階級制度（隨著高度的寬容力），也不是去對抗其普遍化，詮釋人類學在作爲民族誌的反思下，練習著一種相當具有價值的批判功能，這與社會科學以及其他相關的學術訓練建立起關係。因此當代的詮釋人類學正是一種相對主義，它改善並增強了此一知識年代的騷動狀態（ferment），這並不是說不像，而是比起當初所組成的方式，來得更大且複雜。

詮釋人類學的修正

詮釋人類學的出現可以理解成是1960年代裡，人類學內部的三種批判之一。然而它卻是其中唯一一個改變人類學實踐的重要衝擊。就如我們待會看見的，詮釋人類學改變了人類學分析，從當初強調行爲和社會結構轉移到象徵、意義以及心智（mentality）的研究。而其他兩種批判——以田野工作作爲民族誌研究的顯著方法，以及民族誌寫作裡的歷史化與政治化特色——則只是在當時學術圈內高度政治化下的一種聲明和論法。只有在當前實驗性民族誌寫作的時刻下，作爲在當代廣泛流傳的再現危機裡的人類學固有看法，方能在方法論上以及政治批判上，捕捉到早期這些對文化書寫上的改變。這種整合此三種批判的動作，並且將它們作爲對民族誌研究的主流模式裡尚未有過的轉換，特別發生在一群人的書寫中，而這群人正是在1960以及1970年代裡，受訓於詮釋人類學新發展的研究所學生，以及受到其他批判研究所帶動的一群人。

早期對田野工作的批判，主要體現在有關田野經驗的記要上，以便去指導學生，這些人是鮑文（Bowen, 1964），卡薩戈蘭德（Casagrande, 1960），察格儂（Chagnon, 1968），高爾德（Golde, 1970），以及瑪麗伯里—路易斯（Marybury-Lewis, 1965）。雖然說對於方法論的批判要點可以經由這些作品來閱讀，但是他們展現的卻不是之前我們所描述的。甚者，他們的口氣大多是以褒揚，或是去自我表白其田野工作的進行，然後去揭穿這項活動的磨難與瑕疵，描繪人類學家正像是桑塔格（Susan Sontag）裡的英雄一般。

李維史陀的英文譯作《憂鬱的熱帶》（*Tristes Tropiques,* 1974

[1955]）帶來了一些不同的秩序，而 1967 年馬凌諾斯基的田野日記——《一本嚴格意義上的日記》（*A Diary in the Strict Sense*）的出版，則導致一場急速卻尚未定論的論戰的發生。前者是一種哲學上、優雅的並且相當值得閱讀的反思和閱讀物，註定是在文學課程裡作爲純文學的教授模式，而後者是一種私人的、自我心理分析，並且替人類學家們嚴肅地對這位作者的田野工作去神秘化，而在這之前馬凌諾斯基其光芒四射的先鋒式說明（1922）已經作爲學術訓練的方法。

在 1970 年代，一連串對田野工作的新反思，便開始對民族誌的研究過程上作公然而敏銳的批評。這些作品諸如瑞比諾（Paul Rabinow）的《摩洛哥田野工作的反省》（*Reflections on Fieldwork in Morocco*, 1977）以及杜蒙（Jean-Paul Dumont）的《首領與我》（*The Headman and I,* 1978），保有早期田野工作記事裡個人自白的章節，但是他們打開了一個關於田野工作的知識論，以及作爲方法之姿態等更具影響力的嚴肅討論。這兩位作者都寫下了人類學家與田野工作裡所遭遇到的文化事物之間，圍繞在實質對話（substantive dialogues）的記載，得此標示出詮釋人類學理論的焦點轉移，也就是在不同文化的溝通上。這二者同時也揭露了一個關於田野工作的歷史與政治脈絡的尖銳感受性和複雜化，也因此映射出第三種人類學批判的關注之處。

第三種批判則是藉由歷史脈絡和政治經濟等議題，目標則鎖定在人類學的主題與研究過程的無感知力（insensitivity）或無效性（ineffectiveness）上。這種批判在 1960 年代下發展，特別去質問這種學術訓練與殖民主義的關係，以及最近與近殖民主義的關係。此項批判在英國人類學裡最爲顯著的陳述是在《人類學及其殖民地之遭逢》（*Anthropology and Colonial Encounter*），這本由阿薩德（Talal Asad）在 1973 年所編輯的書裡。更早一點，在美國同樣出現這種批判的聲音，這是由海姆斯（Dell Hymes）於

1969 年所編的《重建人類學》（*Reinventing Anthropology*）。現在再來看這一本書，它正是當時學術激進化，並且處於越戰與美國本土的混亂下，一本帶來修辭學改革的史錄。雖然其中批判的目標大致上是眞實的，然而它整體的表現則是無節制地，並且造成許多不當的影響⑦。在政治意識型態高漲的情況下，其中在美國人類學界較爲特殊的，當屬「亞瑟王計劃」（Prject Camelot）（該計劃是在 1960 年代期間，提供社會科學家研究費用，以進行拉丁美洲暴動鎮壓失敗的研究計劃），和「泰國事務計劃」（Thai Affair）（委託 1970 年代的亞洲研究學會，以及後來的美國人類學家學會裡的倫理學委員會所調查，企圖對泰北地區作民族誌研究，以便對鎮壓印度支那的共產勢力提供幫助）。

於是，圍繞在 1960 年代這波人類學的研究下，對歷史主義與政經議題感到強烈的興趣，成爲了某種作品的特色，這類作品特別是奠基在哥倫比亞大學所宣稱的「物質論者」（materialists），他們的研究取向融合了文化生態學以及馬克思主義的觀點，同時還夾雜一些法蘭克福學派的大衆自由社會批判。這些觀點帶給了美國社會科學家在概念上的蒐集，這其中包括人類學家在內。這種在政治經濟方面的人類學研究，確實在 1960 年代由沃爾夫（Eric Wolf）、敏茲（Sidney Mintz）以及娜胥（June Nash）等學者振興，且一直維持著相當強度。然而，就像待會兒我們所看見的，文化的姿態與文化分析已經在此種政治經濟面的人類學研究上，呈現了一些問題。並且只有這類實驗性的作品，正面地去調和當代人類學研究中政治經濟與詮釋上的問題。

---

⑦維迪胥（Arthur J. Vidich）的博士論文《殖民經營的政治衝擊》（*The Political Impact of Colonial Administration*，Harvord University，1952）甚至是一篇更爲銳利的作品。這是一篇論述第二次世界大戰之後，美國人類學在密克羅尼西亞執行軍事監督期間的角色報導。

然而，上述這些批判是如何改變人類學家的意識，如果我們想要去得到一個較爲清晰的意義，就得先理解有關衝擊民族誌研究過程的問題，特別是它的兩個主要舞臺——進入田野，也就是找一個地點，足以讓人類學家將他自己投入到另一個文化裡；以及最後返回現實，並爲學界，有時還包括公開的讀者群，寫出他在田野工作裡所獲得的知識。

現代人類學家所從事的田野工作，擺脫了殖民與後殖民狀態，也擺脫了尋求一種「他們還這樣在做呢！」的古老文化社會。他們穿越第三世界數世紀以來的整合，走向了全球經濟體制此一研究取向，成爲上述民族誌研究過程的案例之一。甚者，在這種需求之下，人類學家經常去尋求這些狀態彼此間的合作與協助，以及他們所投身的社會之「現代尺規」（modern sectors）。然而只要這種窮鄉僻壤式的田野地點能夠繼續地被專業的思想和寫作理解成一種原始的圖像，人類學家就能完完全全地意識到，他們工作裡的政治、經濟和歷史脈絡，作爲一種不具意識性的實踐行動，已經深深影響了人類學家察覺自身在田野工作裡的專業性，以及自田野工作後所撰寫的內容。

我們在此所討論的該項特質，也就是在自身社會裡，而非在田野的知識趨勢（譬如，關於猛烈批判異文化在西方再現模式下的出現），加上第三世界的現狀改變，這種結果導致了人類學家傳統上想去追尋的那種田野地點，已不復存在，甚至連想像都不太可能。瑞比諾在摩洛哥小鎮裡的生活下，對田野工作與殖民主義影響的認識（Rabinow, 1977），以及杜蒙對亞瑪遜部落的指證與發現（Dumont, 1978），這兩本著作都是對當代田野工作的意識變遷，提供了極爲嚴厲、尖銳的看法⑧。

---

⑧在當今所揭露的事件中，我們重新發現當初田野工作的早期歷史，相當類似於瑞比諾和杜蒙所發現的（請參見詹姆士・克里弗德對馬歇爾・格

在顚覆「尋求原始形貌的田野工作」的重大過程中，最值得一提的，算是那些長期將人類學興趣放在人類學家自身，以及所喜好的修辭學上的適應了。有一個道聽塗說的故事在專業的民俗調查裡傳開來：似乎是一位美洲印地安族的報導者，在回答一位民族誌作者的問題時，居然是去查閱克羅伯（Alfred Kroeber）的作品，或者是一位非洲村民在類似的處境下，去翻閱弗特斯（Meyer Fortes）的著作。然而在這些故事中最有力的諷刺，不僅是被理解成人類學家如何研究那些被隔離的社區或文化等民間傳說，

瑞奧於 1930 年代在西非多剛族（Dogon）田野工作的報導）。對人類學及其讀者而言，多剛族長期始終是一支具備魅力的民族。從征服多剛族人文化知識的殖民式探險形象出發，格瑞奧將其田野工作撤退到一個較爲謙卑，但卻較爲明智，並且也較爲豐碩的意象裡。此一意象是有關他與其卓越的報導人奧喀坦邁里（Ogatammeli）的對談，其中奧喀坦邁里用自己的語辭揭露了多剛族的文化面向。在 1920 到 30 年代，（由結構主義風潮所繼承的）法國民族誌是非常早熟的，其探討的議題是現在英美人類學所探討的核心問題。如果說英美人類學民族誌練習裡的政治和歷史脈絡，在這之前從未被拿來討論的這種說法確實不公平；那同樣也不能說田野工作的策略以及民族誌的寫作慣習，是完全處於靜止狀態。重點是，就田野工作計劃及其寫作等方面所延伸的調整來看，英美人類學確實具有允許民族誌，去保存具有較強烈歷史主題的折衷特性。儘管有這種對同時期（contemporaneity）與文化的歷史製模（molding）的識別，但是這種驅動力在田野裡，依然強有力地去尋找可靠的傳統田野地點，或是極少被接觸的田野地點；或是在書寫上，去重複地展現其傳統以及文化的深度結構，是如何在變遷中依然閃閃動人。有關田野工作的論題，諸如瑞比諾和杜蒙的著作，以及克里弗德（1983b）和馬庫斯與庫胥曼的合著（1982）等這些著重在民族誌寫作修辭的著作，都開創了一個自我批判的氛圍。其中，人類學家在他們尙未進入田野，或是在開始撰寫之前，都已具備了一種高度的自我察覺。而在此氛圍中，人類學家所進行自我批判的世界，卻又極不同於民族誌通常被假設來進行研究的那個世界。

也不單是怪異事件而已，而是被理解成所已知的形式。

特別是成爲古典人類學課題的人們，諸如薩摩亞人、初步蘭島人、印地安霍比族人、印度踏達人等，都非常清楚自身的處境，並且帶著愛恨交加的情感，消化著人類學對他們所建構的知識，以作爲其自身意識的一部份。而最近的一個例子，則是踏達族婦女在休斯頓的造訪。她是一位受過訓練的護士，就像是一位文化中介者一般，前來美國發表一些關於踏達人的演說，也就是過去數十年間人類學家所作的一切。有一次，她正訪問我們的一位同事的家中，就像電視上英國國家廣播電台（BBC）所播映關於踏達人一樣，當時，那位造訪者很明顯地被安排成製片者的首席報導人。然而這位踏達婦女與我們同事所批評的關心點，倒不是一些踏達文化的細節，而是藉由她自身、人類學家以及英國國家廣播台的觀點，去處理有關她被人們多重再現的此一諷刺性問題。

這樣的一個故事說不定在當代的民俗調查裡稱不上什麼，但是卻紮紮實實地給我們上了一課。這個世界在經濟、溝通的滲透力，以及在指認文化的確實性（authenticity）問題上，一旦侷限在現代化的思維裡，便會非常明顯地充斥在全球各個區域性的文化內。因此，民族誌的記錄被逆轉成當初被記錄者的知識，這些人不只消化了人類學的專業領域，也包含了其他的知識範疇，使之與自身關連起來。但是這並不意味著，傳統的修辭學與人類學，在展現生命中的文化特殊與系統形式的任務上，基本上已被其自身的課題所顚覆或挪用了，而是它傳統的任務在今日已變得更加複雜，它需要新的敏銳度，去從事田野工作和書寫的不同策略。

在結束田野返途的面向上，人類學家在準備民族誌的書寫時，面對了一組雖不同，但並非毫無關聯的挑戰。其中之一係指個人在專業性天賦上所受的限制，另一則根植於當下人類學寫作在此一學術訓練外，更具包容力的情況。先前的挑戰，其問題在於自田野工作裡降低了資料的多樣及普及的面貌後，隨著記憶的捕捉成爲書寫的中介形式，例如日記和田野筆記，然後經由文類（genre）的慣例而付之爲文本。然而，隨著田野工作中所引發、增強的批判式自我意識，這種介於「從田野工作裡我知道些什麼」與「根據文類上的慣例，我被壓抑成該報告些什麼」二者間的調和，就漸漸變得難以忍受了。或許這類文類上的控制，壓制了專業性的品質——也就是指博士論文的民族誌寫作。然而如果我們可以超越這一點，那麼當論文轉而成爲一本著作，或是擺在不同的書架上作爲不同的書寫計劃時，這些計劃可以使田野資料在不同領域上，獲得更充份的使用，爲實驗性努力創造一個絕佳的機會，特別是當下這個階段。

至於人類學寫作所獲得的知識領域，比起現在而言，異文化報告的書寫曾經有過一次更穩定且合適的場域。這方面，我們將會在人類學之效能作爲文化批判形式的思考中，再作討論，這種將初民社會或是異國風味的修辭學架構，作爲是美國本土文化批判訊息的訴求，已正在衰退中。在此，我們僅記述人類學的當代評價，此面向主要是放在學者們和閱讀界之間，挑戰了寫作的權限及關連性的問題。而目前正有一種對人類學著作抱持著懷疑論的看法，他們以爲對那些完全孤立的不同文化，「知道」比只是去「想」要來得好很多。

懷疑論，就像社會科學家所描述與解釋的那樣，受到這個世界的可能變遷而影響，並且每每徬徨於世界上各種不同的文化差異所導致的事件中。但諷刺的是，部份的懷疑論根源於自由思想，而該思想卻正是吸收自這個世紀更早期的人類學相對主義。這其中，一些極端式的信仰被表達爲種族主義與民族中心論，這種論調是相當危險且過度自我膨脹的。雖然文化的差異確是可以區辨，但是如果這種差異是用來挑戰某一個人種的思想，或甚至是寰宇化式人性的話，那便會觸及到當初自由主義所企圖去戰勝的問題。這並非是人類學致力散播著文化差異，而是美國知識界有一種偏見，這種偏見一直企圖模糊各種文化間彼此的差異及特殊處，並輕視其影響力，而偏好在政治和經濟層面上的「牢靠」事實，或是普遍的人性上。比方來說，想想看，伊利亞德（Mircea Eliade）以及其他人的人本主張裡，辜且不論彼此間的差異，他們都以爲所有的宗教最後都是一樣，回答相同的存在問題，並且都有能力去取代改革的順序。除此之外，我們試著想想看帕森斯以及馬克思的社會學，同樣傾向於降低彼此文化間的不同，以提供更具動態的社會功能現象，在此一觀點之下，升高了任何社會裡所被指認的團結或衝突形式。

然而這種接受文化差異的態度，卻伴隨著一種懷疑論的自恃，增強了一種最近廣爲流傳的認知，這種認知以爲這個世界正透過科技、通訊以及人口的運動而快速地均質化。同樣地，這並非是人們不再相信文化的多樣性，而是從西方社會的優勢觀點來看，他們不再相信文化的差異，或是這個世界的另類想法，可以影響全球性分享式的政治經濟體制。於是人類學家，一直長期去反對那種以爲「現代化正改變著世界」的貿然預言，並且迅速地遠離像浪漫主義或是享樂主義式的態度，於無關緊要的瑣事細節以及裝飾性的外表上。舉例來說，中東地區基本伊斯蘭教義的復甦，即一種意義性質的文化過程，是相當日常性的經由媒體以及其他分析者，以一種我們聽得懂的政治經濟語彙所轉譯，就好像伊斯蘭教的神學家們（mullahs）僅僅是一種政治菁英，而兩伊戰爭的結束，也可被視爲是經濟枯竭所導致的。然而，我們所不能理解的是以一種尊敬的態度，去面對文化的神秘「餘數類系」（residual category）。發展理論學家目前仍持續爭論著所有的實踐議題，認爲它們基本上都帶有技術上的成分，並且多多少少能分析出得失利弊的策略。文化對這些思想家來說，最主要是構成了阻擋的體系，它必須被深思的計劃所改變。

這些對民族誌記錄的傳統修辭學挑戰，已經在「縮小化」（shrinkage）的世界觀上增加了份量，以朝向一個更具獨立的世界體系。於是祖魯人（Zulus）、提摩爾斯人（Timorese）、南比恩人（Namibians）、尼加拉瓜之美斯提多人（Meskitoes of Nicaragua）、庫德族人（Kurds）、阿富汗人（Afghans），或是黎巴嫩的馬洛尼提斯人（Maronites）和西提斯人（Shiites）等等，這些民族不再完完全全地被對待成相異、自我封閉的文化，甚至對人類學分析的傳統單位目的——文化。每一位書報的讀者與電視節目的觀衆，都知道他們自身的社會正是被這個世界所影響，並且是所整合的部份之一。民族誌因此對於它的課題，要有能力去捕捉更精確的歷史脈絡，並且於田野工作此一當地領域中，注入一種非個人式的國際政治經濟體制上的作用。這些作用不再只是僅充作外部因素對當地、自我封閉文化的衝擊，而是外部體系對當地來說，自有完整的定義與洞察力，並且正是它緊緊扣著民族誌課題下，其生命世界裡的象徵與分享的構成意義。於是除了最爲普通的概觀之外，當代民族誌分析在傳統與現代間的差別，才會不致於太過顯著。

這些正是當人類學家從田野裡回來，並且開始民族誌撰寫時，所面對的殘酷挑戰。假使他們的工作是去記述意義，而非只是從事專家那一點有限的範圍，假使這對其他領域有一顯著的貢獻，也就是找到詮釋人類學在當前知識的再現危機中，屬於自身的看法，然後這種已經形塑的自我批判意識，便必須在民族誌的研究過程中找到說明，這二者都必須在田野裡進行，並且持續到人類學的書寫中。這是在民族誌的寫作特色中，較爲明確的實驗氣氛。

實驗性民族誌寫作的精神與範圍

當下對民族誌的形式與內容此一實驗性時刻，不應該被視爲是菁英份子的妄想，而是一種對民族誌讀者以及作者在心智上自我意識框界的普遍期待。民族誌的讀者與作者都同樣在期待更多更多的文本，可以比起當初努力擴展民族誌寫作的前輩做得更多，來的更好，更富趣意的行動。然而這並非只是推動一些事情罷了。舉例來說，卡斯塔妮鞑（Carlos Castaneda）在《唐璜的教訓》（*The Teachings of Don Juan,* 1968）一書裡，相當實驗性地嘗試去描繪一個人類學家，在一位巫師的指導與蓓誘蒂植物（peyute）所引起的幻覺下，在精神上所從事的轉換。雖然說這是一個有力並帶有詩意的行動，並且重要地影響到諸如阿盧里斯塔（Alurista）等墨裔美籍文學家，但是大多數的人類學家卻都嚴正地拒絕該文本成爲民族誌的實驗作品，因爲它在提供讀者一種監視方式與評價上，違背了呈現資料來源的義務。然而，卡斯塔妮鞑的這部作品，不僅具有許多科幻寫作的例子，並且對民族誌傳統傳達了一種刺激文本的另類策略思想。

對大多數實驗性民族誌來說，它們都會回頭確認其靈感來自於馬凌諾斯基、伊凡－普里察德（Evan-Pritchard）以及其他人的古典作品，藉由一種解讀，而描繪出他們不爲人知、被遺忘以及隱而不見的可能性⑨。如果一個實驗的民族誌是放在一種可被指

⑨舉例來說，克里弗德（1983b）在閱讀伊凡－普里察德那本有關功能主義式的民族誌先鋒且成爲後世模範的《努爾族》著作時，以爲該著作完全符合當代實驗著作裡的探索技術。同樣，密克也注意到（在一段私人的談話裡），符琛（Reo Fortune）的民族誌〔《朵布族的巫師》〔*The Sorcerers of Dobu,* 1932〕；《曼納族的宗教》〔*Manus Religion,* 1935）〕預

認的傳統民族誌寫作裡，並且可以成就出一種革新的影響的話，那麼它便是可行的。藉由找出該遺忘的可能性，給予其實驗的合法性，其中最常見的，便是民族誌作者如何在這兩種對立的趨勢中取得平衡。

因此，當大多數的實驗並不直接涉及與過去民族誌實踐的決裂時，該實驗卻構成了一個更為基本的新環境。事實上，民族誌多多少少都帶有一些實驗的意義，有時候，民族誌作者甚至還在憂心他們的書寫策略：倍森（Gregory Bateson）的《納芬儀式》（*Naven,* 1936）便是一本早期頗具攻擊力的文本類範本，書中以再現的另類模態展現了關注之處。然而，直到現在，這些關心的重點已經變成一種蔓延的，並且高度自我意識的興趣。倍森這本實驗民族誌，專注在新幾內亞部落裡一個單獨儀式的多種另類分析，這是相當顯著的轉變，因為它在人類學這麼長期的作品中，表現出一個異數與不被同化的作品，而它正是當前實驗趨勢裡一個給予靈感的文本。

在我們所建立有關再現的危機中，其中較為廣泛的知識脈絡裡，特別在學術訓練的方法這個層面上，所擔負的風險和革新等階段並非是史無前例的，事實上，它具有某些顯著的特徵。這些實驗的階段，在最初的時候，或是精疲力盡地追隨在理論模式的框架之時，都是相當普通的。在人類學裡頭，如果你發現一個學者正處於今日自我風格的實驗者，以及那些緩緩尾隨在這個世紀前三分之一時期的民族誌理論上的人們，應該不會令人感到特別訝異。

期了許多被假設為當代風格的文本書寫練習。文類的混合、去熟悉化、社會劇場、豐富的口語引用、文類分析、文化的異議與顛覆等，所有這些「當代」的手段都可以在符琛的作品中找到。最後，馬庫斯也注意到，倍森的《納芬儀式》是如何在當代實驗基調的脈絡中被援引。

這些在 1920 以及 1930 年代的先鋒式民族誌，已經被當成是一種模範典型來閱讀，並且形塑了民族誌的「理論」——功能論——提供了對自我封閉單位中，一種全貌觀的書寫框界：部落、人們以及文化。直到目前，我們對民族誌這種寫實主義文類慣例的鬆綁，人類學家都還一直相信他們對於民族誌寫作的看法一致（consensus），也就是關於一本好的，妥當的論文應該是長得什麼樣子。從功能論全盛期所發展的諸多理論與分析路徑來看，民族誌寫作的格式卻仍維持保守的態度。用一種相對的語彙來說，當前在態度上以及在專業民族誌的讀者與作者之間的期待，此種轉變似乎是激進了一點：從這種單靠想像而不帶檢驗的看法一致，到不停地對過去舊有的書寫模態感到不滿，並且提出一些較爲激烈的檢驗方式，企圖去改造民族誌。

與實驗民族誌情投意合的這些讀者們，透過詳細地檢查，希望在現在能找到一個新的研究範式，並且能同時尋求一些想法、修辭學的動作、知識論的洞察力以及從其他不同研究處境下的分析策略。這種開放的實驗風氣，允許作者與讀者能大量地處理這些新的想法。而一些作品則對文本性內容的撰寫，保有相當的興趣。

因此，這種讀者與作者的關係塑造了此一計劃，但是其報酬，也就是評價的聲音和出版商的興趣，相較於這種模式的工匠般模寫，卻表現的頗不一致。在這種徬徨於自我意識的實驗性文本的討論裡，其中特別重要的地方並不在於它表面的實驗性質，而是在於它在理論上的洞悉，這種對寫作技巧所帶來的意識性討論，以及在民族誌特性裡所一直持續革新的感受，成爲了理論在發展過程中的一項工具。

這種實驗的動機與精神因此是反文類的（antigenre），以便於避免恢復過去規範的限制性。當然，每一位獨立的作品都可以對其他的民族誌作者產生若干的影響，但還不至於自信到企圖去作爲其他人在民族誌撰寫上所遵循的範式，或是作爲民族誌生產過程中的「學派」基準。甚至一些較爲特別的文本被其所建立的目標，評斷成是一種文詞生澀，甚至是一項敗筆，然而這些文本或許對其他的民族誌寫作的可能性來說，是相當有趣且有價值的。

精確地來說，實驗階段的危險性便是它會過於早熟地結束，有些實驗會成爲錯誤的範式，在這種範例裡，它們會仿傚著建立起一種機械式的趨勢，或是在晃動不穩固的基礎上，再建立起舊有的慣習。的確，有些實驗藉由它們探尋到一些特別的問題，而有的也處理不錯，有的則是還好；它們可能對一個特定的議題，將它推到最極限的範圍上，而它們的貢獻正是在示範說明此一議題的侷限性。一個獨特的作品很可能從事一種獨一無二的工作，但一旦它被指認並變成是一種次文類時，卻可能失去實驗性質之要點。

比方說，不再如功能論式的民族誌那樣，作者消失於文本之中，或是只在註釋以及前言裡稍稍地說一些話，作者在文本中的現身，以及關注在田野工作和民族誌文本的書寫策略等這些反思的揭露，在重要的理論層面上，都已經變成當前實驗裡所蔓延的標幟了。但是這些仍傾向於田野工作的經驗及其問題。然而，關於田野工作經驗的討論是有可能被過於論述的，這就關於表現癖（exhibitionism）的問題，特別是對一些作者來說，他們不僅將反思考察作爲一種手段，而且將它當成是民族誌寫作的要點。在某種程度來說，田野工作的內省性（introspection）無止盡式的一演再演，將會形成一種次文類，並且失去了對發展其他文化知識時的新鮮面與報酬。

正因爲實驗階段的性質是既不穩定又暫時的，而且夾雜在更多研究下所合併的慣習這類階段之間，在評價它未來的方向上的確有些困難。然而當前此一時期，對於整個社會文化人類學的方向來說，倒是出現一個建議式的改變，雖然說它的基礎性實踐仍是一個問題，但是我們並不引以爲然。相反地，我們將當前的實驗看成是把人類學調整並帶領到二十世紀的允諾，也就是，確實地再現文化之差異，並且把這種知識當成是一種批判式地探測我們自身的生活方式與思想。雖然說這些實驗是隨著當初所指認的問題而來，但如今卻被其他佔統治地位的支配想法所忽略了。而當前這些實驗的契機中，其最低的限度是一個更加複雜，並且具有一定成就的民族誌實踐，它對此一世界與知識狀況已經迴異於那些變成文類中的特別種類了。

當代民族誌實驗寫作的實際範圍乃是隨著一種衝擊，此種衝擊正是上一節我們描述的，詮釋人類學在民族誌研究過程上的修正。我們將其分爲兩種趨勢，每一種皆是接下來章節中的主題。其中一種趨勢，是關注文化差異如何再現於民族誌中。它藉由一種認知所刺激，也就是先前民族誌尚未眞正足夠自覺到去跨越不同文化間，這種確實且重要的獨特性（distinctiveness）。在這種常久以來尋求於「土著觀點」的努力下，這些實驗企圖嘗試不同的文本策略，以便傳遞給讀者關於主體經驗上，更豐富以及更複雜的理解。這些經驗式的民族誌——如果我們可以如此廣泛地概括它們——很努力地用小說的方式去範例出一位薩摩亞人、伊隆喀族人（Ilongot）、峇里島人（Balinese）有什麼意義，以及用這種方式，去說服讀者文化的重要已經超過他們之前所認爲的。同時，這些實驗在跨文化的美學、知識論和心理學上，正在開拓一個新的理論領域。

這種實驗性的基本張力根基於一種事實上，也就是，實驗本身比起它藉傳統的描述技巧與社會科學寫作裡的分析二者的再現，來得更爲複雜。也就是說，實證主義式的社會科學並未思考到將經驗的全盤描述作爲它的任務，並且將它交予藝術與文學。反過來思考這個問題，人類學長久以來的修辭學，圍繞在主體經驗的再現上，即使它的指導式概念，以及書寫的慣習尙未促進此一修辭學上的實質成就。經驗式的民族誌現今正嘗試著此一知識的全盤運用，這種知識正是人類學家來自田野工作的成就，這比起舊有慣習裡那種分析式的自我獨白，來得更爲豐富與多樣。此一實驗趨勢的任務因此便是去擴展現存於民族誌文類的界限，以便於在書寫關於不同文化的經驗時，能有更爲完整、豐富的記錄。

相對地，另一個實驗的趨勢則是較爲滿足於當前詮釋式的研究路徑之能力，這種路徑具說服力地再現了其課題的文化獨特性。甚者，企圖去尋找更多有效的（effective）方式，來描述民族誌課題是如何與歷史性的政治經濟，在一個較大範圍的過程中糾纏一起。這些政治經濟民族誌，正如同我們這般指稱它們，企圖藉自兩方面之間的推進，來成就最近所謂的調和狀態（reconcilation），其一是詮釋人類學在文化意義此一研究上的成就，其二則是民族誌作者在關注歷史事件的潮流中，以及長期在全球政治與經濟體制的管理間，定位他們的研究主題。

總結來說，此種實驗性的一個趨勢乃是對應於歸咎式的膚淺（imputed superficiality），或是現存意義的不適當，以便於再現其他不同文化主題的確實差異；另一種趨勢對應於詮釋人類學的付託，主要關心於文化的主體性，並且藉由權力、經濟和歷史脈絡等可預測議題的忽略或策謀，來成就其效果⑩。正當詮釋式路

⑩這兩種類型的實驗不會彼此排斥的。它們可以出現在分開或是互補性的文本裡，或是在最具技巧性的作品中，它們可以整合在同一文本裡。有些我們待會所描述的作品，就傳統的意義來看，只能算是部分的民族誌。換言之，它們只有論述民族誌研究過程的某一部份，諸如田野工作，或是引用了民族誌作者已經完成的研究，但實際上所包含民族誌描述的量是非常的「淺薄」；或是他們重新詮釋了另一位民族誌作者對自身觀點的資料。我們的目的之重要性在於，這些實驗性寫作的作者，不管運用什麼策略，他們在修辭上建立了他們自身的職權，而不需要遵守一個狹

徑複雜地再現了意義和象徵系統，這種路徑只能維持其關聯性到一個較廣泛的讀者群，並且只能成爲一個因應文化多樣性，所形成的具說服力的強制性全球均質化知覺，假使這些研究路徑能夠滲透至一個大尺度的政治經濟體系，並且此種體系已經影響了，甚至形塑了幾乎遍佈全世界各地的民族誌文化課題。

窄的公式，以爲文本必須以主導地位的姿態，成爲一項田野研究報告，如此方能符合作爲民族誌實驗的資格。確實，實驗的重點之一就是將自己的哲學問題，提出社會學或是歷史學的解釋，以有別於民族誌作者所慣常表達的解釋；並且運用自己的民族誌資料，不管是直接的或是間接的，去盡可能的發揮創意來掌握問題。這類文本對某些人類學家來說，並不符合他們對民族誌的認定資格，這些人類學家或許會對民族誌衰落爲一種描述概要而感到遺憾，但是我們卻將他們視爲民族誌實驗書寫的作品來看待。

第三章 異文化經驗的傳遞：個人、自我與情感

在處理各種截然不同的文化描述方式中，或許最能引人注意的焦點，該算是「人生觀」（personhood）此一概念的考量了——也就是人關於自我的能力、行動和想法的根基，以及情感的表達。此一焦點尤其對現今漸形枯萎的公共制定傳統來說，更突顯了當代社會生活裡制度形式的均質化想法，特別是在當今關於公共制定的傳統已似乎更形枯萎的時刻。舉例來說，美國的公開儀式已經被描述地相當具諷刺味兒，並且這似乎形成了一個現代狀況：儀式不再是被「知悉」的參與者或觀察者看成是一種宇宙般的，或是秘密事實的授與，而是單純作爲一個在相同效力的團體裡頭的展示，這可能成就了暫時的洗滌淨化作用，但在表演者與觀看者兩個方面都卻缺乏持續的認知力。假使人類學家能夠不再如此依賴於他們傳統的媒體——諸如通過公開的儀式，接著去編定信仰系統，以及認可一些熟悉或是公共的結構，以便去捕獲一個文化的獨特性——那麼他們便必須依靠在深度的意義體系裡的文化考量。而人生觀研究的焦點便是企圖去達到這一點。

這種「人生觀」的焦點是去反對那種狡猾的民族中心論主張，以爲人類的事務是潛藏在一定的框架中，而這正是人類學家早已表達的主題。試想看這個世紀早先以「方法論上的個人主義」此一議題，作爲任何社會理論論戰中所接受的標準。它被提出來作爲政治性質上與危險的種族主義和心性上的浪漫主義間的

鬥爭。此標準認爲，既然社會生活中有那麼多明顯的實證（empirical）單位，任何由社會理論所描述的行動，也就是，這些個別演員的行爲與選擇，必須在原則上是可以被解釋的。但是如果個人在某種不同的文化裡行動，卻有別於個體的概念時該怎麼辦呢？此一刺激主要由度蒙（Luois Dumont）在其印度民族誌（1970），以及其它階級社會裡，大多數不平等的文化前提下所提出，例如希臘的遠古制度、伊斯蘭帝國、和封建制度的歐洲。在這些諸多案例裡，個人，即實質的實體，並沒有自主的社會學姿態，或是被理解成是在一個較大單位中的整合部份。這種政治的倫理學藉著方法論上的個人主義論戰而被挑起，持續著它在階級社會裡攸關存活的當代議題，並且受西方中產階級的萌生所刺激，作爲印度雄辯式證據的「後獨立狀態」（post independence situation），並且也在伊斯蘭世界裡逐漸地明顯起來。然而，這次卻是頭一次遭遇到文化議題，而非交由社會學裡頭的「正確」主張來解決，或是以政治議題的方式簡單地處理。讓我們將焦點放在個人、自我和情感上——所有的課題在傳統的民族誌框界裡都很難去探測——然而此種焦聚卻是一種達到文化差異此一層面的方式，而該文化的差異正是深深地植根於感覺（feelings），以及天生固有對人的天性和社會關係的複雜反射。

此一課題在民族誌裡其實並不是全然新穎的話題。事實上，在早期一些重要的著作中，就已經影響了人類學思想，這包括了牟斯（Marcel Mauss）對人生觀和個體在觀念上的跨文化傳遞（1968），以及弗洛依德（Sigmund Freud）努力於描述意識的理解，與寄寓在社會關係和文化形式中的非意識動力二者間的關係。而對當代實驗裡嶄新的那一部份來說，它則是一種更爲牢固的領悟，也就是意識到這些所有理解的形式是如何在不同的文化中轉變的，而非只是作爲泛人類（panhuman）改革次序中的一部份罷了。並且這些實驗更具深奧地認可了感覺與經驗前所未能直接理解的部分，如果我們不細心地專注在它們的多樣性和表達的傳達模態的話，它們當然也不能在不同文化間傳遞著。這種實驗式的民族誌，特別是對人的理論和建構感到興趣，而這些興趣，追溯自固有的話語和評論，都包含了對人類發展和生命週期，以及思想的特性、兩性差異和情感的適當表達上的一種反思——這些都在不同文化觀點下被發現。

人類學家總是去收集這些方面的資料，然後運用這些資料去求得經驗民族誌的實驗興趣，而現今需要的是寫作策略上的革新。這些實驗基本上是去詢問，對他們的主體來說生命是什麼，並且在不同的社會脈絡下，他們如何理解生命是如何被體驗的。這比起慣例上的功能論民族誌，也就是主要依賴於觀察和課題上所收集生產的象徵物的註釋，更需要不同種類的框視類別和不同模態的文本組織，以便於直覺的察知出（intuit）日常生命經驗的特質。今天在民族誌的書寫上，已經相對地減少在社會活動的注意力，而是將更多的注意力放在類別、隱喩和修辭學上，以具現報導人給予民族誌作者有關他們的文化報導。

葛茲的一篇具影響力的文章：〈峇里島的個人、時間與行爲〉（Person, Time and Conduct in Bali, 1973b），說明並且幫助開創了這種動作，促成了朝向「文化的個人定義」此一民族誌裡相當重要的焦聚點。葛茲證明了峇里人在人生觀上的觀念，是如何明顯地對立於歐洲人在同一方面上的觀念。這種對經驗類別作內省式的哲學考察，同時呈現了歐洲社會和道德哲學，表達了對不同文化之際，其微妙卻富深奧特質的不適當。葛茲引用了一位哲學家，韋伯的學生舒茲（Alfred Schutz）的著作，其中舒茲想要開展韋伯的努力，藉由社會演員的管理而能獲得理解類別的途徑。舒茲企圖去描繪出關於人的多種不同類型，是如何在普通常識的理解下被分類的。他建議這種在類型上的行爲和親密的程度，改變在自我（ego）的類別距離上頭——這是一種在世代上

（時間）、地點上（空間）以及關係上（親屬、朋友、職業）的距離。表面看來，峇里人似乎借自這些經驗的類別管理和傳遞了內部感覺的狀態，但是他們卻有一項嚴肅的方式是歐洲人所沒有的。那便是峇里人的行爲總是有著「這不關我的事」的普遍特質，其中所有的個體和情感的發散都被有系統地抑制。峇里人對人生觀和情感結構的觀念相當不同於歐洲人，其自主式的自我（autonomous ego），一如弗洛依德所描述的，情感壓力調制閥（hydraulic like）必須被疏導和開關，以避免爆炸。相反地，峇里人試圖在人際關係上成就一種以舞蹈方式的平順，即使這是在不幸事件期間，或是近親的葬禮中。

在葛茲這篇文章裡，最爲共鳴和引人注目的方面是他並不訴諸於心理學的討論，即使他就是在討論有關「峇里人的心智」。更甚者，葛茲提供有關峇里人命名系統、計算時間的方式、儀式在生命週期其核心論述中的實踐等多樣的觀察，這些都並非只是被直接了當地稱之爲個人，而是作爲一個系統的固有概念——如果需要理論一點的話，亦即有關人生觀的特性，其同時也構成一個系統的經驗概念。

史奈德在有關美國親屬制度的著作（Schneider, 1968）中，提供了一個相同的基礎示範，他以爲諸如「個體」、「個人」、「親屬」和「親族」（kinsman）等字詞並不能如此簡單地用在跨文化裡頭，以作爲分析時的總稱或是中立式的客觀單位。史奈德的著作藉由他的學生和其他人，的確刺激了一些民族誌，而這些民族誌在人生觀的類別裡，在文化形式化（formulations）的引導上，展現了相當優秀的感受力，並挪用到他們的特別安置上。同樣，藉由我們那些視之爲理所當然的類別「去熟悉化」（defamiliarizing），它強有力地質問一種想法，這種想法以爲所有人類事務的觀念，都是在不同文化下被建構，並且在任何的社會下，都會是一種實證的調查事件。

的確，假使我們把當代實驗民族誌中最優秀的部份，拿來跟現代人類學裡前兩個世代的古典民族誌做一比較的話，最大的不同，在於引導出土著觀點的程度上。早期的民族誌係存於浪漫化和突顯田野工作者的情況，以及在說解這種異國風俗如何可以被接受於自身的脈絡裡。在這種滲透的反思中，當代一些最富趣意的民族誌，反倒使田野工作者的情況產生疑問，甚至擾亂了讀者，將他們導引去探尋文化轉譯上的哲學與政治問題。這種異國風俗的理性查證，在作為民族誌讀者的興趣上，已經不再是一個主要的挑戰了。而是從當代的作品探尋一個土著所擁有的知識論、修辭學、美學標準以及對豐富性的感受力。這種省察的方式，比較來說，之前只有希臘、羅馬、和歐洲文化〔或是更為稀罕的東方「高級文化」階層（“high cultural” strata），諸如印度、中國和日本〕才有這般地對待。

為了讓討論更為簡單，我們將當代關心「人生觀」的實驗文本——將人生觀純粹作為是一種便利的表徵，以便於再現文化上實體的多種經驗——區分為「心理動力的」、「寫實主義的」和「現代主義」等三個部份的民族誌。在我們討論的文本中，有一些合宜於實驗，以便去印證類型學上不只一種的格局。

心理動力民族誌——在我們的理解中，這是唯一逐漸成為一種實驗性的民族誌。然而這其中具有一種極富潛力的觀點，也就是將這些作品中不同的文本策略，不再全然關注於弗洛依德理論及其衍生的分析有效性的「高度」論辯上，而是作為一種對其他社會的寫作課程，也就是弗洛依德所俯瞰的地域的再探尋。弗洛依德已經論證了我們可以追蹤其系統的相互關係（interrelationships），這種關係乃是存在於社會關係的意識性理解、潛意識或是「深度結構化」的動力論中，以及這些曖昧不明、可變通的象徵物，所轉變成文化邏輯上幾乎是決定論（deterministic）模式的方式此二者上。他運用歐洲「布赫什瓦」中產階級（bourgeois）

社會的文學規範以及夢的現象，來提供給患者與分析者去思考象徵邏輯和潛意識動力論二者。於是在一些較不具教育文化的指示上，其他在心理動力論上探尋的策略便必須被刻劃出來。

在其他作品中，有三本民族誌指出幾個革新的方向：萊維（Robert Levy）的《大溪地人：島民社會的心智與經驗》（*Tahitians: Mind and Experience in the Society Islands,* 1973）。這本民族誌是由大溪地人們的交談和情感表達所組織起來的，因此它建構了一種關於人生觀與自我的明顯意味。更甚者，萊維的這本民族誌論證了一些似乎吸收了現代世界裡的「同質性」，或是單純就是文化「薄弱」的社會〔正如亞當（Henry Adams）所描述的玻里尼西亞人〕，其仍然存在於文化上的特徵，這些特徵則交由建構在較少特徵的公開形式上的私人行為所分享。夸克（Woude Kracke）的《力量與勸服：亞瑪遜社會的領導統御》（*Force and Persuasion: Leadership in an Amazonian Society,* 1978）著重在以夢作為精神組織結構上的通路，否則的話，這或許沒辦法這般地被引導出其課題。這些夢的資料，企圖不被民族誌作者的問題或是報導人的企圖心所予以先行建構，以避免展現這些民族誌作者或是報導人的理想文化形式。歐比耶塞克（Gananath Obeyesekere）的《瑪杜莎的頭髮：個人的象徵和宗教經驗之研究》（*Medusa's Hair: An Essay on Personal Symbols and Religious Experience,* 1981）則是展示了弗洛依德的分析概念是如何用來指導一些問題的蘊釀，同時又不違背民族誌設置下的文化整體性，而在這同時，文化所形成的投射系統（projective systems）在社會經濟的壓力下，又是如何形成並改變的。

萊維的《大溪地人》這本密切關於玻里尼西亞人的著作，作為第一本處理傳遞社會間的顯著感覺時，其欠缺文化面貌的豐富形式此一難題上，所出現在浪漫主義，或是傳統民族誌在轉譯文化的異國風味到社會學式的明瞭時，所作為的理想主題。這種對大溪地人在文化輝耀上的缺乏認識，部分歸因於傳教士在過去超過三個世紀的活動上所引起的衝擊，以及殖民主義、二次大戰和後來在世界經濟邊緣上的存在等，所帶來的文化衰退。但大體來說，這僅是一個早在殖民時期之前就已經發展好的土著生命風格。萊維描述這種風格，特別是強調在「隨性的、乾淨和馥郁的表面上。大溪地的風格缺乏……神秘……連串的……象徵形式來建構在普通常識之外的意義」（p. 361）。人們並「沒有涉入到文化上所提供的『制度化』的宗教與超自然奇想，（他們）棲息在一個適當的原始意義」世界裡（頁碼同前）。

然而給予萊維普遍的實驗興趣，並且遠遠超越玻里尼西亞學家所關心的，正是玻里尼西亞人這種表面上看不出任何外地風味的臉譜，其作爲未來一面鏡子的可能性，也同時是一面映射出難題的鏡子。在這個公開的檯面上，民族誌作者逐漸地面對這個事實上正進行均質化的世界。更進一步地，萊維此一作品打開了一個與葛茲討論峇里島文章的對話。倘若將葛茲設想成是一種處在公開形式與情感動力論之間的直接關係，那麼萊維便是設想成一種公開表面與私人行爲的區隔。葛茲是在涂爾幹的傳統裡〔儀式或公開形式幫助感情（sentiment）產生〕，以及哲學家米得（George Herbert Mead）和萊爾（Gilbert Ryle）的傳統（這裡頭沒有私人語言；所有的意識性都是交互主體的，並且是藉由公開的溝通形式所轉達）。而萊維則是在弗洛依德的傳統裡（其專注在人生觀與自我的積存觀念），然而他卻能夠對其最私人的行爲，建立一個分享式的交互關係特性。他的主要成就在於把文化組織安置在一個個人情感的表達和自我定義的層面上。

這種釐清人生觀積存（layerings）的技術，以及同時傳達此一顯著的文化實體，也就是這種平淡、回避式的大溪地公開風格，正是這種心理動力式的訪問。萊維在成爲人類學家之前所接受的精神病學訓練，使他對於民族誌的目的，相當容易地適應於心理分析的方法，萊維邀集了二十人參加了爲數二至八單元的課程，然後請每一位談談諸如死亡、氣憤和童年的印象，並且導引出「一種個人式的組織陳述——主題群、說溜嘴、明顯的防衛、以及包含情緒、奇想和推理式思考等證據——這些正是心理動力的雛形建造物之要素。」但是不像心理分析式的訪問那樣，企圖找出對個人先前未描述出來的「防衛機械論」（defense mechanisms）的獨特性，萊維反倒是關心於尋找一種普遍、分享的模式。不像許多早期心理分析那樣地致力於民族誌的啓發，萊維同樣小心於不違背玻里尼西亞世界觀的文化整體性，其世界觀卻是融合來自於西方經驗的不適當理論；西方經驗的確被認爲是一個重要的比較工具，但卻不允許過度決定式的詮釋。萊維把他訪問的成功，主要歸因於一種實質上的區隔，這種區隔乃是介於隨性、低調的公開文化，以及一種對身體與情感認知的組成感覺的私人文化：「我非常驚訝於他們如此坦誠地敘述。這一部份或許是因爲對比於一種公開、心理學式膚淺的人際風格，以及大溪地社區的生活壓力，訪談反倒提供了大多數的人一個獨特的機會，以便去探尋和分享他們的私人世界。」（p. xxiii）

萊維的文本，的確發展了圍繞在大溪地生命中，諸如乾淨、性別、友誼、威信、思想、感覺、幻想以及調適等議題。因此在文本的組織上，有別於傳統上聚焦在公開生命的民族誌。此一文本包含一個土著術語的註釋，就像是過去超過三個世紀以來，那些豐富的訪談資料以及（如果時間可以充裕到找出介入的模式的話）觀察者的觀點那樣。可是萊維他並沒有打算展現一個高雅人格的模型，就這一點來說，他的資料有的相當豐富，有的則明顯不足。然而，萊維卻在三個顯著的實踐面向，展露了大溪地人情感的動力論：男性的性別倒錯（transvestism），具有統計意義的收養數目，以及作爲年輕男子情感上醒目事件的割禮（superincision）。

上述這些實踐在策略上的微小企圖，正是萊維在他的民族誌撰寫上的殘酷選擇，因爲這些實踐給予了他的讀者，一個瞭解土著意識層面的管道，以及瞭解在其他有關玻里尼西亞的民族誌中，哪些是被疏忽的。同時這些實踐也提供了一個理解大溪地文化作爲個人行爲的方式，否則的話，它將會被公開生命的膚淺和無關輕重的論調所矇蔽。用這種方式，比起把大溪地文化當作是文化上的整體，以及視爲是過往歲月一個了無趣意的殘餘，萊維透過文化的傳遞，將大溪地作爲當代世界裡一個完整的個案。

夸克的《力量與勸服》比較起萊維的作品，則是扮演了一個文本在心理動力論上的不同態度。夸克相當關切心理分析描述的融合，這種描述牽涉著個人在社會結構與小集合體之動力下的多樣化。夸克並不像萊維一樣，強調文化的不同，也不像歐比耶塞克關心於社會變遷的解釋，夸克則是盼望能夠將這種天生的異國風味，並且以具結構的簡單資料加以運用——譬如隨著男子狩獵與捕魚而來的耕作改變，仍舊是巴西社會的邊緣地帶——以便於去反映回到我們自身的社會裡，領導者與追隨者此一層面的動力論。文化上的各種不同並不需要去特別強調，但是有時候反倒由於不刻意強調而更具威力：假使兩三個核心家庭的每一個小集合體，能夠表現其提供「自然的」控制體的古典功能，以便將這種寰宇化動機的解釋應用到全人類。

夸克指出領導者與追隨者的影響面向來開始他的論述。他追溯了結構的關聯性，比方來說，介於一位領導者的最愛（獨生女的女婿）與替身（已故姊姊所收養的女兒之丈夫），然後去檢試這一個小團體裡動力的永恆模式。其次，在他著作的後半段，也就是在介紹傳統上小團體過程之後這一部份，夸克展現了心理分析所理解的訪談結果（差不多有十六個段落，每一個段落訪問一至二位領導者，包含其中一位的二十八個夢境的報告，以及與其他團體成員的短篇系列）。夸克對當地文化的興趣與夢境給予了相當好的評價，並部分歸功於當地資料的豐富，他並且對那些仍存有對童年的幻想與記憶的個案，以及那些還可以鮮明記得夢境的報導人，表達了由衷地欽佩之意。在這些頗爲有趣的動力論，也就是在成人團體的設置裡，對童年形態的講述，就像文中米高爾（Miguel）所陳述的那樣，成爲一個不受喜愛的小孩，對遭受遺棄的害怕，以及經由食物而尋求一種再肯定，這些在他所離開的團體中的關係，是一直重覆不斷的，這導因於他對自身逐漸無法控制的忿怒所產生的害怕所致（這並非是一種意識的表達，但卻可經由夢而陳述）；在第二個團體中，領導者則是替代了這些害怕的聚集，幫助米高爾控制了他的忿怒，並且爲他提供了一個安全之處。

這些動力論不僅是增進我們對這些亞瑪遜流域文化的理解，而且對我們自身的社會裡，有關領導者／追隨者動力論中的某一部份，亦提供了一面鏡子，也對貝爾斯（Robert Bales）對團體中的工作式領導者和表達式領導者的區分，卓有貢獻，同時這也對政治領袖非凡的領導魅力，展露了多種情感模式的領悟。就某一部份來說，夸克深思熟慮使用心理分析，指導了他所尋找的模式，而且並沒有對資料作牽強附會之說，而對某一部份來說，他的文本也告訴了我們他是如何達成的，他超越了傳統心理分析，驅使了所有的文化變量（variation）到那些寰宇化的模式中。正如夸克所提醒我們的，要在一個心理動力式的訪談中確認一個徵兆，方法並不像數學證明題那樣，以爲結論總是反覆出現並且證實了當初起跑點的正確：

> 重要的是，事情並非眞的照著這些（報導人）說法而證實或否認（這項詮釋）——他們的同意說不定只是順從你的意思，而不同意也說不定只是簡單地意味著他很不好意思去承認這件事——然而，重要的是，他可以因此

> 更爲大方地表達、推敲某種想法，或者是增加其他的思考和記憶，以完成這些想法，或是讓它更清楚易懂，並且讓我們知道這想法是從他生命的那一個地方出現的。（p. 137, 1978）

夸克同時呈現了相當豐富的訪談資料，以便告訴他人心理分析詮釋是奠基在哪一類的資料上。如果沒有這些詳細的資料，心理分析寫作只能作爲科學目的無益的那一面，或是提供那些被顚覆議題的靈感罷了。的確，實踐式的心理分析和民族誌之間的一個明顯差異，便在於前者既非是常態性地終結於書寫的文本裡，也不是從屬於學界文本裡所可以接受的規範。大部份的心理分析寫作很少是直接的臨床經驗，但是卻似乎是理論術語其系統化的主要練習。這種具心理分析的臨床訓練的民族誌作者，正如夸克和萊維藉由心理分析，作爲在從事跨文化設置裡的可能性示範，提供了一個重要的實驗肇端。夸克在敘說式的生命史（life-history）框架內，這種更直接的個案歷史運用，就某一層面而言，比起萊維較散漫的寫作策略，給予了更具威力的經驗意義。然而同樣地，我們在夸克的文本裡也學習到，他較少注意於文化差異的顯著意義上。或許有人同樣企求於文化體系形式之投射過程的方法意義，以及土著自我詮釋的特性上。這一點，我們將轉向歐比耶塞克（Gananath Obeyesekere）最近的作品上。

歐比耶塞克的《瑪杜莎的頭髮》聚焦在斯里蘭卡（Sri Lanka）的私人意義和公開象徵物上的連結，他展現了一種致力於如何解釋斯里蘭卡人的苦惱與情感，以及減輕外傷的壓力，個人又是如何使自己適合於文化的模式，以及在一種已模式化的社會壓迫感下，每一個個體是如何去創造深具意義的新模式。在此一個案裡，一群位於鄉村的佛教徒迫使自己適應印度教，並且熱衷於印度教的獻身形式（ecstatic forms of devotion），以作爲一種存在的生育治療形式（viable therapeutic frame），此種適應有助於明瞭印度教的社會環境和其他佛教徒。歐比耶塞克在心理動力論、社會模式以及作爲一單一卻相互獨立的流通上的探索，反應了當佛教村落的家庭成員，從鄉村搬移到等同壓力的都市較低階級時，所逐漸增加的壓力。相較於民族誌文學裡鮮明的生命史，歐比耶塞克提供了相當細緻的個案歷史。弗洛依德理論在這兒的使用並不是作爲資料的詮釋框架，而是人類學家所操作問題的相同來源，以便予被訪者一些刺激。有時弗洛依德理論的想法與組織可以被「證實」，或者更好一點，可以幫助生命史事件的安置，也就是在生命史稍後的階段裡，可以產生一種強迫性（obsessive）的象徵物。

就文本來說，歐比耶塞克的解釋出現在這些熱衷事物和治療者的相對傳統上，同時也以如此輕易的管道，出現在這些遵循舊有慣習的讀者之上：其個案資料是設置在一個較爲普遍的描述上，而該描述主要是針對其社會背景和社會過程（即人口統計與經濟的力量迫使家庭和村落的崩解，同時遷居到都市的區域內），並且尚包含一個清楚的理論工具。然而有趣的是——它幫助指出當代的實驗契機——這種清楚的理論工具是一種對文本策略最不具刺激與啓蒙的東西。然而沒有它，其個案資料恐怕會對文本感到迷惑，就像待會我們將討論的卡帕瑞諾（Vincent Crapanzano）的《圖哈米》（*Tuhami*），一個有關展現生命史的現代策略實驗。更甚者，《瑪杜莎的頭髮》裡的個案研究，提供了一個根基予歐比耶塞克的《女神帕蒂米的膜拜》（*The Cult of the Goddess Patimi,* 1983）的讀者。在這本書中，宗教系統的元素乃是作爲探尋一獨特社會結構的投射體系。如果《瑪杜莎的頭髮》沒有這些詳盡的個案歷史，這種投射體系的論述便會被過於簡單地處理，這就像欺騙那些過於熱衷於弗洛依德理論的系統制定者一樣。

扼要地說，比起企圖將古老的心理學理論有效化，當代對心理動力式文本的實驗標幟，正是一種對話語的呈現——對經驗、情感和自我；對夢、記憶、組織、隱喻、曲解和換置；對傳譯（transferences）及強制行爲的反覆等自我反思的評論——這所有的一切都揭露了一個在行爲上和概念上的意義層面，此一層面乃針對藉由公開的文化形式所映射、對比或是遮蔽的現實。比起當代任何其他實驗來說，這些心理動力文本更爲徹底地論證了民族誌圍繞在人的概念，和土著有關情感的話語等，是如何成爲其專長並且如何被組織的，以便於揭露對任何社會裡的文化經驗下，這些大部份頗爲激進的顯著層面。

寫實主義民族誌——寫實主義民族誌並不像心理動力論潛藏在公開文化形式底下的研究，而是企圖從一個（自身文化或是正從事研究的異文化）熟捻的世界中，描繪這些分析的內部架構。它並不像稍後即將討論的現代主義文本那樣，強調於介乎民族誌作者與研究主體間的抽離話語，或是將讀者帶進分析的作品中。寫實主義文本允許民族誌作者保留某些話語，避免它受到挑戰，並且傳遞一個文化經驗的遠距再現。寫實主義作家或許具備了一些反思和自我批判的意識，然而，這僅止於詮釋遠距離的研究主體該項孤立的行動。對現代主義來說，反思此一角色與寫實主義的作風是極爲不同的，正如我們待會兒所見的，反思乃是挑戰寫實主義民族誌所適用的「全能授權式」修辭學（rhetoric of omnipotent authority）之根基。

寫實主義文本的建構，於 1920 年代由馬凌諾斯基和芮克里夫一布朗所共同創立，並且是深具影響力的英國民族誌文類之主要遺產。在 1920 和 1930 年代，對立於先前那種經由散亂觀察，建立在多種確實性上的之民族學綜合體，這種文類反倒成就了寫實主義文本在權限授權上的力量。在這些文本中，部分作者所獲得的權限，來自於以「曾經在那裡」長期居住之田野工作者身分。

然而，有一種更科學的說法認爲，這些受過訓練的田野工作者所提供的研究結果，比起長期居住在異地的傳教士和殖民地行政人員來說，他們所作的觀察更加精確。

對這種自詡優秀的宣稱來說，其中有一部分根源自對土著觀點的直接關切，這是基督教眞理和大都會決策制定所不曾容忍的本土觀點。但更具意義的是，這種對田野工作方法的信念，根源自功能主義藉由研究程序和書寫的報告，以部分來展現全體此一策略所賦予的合法性。以此觀之，既然一個文化裡的所有事物都是功能性地相互聯結在一起，那麼便可透過對某一選擇下的部分點的描述，策略性地同步開展對全體的認識。於是民族誌便因此得以構築在關鍵性的制度〔初步蘭島的庫拉圈，阿占得族（Azande）的巫術〕、表徵式的文化表演〔伊阿謬族（Iatmul）的納芬儀式，峇里島的鬥雞〕或者是特權結構（親屬制度，儀式信仰組織，和政治派別）。

一位民族誌作者或許在田野裡會花上整整兩年的時間，來對異文化社會進行研究和分析，以便就語言在某種程度上的問題作辯明。即使無法完整地掌握該語言，但至少就分析上的理解來說，是足以有效的控制。結果，民族誌書寫的文本中所出現的土著用語，夾雜著他們自身的語法和慣用語，便成了一項評估民族誌知識深度和廣度的重要指標，並且成爲民族誌書寫的慣習了。於是有些民族誌淪爲只是注釋詞彙的清單，或是作爲對掌握異地社會語言時，所產生焦慮的證據了。但話又說回來，如果沒有這份對語言的檢驗標準，那麼對於異文化的討論，便如同一個不具臨床訪談材料的精神分析解釋那樣，變得毫無用處。

有兩個文本通常會被認爲是民族誌在結合功能主義理論與田野工作描述兩者的發展上，扮演關鍵性的轉折點：伊凡－普里察德的《努爾族》（*The Nuer,* 1940）和維特・特納的《一個非洲社會的分裂與連續》（*Schism and Continuity in an African Society,*

1957）。伊凡－普里察德將《努爾族》視爲是一項論述，而非是一種描述性文本。他在該文本裡，藉由描述一些幾乎是不可能的田野狀況，提供了一種戲劇性的文脈，然後又同時展示了一位受過訓練的民族誌作者，是如何洞悉他所研究的社會，並且形成一種強有力的結構性理解。藉由這種「結構」，伊凡－普里察德指出一種對繼嗣、年齡群、生態、社會組織等因素間相互關係的理解。伊凡－普里察德這種的分析性理解與馬凌諾斯基和米德那種任意性的描述形成了一種對照。

如果我們將伊凡－普里察德所建構的文本更仔細的分析時，便會發現一種有趣的現象，即對努爾族人慣用語法所進行的翻譯，讀者通過第二人稱使用所獲得的暗示，與努爾族人對隱喻的使用，彼此間有著穿揷引用的現象（Clifford, 1983b）。《努爾族》的問題，也就是該文本所提供過於狹窄的訊息此項，在當時就已被知悉。美國人類學家莫達克（G.P. Murdock）明確地表示，當以往民族誌可以在一本著作裡，完成對異地社會的論述時，《努爾族》卻開啓了一種趨勢，它以爲異地社會的每一制度，至少都需要一本單一的民族誌著作來加以論述。然而這卻逐漸形成一個問題：當馬凌諾斯基將他的觀察，包括他所不了解的訊息，都以一種檔案的形式放在他的民族誌時——好讓後來的讀者能夠再分析他的資料，並且也讓後來的田野工作者能夠就內容加以補充——伊凡－普里察德這種單一專題論著的分析風格，卻明顯地變成了「以問題爲描繪取向」的民族誌了。如此一來，研究者只需要那些需要去證明自我論證的資料便行了。伊凡－普里察德的確展現了他的理論雄心，但是他的民族誌卻經不起再分析的檢驗。

特納的《分裂與連續》標示了功能主義單一專題論著的另外一種風格的高點，即格拉曼（Max Gluckman）爲首的「曼徹斯特學派」。該學派將注意力放在個體演員上——以伊凡—普里察德爲例，便是放在社會結構上——以及「社會戲劇」（social dramas）上。這種「社會戲劇」藉由眞實生命中，對複雜組合事件的敘說，展現了一種介乎於結構、文化傳統與個人間的互動方式。曼徹斯特學派的旨趣，在於個人利益如何對立於社會力量，以及衝突的解決如何再增強社會的結構性規範和制裁，並且培育一種文本形式，同時對社會複雜性的不同觀點，維持著一種較大的開放性。這種文本降低了作者單一專題論述的危險性，相反地，該種文本正是致力於去開啓社會組織結構的複雜性。此類研究的運用，受到了法律個案分析方法的影響，並且同時包含了戲劇敘述技巧和儀式分析。在特納巧妙的詞語中，儀式使得意識形態的社會規範，轉換成個人感受到的情感慾望，而這些個案的運用共同促成一種在分析上強而有力，同時又不會導致社會複雜性簡單化的簡明且濃厚的文本形式。

馬淩諾斯基的敘說力量、伊凡—普里察德的結構分析法和特納的戲劇分析框架，至今在當代民族誌寫作都仍是相當有力的指導方針。而當今寫實主義傳統「主流」中，具備著實驗性質，並且組合了當代在自身、人生觀以及文化的情感表達等多數課題，乃是作者在自身文本中所展現的自我意識，以及作者在使用經驗描述來揭示土著的參照體系等研究旨趣（Karp, 1980；Karp & Kendall, 1982）。這種對形式的自我意識，乃是致力於澄清和控制相對於被描述文化的作者，其自身文化中知覺的積習（perceptual conventions）。就此一知識論上的複雜性而言，我們相信當代民族誌比起第一代的民族誌來講，在概念和描述方法上都遠遠足以追求比較性的知識論、美學和感受力。

我們選擇了五種「普通常識」框架或方式，來說明上述民族誌所展示的論述。這五種都屬於功能主義潮流（也就是，通過部分代表整體的文化），但是卻已超越傳統「常識」框架的用法。這五個框架分別是生命史、生命周期、儀式、藝術文類以及戲劇性衝突事件。

生命史——在寫實主義實驗民族誌的五種方式中，生命史幾乎在內涵上具備現代主義文本形式實驗的取向，這方面我們待會再來考慮這個問題。休斯塔克（Margorie Shostak）的著作《妮莎：一個布須曼族婦女的生活與話語》（*Nisa: The Life and Words of a ! Kung Woman,* 1981）以及卡帕瑞諾的《圖哈米：一個摩洛哥人的描繪》（1980b）是個顯要的例子。這兩本著作都超出了傳統規範下的生命史：他們同時是人類學家及其報導人間的調解，並且他們所開展出來的對話，揭露了生命史是如何抽引，以及其聯合建構的過程。傳統上而言，生命史僅僅是一種通過某一個個人或家庭案例，來再現個人在此一特定文化中，一種紀錄其角色形塑之經驗的方式罷了①。

然而當代生命史之實驗性所要努力的，正是去探索多種不同的聲音，使得以建構任何的生命史。這些實驗式的生命史，著重去分解傳統生命史那種機械式的建構方式，讓西方的偏見無法強加於生活史的敘述中。相反地，他們強調土著自身的傳統慣習、用語，或是神話，以便去組成在田野工作對話和訪談中形成有關於個人經驗、成長、自我和情感等生命史或是其他相似的有意義敘說。

休斯塔克的《妮莎》一書，彙整編輯了十五篇作者與一位善於言談表達的50歲婦女，彼此所進行的對話錄。而《妮莎》每一章的評論，均是根據作者與其他婦女的訪談所寫成的論述，如

①當代運用生命史的重要前輩有敏茲的《蔗糖工人》（*Worker in the Cane,* 1960），其中曾提及有關人類學家編輯的問題，但卻未有更進一步的發展；以及路易斯（Oscar Lewis）的《珊伽茲的小孩兒》（*Children of Sanchez,* 1961）以及《生命》（*La Vida,* 1966），其中包括了多種生命史及其聲音（以謄寫錄音帶訪問資料的形式），以便給予不同觀點的組合，而非民族誌作者所能提供的單一權威式聲音。

此，方足以去掌握妮莎報導的內容。而在該書的最後，作者則以一篇後記來論述來自不同文化的兩個個體，在不同的生活周期中相處在一塊時，最終如何產生出《妮莎》此一文本。正如某位支持該文本的評論家所說，這本著作還兼備第三視野的介入：休斯塔克感受到了當代美國女性主義等議題，包括月經周期對精神狀態的影響、傳統性別角色的強制力，以及對成人身份和父母角色的緩慢接受度等。

休斯塔克發現妮莎的報導，糾正了之前把布須曼族中「嘖貢」（!Kung）部落人，過於概括地描述成溫和民族的錯誤看法：妮莎的生命裡充滿了暴力和悲劇。生命，透過她的眼睛觀察，並非如田園詩般：妮莎已經失去了她所擁有的四個孩子和她的丈夫。親屬關係對我們這種由離婚和分離所支配的世界而言，並不是一種毫無磨擦的另類選擇。休斯塔克在她的資料中對性的關注，使得她擔心西方對此問題的迷思，進而導致她過分操縱整個訪談的課題：「嘖貢部落的族人以他們一種獨有的逗弄（而且常常是尖刻的）方式，把我描繪成是一個老愛跑到婦女們面前，兩眼直盯著對方的眼睛問：『嘿嘿嘿，你昨晚和你丈夫又攪和在一起嗎？』」但是在第二次被逗弄之後，休斯塔克確定嘖貢部落的婦女的確喜愛談論性。

有關休斯塔克與妮莎的關係、休斯塔克由當代美國女性主義所推導出來的問題，以及休斯塔克將妮莎的報導，作為修正之前人類學描述等問題，反過來提及了其他在該文本中未得到陳述的問題。譬如，這些錄音磁帶是如何編輯的？而藉由每一次訪談形式的分析，以及每一次的訪談之後，訪問者與被訪問者之間的動態關係中，有沒有獲得其他的想法等等？還有就是，文本中的十五個章節是否反映了 15 次訪談？或者更可能地，這 15 章是從不同的訪談中抽出一些東西拼合而成？能不能藉由對情感（氣憤、貪婪、害怕、愛的類型）、自我的定義、他人性格的描述、用以表達的比喻和用語進行交叉覽表（cross-tabulating），由此，讓該文本減少一些感性描述並增加一些分析的精準度？這些問題都在最近的現代主義文本中被探問，我們也會在下文作探討。如此一來，休斯塔克的文本一方面維持了相當地傳統風格，另一方面，在形式上也保留「寫實主義」風格；而其實驗性質，便在於它刺激了讀者去思考文本內容之外的問題②。

生命周期——在某一個文化之下，生命周期是有關人生觀的結構性報導及其經驗的品質上，與生命史有密切相關的運用方式。在此所強調的，並非是企圖透過對某一特定人生活的深度探測，以便去探求人生觀的文化結構；而是每一個體所親身歷驗的（passes through）典型階段和事件。在最近的著作當中，運用這種研究架構的例子，當屬羅沙朵研究（Michelle Rosaldo）的《知識與熱情：伊隆喀族人的自我概念及其社會生活》（*Knowledge*

②費雪（1982b, 1983）努力提供一個生命史的不同研究路徑，同時仍舊聚焦在「生命史是如何被建構的」詮釋問題上，以便解構一份自本世紀初開始，伊朗伊斯蘭教神學家自傳的隱喻和文化形式，並且將它們與當代伊朗領導人何梅尼（Ayatollah Khomeini）的角色和魅力，在文化形式以及豐富的分層情感共鳴上作一比較。另一個相似的報導是泰勒（J. M. Taylor, 1979）有關於艾薇塔（Eva Peron）四個神話在不同的阿根廷中產階級那兒，其闡釋方式的研究。這種方式並且被投射到較低的階級身上形成了政治行動。在這兩個報導之中，生命史變成是探索社會某一特殊階層的話語，以及階層間在政治競爭場所所使用的手段，並且詢問有關文化霸權過程的問題，就像性格、成熟度一樣，以及道德的教導規範已經變成大衆文化的模型一般。生命史在此不再只是一個串起生命週期儀式、社會化模式，以及一個被個體所經驗的世代等敘說架構。確實，生命史在最爲充分的意義上解構了：這並非導致研究主體的消失，而是去闡明一個個體的社會和建設要素，使得他或她在社會脈絡中具有效力。就生命是經驗所在的範圍而言，明確描繪並構成生命史的文化意義是相當重要的。

and Passion: Ilongot Notions of Self and Social Life, 1980）。羅沙朵的研究是從一個迷惑的經驗事實開始的：在菲律賓一個山區部落中，男人對獵人頭活動懷抱著熱切的興趣。這種活動並不僅止於去成就成人身份的意義而已，也並不僅止於對異族不睦的結果，或是一種既懊悔卻又需要的自我防衛手段。獵人頭活動並且也與奪得靈魂物質、巫術力量，或是其他形上式的宇宙論等都沒有關係。相反地，獵人頭活動是一種具備強力的——即便不是最中心的——情感共鳴，藉由個體在作爲一個人的成長過程中，透過釋放個體心中的壓迫感和重擔，以便於斷定其男子氣概（masculinity）。

羅沙朵反覆地指出，她個人無法理解或是同情獵人頭的經驗；就她而言，這根本是一種殘忍的殺人活動。當伊隆喀年輕族人吟唱著獵人頭活動的歌時，對羅沙朵來說，這些年輕人是既醜陋又殘忍的，並且在實質上無法調和這些平日在羅沙朵的田野經驗裡，慷慨的主人和仁慈的鄰居，是如何與「殺人兇手」的形象等同在一起。所有羅沙朵能做的，就是將伊隆喀族的獵人頭活動與其內容相連在一起——當民族誌作者聚焦在一個現象，該現象又對其自身的經驗和價值，是既強迫性又激進的異族時，所得到的典型解釋模態。此一解釋脈絡的結果，便是將獵人頭活動置落在男性生命週期的文化定義中，以及將獵人頭活動界定成伊隆喀族人對性別差異的關係。

在伊隆喀的社會裡，所有成年男子都必須展示他們的力量，以證明他們足以被人尊敬的地位和保衛家庭的能力，就這一點來說，這是非常平等的社會。成年男性的定義方法，因此就幾乎以獵取他人性命的能力，作爲證明其力量和生命力的最有效手段。此種生命力不只對生命具破壞性，同時對社會關係也深具破壞性。獵人頭活動及其極端暴力所象徵的階段，是屬於那群即將成年的未婚男子。隨著婚姻和結婚後隨之而來的責任，成年男子在一種社會所建構的知識下成長，而這種方式便是讓他們學習制約（constrain）其從事暴力活動的熱情。這種知識是藉由私底下跟隨著父親一起去獵人頭所獲得的，以這種方式，來傳遞地理上和社會上一定範圍的經驗。而這些知識僅止於男子，並不授與婦女。性別差異把經驗加強並且神秘化為一種自我意識的問題，而在伊隆喀男子中被常常討論。而羅沙朵錄音下來，並且成為她書中關於伊隆喀文化的焦點，正是這種在青春熱情與成人知識之間作一權衡，以作為男性特質此種話語。羅沙朵的文本並非是一個完整的報導，但它卻是以文化中帶有啓發性的關鍵部分，提供了一種管道，闡述和映照文化在其他細節的一種全貌觀方式。

羅沙朵因此探求有關伊隆喀族人生活中，最為顯見的事實及後果，諸如平等主義（egalitarianism）和獵人頭練習等顯著活動——這種異地風俗始終吸引著民族誌作者及其讀者們——也就是伊隆喀文化中的情感表達部分。過去傳統的民族誌作者在面對相同的事實現象時，或許會處理政治、經濟和宗教上的意含，藉由對社會背景中這種較不容易被描述的「生活品質」（quality of life）事件，如個人的天性被普遍地汲取（evocations）出來，然而該主體的描繪特點卻再也不是意義的所在之處。而對我們來說，羅沙朵的文本之所以帶有實驗性質，是因為她倒置了傳統研究上的優先順序：羅沙朵將伊隆喀族人的生活，作為是民族誌制度下的基本意含，並且將生命周期作為該文本的組織方式，以用於檢試她的研究主題，即伊隆喀族（男性）人生觀的本性。而這種影響是相當震撼地，至此以後，我們知道了更多有關人在作為文化的中心過程時，其情感的基調和組織，而這種研究方式比起先前的現代民族誌，在態度上來得更為嚴謹。雖然羅沙朵未曾受惠於萊維在精神病學上的訓練，但她卻示範了一位受過傳統訓練的民族誌作者，是如何組織她的田野資料，以完成一篇具說服力的報導，這種方式一方面是過去民族誌對於讀者的一種影響，另一方面也巧妙地閃躲了過去民族誌寫作中的慣習標準。

儀式——長久以來，人類學家把儀式看作是理解情緒、感情以及授與其經驗意義的適當工具。儀式是一種公開性的，並且時常伴隨著神話而來，以宣告該儀式的理由，儀式也是一種類似於文化產物的文本，是故，民族誌作者可以有系統地閱讀。因此，儀式比起日常生活裡那些「無言的」（unsaid）、隱藏在背後以及緘默的意義來說，是具備較實證的方式來表達集體上的和公開上的「言之有物」（said）。於是，毫不意外地，儀式的描述與分析成爲許多組織民族誌文本的重要方式。從涂爾幹到特納，儀式被分析成是一種自社會的強制形式，在轉換成個人的慾望、創造社會情緒、社會姿態的轉換、療癒、替社會行動演出時的神秘角色，以及重整彼此競爭的社會群體時的手段。於是，儀式幾乎總是被視作是具備一種相對自我容納（self-contain）的戲劇框架。

卡帕瑞諾的論文〈重返的儀式：摩洛哥人的割禮〉（“Rite of Return: Circumcision in Morocco”, 1980a）質疑了這一點，並且將儀式完整地連結到一個長期的研究中，該研究試圖探討焦慮是如何在不斷重複的生活情境裡，在其所接受的曖昧性文化信息下創造，並且在人群中塑造。從凴給納（Arnold van Gennep）到特納，關於生命週期儀式的分析便已訴諸於儀式的表演，象徵著經驗的情感與理智這二個不同的位置。而儀式表演正是作爲新社會地位的標幟。亦即是，從一個社會地位轉換成另一個地位時，其經驗由來必須是「理智性的標幟」和「情感上的感受」二者一起介入的。然而，卡帕瑞諾所展示的，是一個七歲大的摩洛哥男孩在通過割禮成爲男子時，所表現的「怯懦」（unmanned），事實上並沒有給予這位男孩新的社會地位。這位男孩依然留在婦女和兒童的世界裡。經歷割禮儀式所帶來的痛苦、象徵以及談話，給予了這位男孩一種潛在的焦慮，而這種焦慮必須經過時間來克服，特別是在童年和青年階段嚴格的騎馬槍術比賽這段時期內。這種情感的結構和自我的感受，因此成爲一種動態的變化過程，而非是某個時刻或某次儀式所能創造出來的。相反地，儀式促成了文化的象徵物上，一種更爲深刻的附著，並且這種焦慮扮演著一種心理狀態，在此狀態下，該種象徵物擁有了它們最具權威的意義。

卡帕瑞諾的報導之所以具有革新的意義，在於它示範了儀式在人生觀，也就是特定文化裡的獨特處，其最爲內在經驗是如何形成的。摩洛哥文化裡的男子氣概，在表面上雖然與其他許多的文化相似，但它卻不是什麼男性寰宇化定義下的代表物。相反地，正如卡帕瑞諾所展示給我們看的，它是儀式和社會裡日常生活方式的特有形式感受和經驗的嚴密產物。

在薛弗林（Edward Schieffelin）的著作《寂寞的悲哀與舞者的燃火》（*The Sorrow of the Lonely and the Burning of the Dancers,* 1976）在這本新幾內亞卡盧利族人（Kaluri）的報導中，斯菲林運用一個較爲傳統方式下的儀式，來作爲一種令人迷惑的異文化表演，並且在這個儀式的解釋當中，展現整個文化的民族誌紀錄。可是，斯菲林藉由這種研究方式做了兩項新穎的任務。第一，斯菲林將「吉薩羅」（Gisaro）儀式當作是新幾內亞人民情感風格的一種式樣，這種方式在新幾內亞的研究裡倒是相當罕見③。在

③「吉薩羅」（Gisaro）是一種有關悲痛和哀傷的儀式。來賓換上精巧的服裝爲主人獻歌跳舞，同時投射出悲傷的樣子，並且呼喚主人最近離去的親屬。當主人這邊的成員不勝悲慟時，便捉住一支火把，將它推向舞者的肩膀或背上：

> 舞者著全套禮服是一種顯赫和痛苦的形象。這並非因爲舞者必須面對燃燒的嚴厲考驗；而是因爲他所投擲出來的美麗與傷痛，使得人們想去焚燒他。從卡盧利族（Kaluli）的觀點來看，「吉薩羅」的

斯菲林的民族誌裡，文化經驗的質感與互動結構是等同重要的。並且以此種方式，斯菲林將儀式研究的傳統組織方式，推向了一個新的方向。

第二，正如卡帕瑞諾將割禮儀式，強調成是一個人自我定義以及情感二者在個人發展的過程中，一段較大的凝聚時刻，斯菲林也是運用卡盧利族的「吉薩羅」儀式，成爲在蔓延的文化交換邏輯中，通過氣憤、沮喪、滿足等相關經驗，所凝聚的一個樣本。依照這種看法，日常生活的所有面向都是戲劇性地結構在一起，也就是以一種互惠原則（reciprocity），從童年遊戲到婚姻、經濟甚至個人情緒等，都在這個面向裡。互惠作爲是一種基本道德規範，特別在部落社會裡，至少從馬凌諾斯基和牟斯的著作開始，一直是人類學持久的主題。但是，有關新幾內亞部落人民在民族誌裡的標準印象，是「強健、實際、努力工作的勞動者，他們處在一個無止盡的義務、交換、債務和信用的遊戲中，並且想從自身和其中的群體裡，觀察能得到什麼好處。」（p. 2）。然而斯菲林所展示的，不只是卡盧利族生活裡的豐富情緒，同樣地，也包括卡盧利族因感染於互惠的文化情節（cultural scenarios），而由此結構起來的文化。藉由這種「文化情節」的引用，斯菲林期望不只能指出卡盧利族人用以解釋各種不同事件的基本詮釋系統，同時也用以界定卡盧利族經驗，即個人行爲中這種不斷出現具表明性和具教育性的情緒過程。

如同這位民族誌作者所察覺的，卡盧利族最顯著的地方在於他們詮釋這個（看得見的與看不見的）大自然世界的方式，是通

主要對象並不是燃燒的舞者……重點是舞者使得主人們嚎啕大哭。接著主人們憤怒地燃燒舞者，復仇般地來對抗他們所必須承受的痛苦。對於舞者和歌舞隊來說，這反倒是好好地反映在他們的歌曲上。（Schieffelin, 1976, p. 24）

過聲音而非是視覺的程度。斯菲林描述如下：

> 一位卡盧利族人絕對不會把老鼠的特徵說成是身體小、帶毛、尖鼻、尖牙齒的動物。相反地，他會發出一種吱吱咬嚙的叫聲，同時表現出小心翼翼，好像老鼠是一種小型、謹慎、行動快速的動物正在咬他……這種根據動物在森林裡的聲音和行動來形容動物的方式，賦予那些未見的事物，以及圍繞著人們但卻又不可見的生命，一種獨特的現身方式和動態能力……在充滿著寂靜當中……鳥的叫聲就像是一種聲音突然且好奇地出現……一隻犀鳥以一種自我滿足，雄辯式的啾啾聲，倏地振翅，就像有人在問候著……卡蘿鳥（kalo，一種小鴿子）發出「啾啾啾」的哀訴……「你聽到了嗎？那是一個肚子餓了的小孩，正在呼喚他的母親……」（p. 95—96）

藉由卡盧利族人將其意義建構在敏感的聽覺／嘴巴上，斯菲林給予了民族誌寫作裡，對社會關係的傳統旨趣中，一個重大的影響，並使之轉爲對經驗和感官上的研究。然而，卻是他的同事，史提芬・菲爾德（Steven Feld）用這本經驗的民族誌，將卡盧利族的美學、知識論和詩歌形式帶到一個更爲嚴謹的解釋裡。

美學文類——與人類學儀式研究相關，但目前還尚待發展的，是美學與表達文類方面的研究。當代有一群民族誌的撰寫者，正致力於與西方有明顯不同的美學體系寫作。譬如，薛諾夫（John Chernoff）的《非洲的韻律和非洲人的感受》（*African Rhythm and African Sensibility,* 1979）、科沃（Charles Keil）的《提夫族之歌》（*Tiv Song,* 1979）以及菲爾德的《聲音與情緒》（*Sound and Sentiment,* 1982）。此一美學文類議題假定了一種新的關聯性，即此議題要比傳統的研究取向，更直接地探測儀式的表達面向。對立於這些傳統的研究方式，舉例來說，菲爾德的民族誌重新計算了他及其報導人在音樂上的共同經驗，並且通過一種美學的探究，提供了有關（卡盧利族人）在情感生活上更仔細推敲的再現。菲爾德並且在其民族誌裡抽引出卡盧利族人對其自身音樂的評論。菲爾德同時企圖以卡盧利族的用語來創作自己的作品。而當菲爾德將他自己的音樂播放給卡盧利族人而體驗到族人的哭泣落淚時，對讀者來說，代表著可以手裡捧著菲爾德的書，腦中開始評價卡盧利族人生活方式的經驗，因此在感官和認知的基礎上，獲得一組與自身文化激進式的不同知覺工具④。

在提供給讀者這種批判性工具（critical apparatus）之後，菲爾德緊接著表達了更進一部的企圖，也就是努力地在其侷限性上進行反思理解：在他所有撰寫的文本裡，仍舊存在著某種層面上的經驗，雖然是他已經努力想要處理的，但是卻仍然無法捕捉到。在菲爾德民族誌作品的末了，有一段藉由兩張不同照片的補捉差異，提出他對吉薩羅舞者的簡要觀察。第一張照片是使用傳統中程距離的攝影方法，捕捉舞者尊貴的王樣之貌；另一張攝影則是模糊，如夢幻般的舞蹈動作。而菲爾德所希望做到的，是當前者這種肖像般的影像較容易閱讀時，後者這種較爲「象徵式」的意象，對那些已經了解舞蹈意義和情感的觀衆而言，較能召喚式地表達出來。然而，菲爾德仍舊是無法避免用一種自身文化用語下的表達模態，來傳遞卡盧利族經驗的深度層面。結果菲爾德採用一種視覺的形式，而非卡盧利族所偏好的聲音形式。於是，

④菲爾德的報導開始於詩的文本分析，一首有關一個被遺棄小孩的呼喚的研究，接著他轉移到由聲音來劃分卡盧利族的鳥類類型學，然後轉移到像「吉薩羅」這類所使用歌曲的音樂分析，再轉換到卡盧利族人對於詞語在詩裡的使用方式等修辭分析，然後再到卡盧利族的語彙以及音樂理論，其中，聲音結構被編碼在水的流動的隱喻裡。

對異文化經驗的理解，始終無法絕對的達到，而只可能是程度上的差別罷了。在這種理解之中，始終更複雜地依賴於「共同經驗」的能力，並且反覆轉換兩個不同文化的美學以及他們各自的批判工具。菲爾德的民族誌展示了一系列具威力的手段，來傳遞異地文化經驗的激進式不同之處，並且對我們探求異地文化經驗而言，也是一個很有用的例子，因爲對斯菲林所探求的卡盧利族報導中，菲爾德的民族誌在文本革新上，做了一次不同的共鳴。

戲劇性事件——梭爾（Bradd Shore）在《沙拉伊嚕阿：一個薩摩亞人的神話》（*Sala'ilua: A Samoan Mystery,* 1982）這部著作中，運用一種戲劇性的事件——藉著田野工作時，所處社區的一件謀殺事件——作爲一本民族誌所陳列的策略。如果我們將民族誌研究範圍小心地加以限制，民族誌作者可以從小說敘說方式裡的技巧，學習在連結社會結構原則和文化意義的類型中，抽象式和分析式的討論，以促使再現社會生活中分離事件的完整經驗。可惜的是，梭爾只將戲劇性謀殺事件當作一個框架，因而只建議此種方式如何可以被採用。梭爾描述了該謀殺事件及其立即產生的影響；接著又報導了村子裡的結構、薩摩亞人的生活規則，以及將政治作爲指認薩摩亞社會內在衝突機制的背景討論；最後，在回頭對該謀殺事件作一解釋之前，梭爾則利用了一整串的章節，來討論文化意義、人生觀和情感等問題。這些章節中，梭爾安置了薩摩亞在現實中對人類神話的討論。在「個人」（persons）這一章，大概是整本書寫得最好的部分。則同樣開始於對知識論上的挑戰，這一點刺激了我們剛剛引述的許多實驗性著作。

或許再也沒有什麼強而有力的阻礙，比起大部分西方人（尤其可能是當代的美國人）對人的本質，所抱持的一連串複雜假設，更爲阻撓我們對薩摩亞文化的正確認識了。

在薩摩亞人的語言裡，並沒有相應於西方語言裡的「人格」、「自我」、「性格」等字眼；也沒有蘇格拉底的「認識自己」（Know myself），但是薩摩亞人說「照顧這層關係」（take care of the relationship）；也缺乏像歐洲式印象中，圓滿整合的人格，像是個沒有邊際的領域；相反地，薩摩亞的觀念像是個切割多邊的寶石。就人的關係來定義愈多邊、愈多部分的話，那麼此人就愈璀璨，技巧方式也愈優秀。薩摩亞的人品是相對於整個社會脈絡而定的，而非以持續性或是本質上的始終如一來加以評斷。倒是薩摩亞人在評論有關歐美和他們自身對人生觀概念的差異時，所下的評論就像西方人一樣多。以薩摩亞對人生觀的浮動不定並帶彈性的觀念來看，說明了傳統人類學理論試圖調和薩摩亞親屬系統的建構方式，以作爲一種定義完備、權利與義務相聯繫的靜態框架式角色，在連結上是極困難的。

薩摩亞人對於人生觀的靈活彈性，是與公開場合的面子修養放在一塊兒的，他們對純粹的私人經驗，反倒有一種嫌惡感而不願去討論它。如同萊維對大溪地人所描述的，當一個人獨處的時候，會感受到一種神秘的驚恐；或是像葛茲描述峇里島人那樣，峇里人害怕社會面具不慎脫落時所引起的尷尬或怯場。薩摩亞社會也有一種相似，在文化處境下的恐懼感。在薩摩亞社會裡，邪惡具有一種難以控制的驅動力和慾望，但是該邪惡可以透過詳盡公開的社會禮儀和社會約束等，企圖加以控制和補償，這使得薩摩亞文化因而有名。事實上，薩摩亞人時常提及人的身體是種分散後聚集起來的東西，這一點荷馬時代的希臘人似乎已經說過；也正如荷馬時代的希臘人那樣，薩摩亞人只在公開場合承認責任感，在薩摩亞社會裡沒有私人的罪惡感，如果有，也只有被抓到時的羞恥感。

然而，此時出現一條清晰的線索——當薩摩亞人在繪畫一幅藝術肖像時，習慣以人體的四肢朝不同方向散開，並且讓人體的核心部分消失的方式呈現出來。梭爾將薩摩亞人的繪畫與歐洲文藝復興時期的畫像作了對比，發現文藝復興時期的畫像裡，以四肢環繞著一個中心然後呈輻射狀散開的方式，強調一種緊密的整合。但是有一個在薩摩亞社會日常話語裡不被承認，但對外來者來說顯而易見的現象，是在社會化過程裡，存在著一定數量的刺激性衝動以及制約訓練，其中部分是由人生觀美學所監控。如此一來，薩摩亞社會裡的個人，不僅是由公共風格和羞恥感來訓練，更是藉由一種內在化的美學來主導。

梭爾的意圖，是想去證明薩摩亞社會的美學，並非專注在諸如音樂、舞蹈這類獨特的文類上頭，而是在他們社會關係的表演中，以及在適當個人生活定位的鑄模當中。就某種意義而言，薩摩亞人日常生活的本質與西方的日常生活，是不能作比較的，但是卻可以與古典西方中，「高級」文化裡的形式和美學相比較。在梭爾的報導中，或許對其研究對象是理想化了點，但是他也具影響力地展示了在薩摩亞社會的經驗，至少部分是一種非常正式、反映性的事物。這一點，只要敏感的田野工作者能夠依循土著的角度去觀察，同樣可在傳統民族誌的技術中達成。梭爾的報導以兩種方式交替運作，一是以非常系統性地模式建構方式，這是一種設計來解釋在薩摩亞生活裡，社會衝突是在哪兒以及如何出現的；二是對關鍵性的概念作出註釋，來再現個人情感，表達更爲私密的組織。舉例來說，不像卡盧利族人那樣，薩摩亞社會經驗的再現，也是梭爾報導裡的關鍵處，似乎更經得起早已建立的寫實主義寫作規範的檢驗。

就像當代許多實驗性作品一樣，梭爾留給了讀者一種刺激的狀態，而非對薩摩亞社會生活提供一個已經整理好的權威式印象。究竟薩摩亞人與我們有多不一樣呢？究竟薩摩亞人對潛藏在表面下的邪惡激情感受，與弗洛伊德心理驅動論有多不一樣呢？梭爾指認得非常好：在薩摩亞人與其他民族之間——包括我們自己——存在著一個差異，此種差異卻又常常被二者表面的相似之處所蒙蔽。問題是此種差異無法絕對完整地再現出來，不像我們所可能天眞地以爲，在民族誌寫作的階段裡可以表達得出來。當一種寫實主義式的方式——正因爲它是寫實主義式——梭爾報導裡的薩摩亞社會形式裡，充滿著流動、弔詭，和不確定性。梭爾所企圖勸說示範的，並非去描繪一個單獨絕對並且靜止的現實——一種統一式的薩摩亞民族個性——相反地，其目標是再現經驗與文化形式二者特徵的一種流動變數。總括來說，所有這些寫實主義文本在形式上都是相對傳統的。而我們所說的實驗性，乃在於這些寫實主義文本運用傳統的描述架構，提舉了再現跨文化界限裡，經驗差異的認識論問題。不管是聚焦在人生觀、自我，還是情感上頭，這些課題都會在未來的實驗性文本中，成爲繼續討論的中心。當然，也有可能這些實驗性文本，在現實上會轉換成更爲複雜的課題能力，得以探求另類的美學、知識論及感受性，強大且微妙地存活在這一個同質化的世界。

再者，關於個人民族誌所允諾的，承諾也換來了一種代價——這些民族誌傾向省略或是將這些已建立好的民族誌功能，諸如社會結構、政治，以及經濟等描述課題，當成是既有存在的背景。然而還是有些文本，像是梭爾的作品，在處理結構和經驗課題時，的確成功地顧及到平衡上的問題。可是，對更長遠的實驗性而言，如何使二者嚙合在一塊兒，並且將它們內在的關係展示在一種想像性文本中，都仍將是嚴厲的課題。當前社會人類學和文化人類學的理論建構，正是修正過去民族誌寫作中，其習慣以固有文本作爲策略的一種同時性功能。

現代主義文本——成長於民族誌研究的處境下，伴隨而來的，是圈內人和圈外人等不同視野的交換。民族誌使用「現代主義」此一標籤，是企圖作爲類似的引用，以便暗指十九世紀末期和二十世紀初期對應於寫實主義的文學運動。假使寫實主義文本繼續維持民族誌作者，不受挑戰地控制其敘說積習的話，那麼現代主義文本便是被建構來強調民族誌作者與研究主體間，所抽引出的話語，或是涉入至分析作品的讀者此一位置上頭。在先前，我們已討論過的民族誌架構中，現代主義民族誌的來源，可能被想像成是一位已經藉由上述的技巧，而在達成再現研究主體經驗的目標後，但在結論的部分，卻面臨無法達到眞實性（authenticity）的問題，至少在任何想像得到的寫實主義描述的手段下都無法達到。相反地，民族誌裡所再現的經驗，必須是一種民族誌作者與報導人之間的對話，並且，報導人自有的聲音也被安排至文本之內。這或許可以被視爲是一種民族誌在傳統課題上的出軌，以及有關民族誌該寫些什麼和該怎麼寫的一次激進改變。現代主義民族誌，主要是藉由處理文本的形式來聚焦於訊息的傳遞，並且激進地關心我們在制定異文化研究的過程中，可以學到什麼。

現代主義民族誌有一項潛力，是有關於文本再現的實驗性，這其中有些是來自法國超現實主義、結構主義，以及後結構主義文學理論中所得到的啓示。現代主義文本的作者，似乎對文化自身概念的慣習用法抱持著懷疑的態度。這是爲什麼現代主義實驗文本具有激進潛力的因素。

大部分我們先前已探討有關於人生觀的民族誌，仍舊相當依賴於建構該文本的文化共同體系內的傳統觀念。經驗因此是一個直接的結果，或是文化符碼和意義緊密組合的反映。但是這對那些以對話動機（dialogie motif）來作爲文本核心內容的作者來說，並不一定需要成爲上述這種案例。對這些作者來說，他們對於文化的一致性，從最基本開始便不確定，其中人類學正是發展自此一概念。自這種不確定感開始，這些作者只能專注在話語的即刻性和田野工作的對話經驗上。而當該文本具備能力來攪亂民族誌原有的格局，而造成驚駭之後，這些文本卻建立在民族誌的基礎上來改變其目的。在這一激進的姿態裡，居然存在著溫和立場。但就一般而言，民族誌寫作的現代主義策略溝通失敗，對大部分的人類學家來說，現代主義民族誌作爲一種另類寫作並不能讓人滿意，即便是民族誌寫作中的現代主義策略已經強有力地傳遞了其未定的影響力。

對話在現代主義中，代表著所關心的隱喻。這種隱喻可以不具合法性性質，而直接被拿來運作，或是本質上進入哲學的抽象層面來做思考。但是，隱喻也可以在文本裡，被實際引用去表現意含的多樣化，並且促使閱讀成爲多種不同的觀點。在此我們正是想要來討論這一點。

在這個層面上，或許必須先處理兩種風險以及一項批判。關於這種探究，的確有可能滑入對田野經驗的單純告解，或是進入「原子論式的虛無主義」（atomistic nihilism），於是一位單獨的民族誌作者的經驗，變得完全不可能去概括出什麼東西來。這兩種風險的危險性，會把人類學家與報導人的對話，變成是唯一獨特的旨趣或是主要的興趣。如果民族誌文本這麼做了，那麼這種文本便不再具備任何民族誌的旨趣了。

一項最近的批判（Tyler, 1981）已經建議——最終來說，民族誌作者既然還是那個拿筆寫字的人，那麼現代主義實驗是無法表達眞實對話的，並且在基礎上，也沒有辦法進入正統的方式。當然，就純正的柏拉圖主義方式而言，此一批判是有效的：既然口頭話語是容易發生變化、持續被監控，並且交由彼此雙方來修改，那麼拿來再現該對話的文本，如果不是錯得一蹋糊塗，肯定也是極端地貧脊。但是若就民族誌的目的來看，重點是去觀察哪種文本性（textuality）的對話模式，可以作爲傳達。這其中還有好幾種有趣的修辭學可供挑選。底下，我們將考慮其中的四種：對話、話語、合作式文本以及超現實主義。

首先，這種聚焦在「對話」交換上的文本，可以用來反映異文化經驗，並且重塑我們自身文化對現實的定義。這是所有關於田野經驗的優秀報導裡的共同組件：例如在《重返譏笑者》（*Re-*

turn to Laughter, 1964）一書中，曾面對道德上困境的〈愛倫諾·波溫〉（"Elenor Bowen"）一文〔作者爲波哈南（Laura Bohannan）〕、布瑞（Jean Brigg）在其作品《絕不生氣》（Never in Anger, 1970）中所學到，如何控制侵略性與憤怒的情緒，以及黎斯曼（Paul Riesman）在 1977 年的著作中，描述他自己如何在奈及利亞和美國社會裡，扮演一位在自我、隱私、情感和個體等定義，在跨文化變遷過程中的調控者。

上述有些著作考慮到人類學家如何經由學習異文化的分類，所獲得一種在意識上改變的經驗，常常自我意識到民族誌的侷限，並且建構一項對傳統民族誌本質的批判，它們以爲傳統民族誌甚至已失敗到，忘記對土著的知識和話語這項最具意義的範圍，表達感謝之意。卡斯塔妮鞀（Carlos Castaneda）的著作《唐璜》系列，便是一個流行的範式，其他的類型也有（即哥林達[Grindal] 1983）。這些「巫術的初學者」式（sorcerer's apprentice）民族誌中最棒的地方，是示範了如何去連結當地文化的象徵體系、體質上的刺激〔齋戒、超淨化（hyperventilation）、衝擊、照明、痳醉等等〕，以及最重要的，民族誌作者與土著經驗的操作者（如巫師或是人類學家的廚師兼報導人）之間的關係。在所有的努力當中，資料庫（data base）乃是民族誌作者的記憶之處，諸如田野記錄和日記等所促使，這些資料庫包括了情境反應、聯繫、夢，以及對訊息來源的反思等。

最近的幾本著作（最爲傑出的是我們在上一章節中提到過的瑞比諾和杜蒙的作品），已經將注意力聚焦在人類學家和報導人之間的對話上，以探求民族誌知識是如何發展的。此外，有一本著作很有趣地與民族誌計劃緊緊綁在一起——德威爾（Kevin Dwyer）的《摩洛哥對話》（*Moroccan Dialogue,* 1982）——一本稍加編輯的田野訪談手稿概要。首先，德威爾的重點是，在民族誌犀利的文本裡，對田野工作直接經驗的資料，隱藏了一個文化他者的角色；其次的缺失，是田野工作者對資料裡關於權限授權的掌握，無法加以穩定。德威爾強調知識的成長，以及從訪談到文本過程中的回歸。他有效地呈現了一些沉痛的時刻（離婚的痛苦、孩子的失去、女兒不圓滿的婚姻）；同時也呈現了表達的模態和思想的模式（他特別擅長於相對的實用主義和思想的變通性，以對照於規則制定的表現特徵）；並且，德威爾也描繪了一些扼要、犀利且被界定好的偶然事件（割禮、婚禮、與有關警察對一位小偷的處理）。結果，德威爾將田野工作的未加工材料全然呈現出來，並且挑戰讀者判斷這些材料到底該怎麼做。就實驗的精神來說，德威爾明確地指出，他想要把這本書的評價交給「自我和他人在結構性上不平等，但卻又相互依賴」的展示方式（p. xix）。德威爾的文本意義，並非是提供一種決定性或是一種可以讓人追隨的模式，而是提供了民族誌計劃裡，一種強調所有參與者弱點的途徑：人類學家、報導人以及讀者。德威爾以揭露民族誌知識中的對話根基，來完成該項任務，同時，正因爲這樣做，他也攪亂並且質疑了再現民族誌慣有表達方式的計劃，是否有繼續進行的價值。

第二種現代主義策略，是把文本給加以結構起來，也就是以言語互動的魅力或創造性的修辭來建構文本。我們將這種策略稱之爲「民族誌的話語模式」，其重心在於語言的哲學，也就是對口頭話語的主動性堅持，並且強調以文本的方式來捕捉該話語所出現的問題。舉例來說，法瑞特－莎婀答（J. Favret－Saada）的作品《致命的言語：波卡吉人的巫術》（*Deadly Words: Witchcraft in the Bocage,* 1980 [1977]），便是作者親身捲入法國鄉村中，有關巫術修辭策略的報導，慢慢地改變讀者對巫術的看法。讀者對巫術原有的理解，以爲要不是將巫術當作是一項古代的風俗，不然便是將它視爲是社會控制的一項直接動作。但是，讀者卻漸漸被帶領去理解巫術爲一種反文化（countercultural）的話語，該話語揭露了鄉下地方的人民，是如何帶著一種激進民族中心式的大都會觀點，同時那些地方人士又在外來者面前，呈現出強烈的猜疑心與自我防衛。

這種文本的部分力量，乃是將讀者置放在防衛性位置上，作爲作者所企圖揭示的笨拙無知的潛在團體。從這層防衛性來看，讀者逐漸內化到民族誌作者自身所學習的巫術話語裡。這是一種只有通過介紹案件的呈現，才能予以闡明的話語，包括了與被施巫術者和未被施巫術者所進行的訪談中，自由引用的話語。法瑞特一莎婀答的程序，是要展示鄉民的話語是如何運作的，接著，這些鄉民在詞彙的選擇上如何才是恰當，最後，她自己是如何內化到這些鄉民話語的用法。這是一種類似於精神治療經驗的練習，也就是在企圖注意聆聽語言的時候，其過程的心理動力論也同時參與。

上述兩種現代主義的選擇，或多或少地都清楚地深埋著對人類學家自身社會的文化批判，此議題我們將在下一章續作討論。

第三種現代主義民族誌，是一種由報導人和人類學家共同創作的合作文本。在早期的民族誌裡，報導人只是每天例行地替人類學家寫出材料，而這些材料後來都包含在民族誌報告中〔就像印第安人亨特（George Hunt）與鮑亞士之間著名的合作那樣）。如克里弗德（Clifford, 1982）最近提醒我們的，琳哈德（Maurice Leenhardt）企圖運用合作的方式，不單單可以達到訊息資料的準確度，並且透過捲入調查計劃的過程，更可以作爲一面自我反思的鏡子，成爲報導人的自我批判和自我改變的一劑興奮劑。事實上，琳哈德最初是一位傳教士，但卻不是一位喧雜的靈魂獵者，他認爲這種與土著進行澄清的合作過程，有助於帶領異教徒導向基督教的啓蒙。

其他最近出版的合作性文本，有馬奈普（Ian Majnep）與布爾莫（Ralph Bulmer）合著的《我的卡藍鄉村之鳥》（*Birds of My*

Kalam Country, 1977）；巴爾（Donald M. Bahr）、桂戈里歐（Juan Gregorio）、羅裴茲（David I. Lopez）與阿瓦瑞茲（Albert Alvarez）等人所合著的《披瑪人的薩滿教》（*Piman Shamanism,* 1974）一書。在這些研究裡最爲有趣的面向，是它們對於「對位法」（polyphony）的介紹，讓不同的聲音裡的相左意見，都給予存在的價值。克里弗德（Clifford 1983b）展示了特納在〔1960 年在卡薩葛藍德（Casagrande）〕恩丹布族（Ndembu）的研究，以姆裘納（Muchona）作爲其關鍵報導人時，是如何降低了第三者卡西那卡吉（Kashinakaji）的角色。卡西那卡吉此人，曾經幫助特納將姆裘納的語言翻譯成一種特納比較能掌握的語言。如此一來，多重的聲音被降低成是一種對話，便可以更進一步地使對話成爲民族誌作者權威式單一聲音底下的主題了。相反地，更有趣的是，民族誌作者爲了在文化的現實面上持續多樣的觀點，結果又將民族誌文本投入到這些不同觀點的展示和彼此的互動上。當這一目的達成了——要不是將他人的資料全盤接納，便是藉由一種社會學式對不同階級或利益團體的用語描述——於是文本變得更爲讀者群所理解，而非是原有鎖定的專業讀者群了。

第四種，也是最後一種現代主義民族誌，我們回到卡帕瑞諾的《圖哈米：一個摩洛哥人的描繪》。這本著作或許是我們所考慮的現代主義實驗文本中，最具議論性的。這本著作展現一個生命史以及一個訪談的抽引，並且把它當成是一道謎題，要求讀者協助詮釋。對卡帕瑞諾（以及讀者）來說，整本書最困難的地方在於，圖哈米在傳達痛苦和困境感受的時候，運用了許多鮮明的隱喻，不管這些隱喻來自於我們可以認定的現實生活，或是來自於所幻想的過去。卡帕瑞諾也考慮過用靈媒的方式和關於幻想的語言學式隱喻，作爲經驗溝通的有效手段。但是這些方式都需要一個足夠並且優秀的技巧來作詮釋，而非是靠敘事的寫實主義模態。甚者，詮釋可能會強制發生一種歪曲；或者也可能過度詮釋。所以呢，卡帕瑞諾提供了編輯過後的訪談筆錄，並且邀請讀者幫助詮釋的過程。這其中，卡帕瑞諾也會在書裡拿出一些自己的評論，包括「傳譯」（transferences）本身正在發生時的建議，以及關於他自己在此一闡述的過程中，因被視爲有義務去擔任「治療者」的角色，而感到的不舒服。然而，《圖哈米》的修辭力量，正是來自於卡帕瑞諾對原民族誌作者，就其文本所經常持有的權限授權上的放手，因此，多出來的空間正好讓一位主動的讀者，得以進入如謎樣神秘般的調查過程之中。

《圖哈米》這本著作展示了隱喻的問題，以及由他人來表達個人困境等設計，並且也包含在傳譯這些情感時，在詮釋上所出現的困難。傳譯是訪談情境的一個基本部分，同時也是圖哈米和卡帕瑞諾對現實的描寫。在過去的民族誌裡，有關傳譯的處理是很少被處理的。《圖哈米》之所以閱讀起來很吃力，不單單只是因爲這是一個複雜的主題，更是因爲它的資料已經經過了高度編輯。整本書讓讀者覺得，作者似乎並不確定到底他在譯解圖哈米的話語時，究竟想要展示給讀者一個什麼樣子的謎題；或者還是向讀者闡述他的草稿，是如何忠實地呈現該話語——也就是，文本自身所企圖描述的，正是這一系列片段特性的彼此互動。如果情況是屬於前面第一種的話，那麼這對傳統民族誌的寫實主義慣習，的確邁出了一大步，這是一種對現實的招喚在不同文類上的運用，而非只是直接地將它再現出來而已⑤。

---

⑤卡帕瑞諾間接地提到另一個重要的困難度。雖然表面看來，卡帕瑞諾的論著是一場他與圖哈米（借助一位翻譯者的幫助）之間的對話，但是總存在著較爲抽象的沉默第三者——即語言的中介與文化自身。卡帕瑞諾可能在正文之外會需要豐富的註腳或是註釋，以便將此一第三面向合併到他的文本裡，這或許需要好幾頁，就像中世紀手稿裡頭那樣。這種暗示正是一份交由對話來引導的詮釋工作，以便於回到文化的中介結構和文化心理學，這兩項正是現代主義作品裡常被遺漏，或是相對被忽略的

卡帕瑞諾的文本打破了傳統生活史的研究架構，雖然該文本在嘗試再現眞實的訪談情境這一點，仍屬於「寫實主義」的，但是在主要的民族誌實驗文本裡，它是第一次運用自我意識的現代主義技術。它的片段所呈現出來的力量幾乎是超寫實主義的，巧妙地運用形式來捕捉風格、心情以及情緒上的基調；，它也有效地讓讀者捲入詮釋的工作中。然而，這本著作與休斯塔克的《妮莎》一樣，都面臨相同的問題：究竟編輯工作是如何完成的？對於圖哈米個人的社會場域（social locus）來說，如果提供多一點的作者評論，難道不重要嗎？而圖哈米的個體性（individuality），究竟是以哪種方式來表達他的人生觀，並且又用哪種方式表現出摩洛哥人生活裡的某一特定文化片段？

卡帕瑞諾的另外一本著作（Craparzano, 1973），關於麥尼斯（Meknes）貧民窟地區醫療膜拜團體哈瑪莎（Hamadsba）成員的研究，讀者倒是可以透過閱讀有關圖哈米的描繪，來了解都市次普羅階級（sub-proletarians）的意識狀態。其中說明了圖哈米始終無法找到一份固定的工作，並且家庭壓力嚴重地攪亂了他的神經狀況，這一點雖然未達到明顯的生物醫學病理狀態，但是圖哈米卻定期地生病，也經常住院治療。圖哈米在表達生存的困難時所運用的幻想，幾乎是把現實的情況與同樣有效的隱喻彼此交互替換。

關於圖哈米的此項報導，在社會學的安置上並不能解釋出什麼東西，但卻使得圖哈米在民族誌的檔案裡，具備著更重要的意義。最起碼，卡帕瑞諾現代主義形式的表達方式，鼓勵了其他實驗民族誌的作者，去思考個人的報導是如何被建構的，以及異文化生活裡經驗的鮮明性，又是如何傳遞的。

範疇。該挑戰在於尋找一個方式，能夠更爲有效地將此一「第三面向」結合至現代主義實驗的親密關係裡，而不屈從於寫實主義的技術，該技術在國內則是再現了文化的社區性以及集體性部分。

民族誌詩學、電影和小說之註解

到目前爲止，我們都爲本書的主題，即改變傳統民族誌報導的實驗性作一限制。然而，在當代世界中，這種動機下的報導已經無法傳遞完整經驗的文化差異，在其他的實驗，已經更爲激進地改變再現的不同文類和媒體。對照於先前我們所考量的種種實驗，這種改變或許指出了，我們在想要將傳統文類作更進一步發展的能力上，缺乏信心。我們藉由對當代其他種類作品的註解，了解到只要這些作品是當今實驗時刻的一部份，那麼它們就像我們去考慮傳統民族誌的傳譯那樣，值得仔細地分開來對待。

民族誌詩學嘗試在文化上建立一種確實的方式，以便將土著口語的敘事風格，閱讀成一種文學形式。其中一些主要的研究（Hymes, 1981）是以形式主義的方式，連結記號法（notation）系統來捕捉情感、動力學，以及其他有關口語敘事的表演面向等方式發展的。其他的研究（Tedlock, 1983；Jackson, 1982）都在我們已討論過的對話、詮釋學等詮釋架構的範疇之內。這些作品都提供了關於口語文本的翻譯，並且在田野裡所闡釋的內容，以及口語到書寫的轉換間，對於一般性問題也都有特別的感受力。泰拉克在關於波波爾・夫（Popol Vub, 1985）的新譯著作，便注意到——如同所有的翻譯都應該——詩歌使用者的詮釋知識；在這兒口語是一種補充文本的評論。

民族誌詩學同時也關心人類學家自身的文學生產，來作爲民族誌研究經驗下的另一種表達模態。舉例來說，當代對過去和現今人類學家所撰寫的詩，有濃厚的興趣〔見蘿絲（Rose）對戴蒙（Stanley Diamond）詩作的研究，1983；泰勒對弗瑞芮胥（Paul Friedrich）的論著，1984；韓德勒（Handler）對薩皮爾其詩作的論著，1983〕，以及在自我意識下的實驗作品裡的自傳部分（Rose，1982）。最近的《整體——討論會論文集》（Rothenberg and Rothenberg, *Symposium of the Whole*, 合編, 1983）一書，就企圖在人類學家與土著文學的創作上作連結。正因爲田野工作的合作本質，民族誌詩學挑戰了傳統看法裡，以爲文學創作是屬於個人式的觀點；民族誌詩學的創作，正是人類學家與民族誌研究對象在各自的時間和文化空間上，所分別創作出來的作品，並且在一種更爲重要的意義上，有一部分是屬於同一個不可分割的創造領域，但是在作者貢獻上的分野，卻是相當棘手又模糊的。

除了田野工作裡的口語敘述研究之外，大量從第三世界大部分地區來的當代小說和文學創作，也正在成爲民族誌與文學批判二者綜合分析的對象（例如，參見費雪，1984）。這些文學作品所提供的，不單只是當地經驗的表達而已，也如同我們自身社會裡類似的文學作品那樣，繼續從事本土的評論，並且作爲「自傳體民族誌」（autoethnography）形式裡，對經驗所表達的特別關注。對人類學家來說，第三世界文學的重要性，不僅是作爲田野調查的指導，而是提出改變民族誌形式的建議，以反映本土文學和民族誌田野工作二者，所表達的文化經驗。起初，民族誌對電影媒介的興趣，反映了1930年代活躍在美國的紀錄片寫實主義的期望。這類的寫實主義者主張，電影有許多好處比起寫作在傳遞主體的經驗上，可以更自然地並且更不會有問題。大多數抱持著此一態度所拍攝的民族誌影片，由於在異俗文化的表現上較爲沉悶和冷漠，只得被迫重新考慮這種媒介。然而當代民族誌電影的實踐者，由於受到廣告與「藝術」電影複雜批判的影響，已相當了解到，民族誌電影就像書寫的作品一樣，都是一種被建構出來的文本。於是，民族誌電影製作也提出了類似民族誌寫作所提出的挑戰：敘述和焦點的問題、剪輯和反思的問題等等。或許，民族誌電影無法取代民族誌寫作的文本。但是，它確實在一個視覺媒體和寫作文本彼此競爭的社會中，就獲得大衆關注（包括知識份子和學者）的層面上，取得比民族誌寫作文本更佳的優越性。

長久以來，對於那些企圖描繪其研究主題的生活，但卻又不滿意原有文類慣習能力的田野工作者來說，民族誌小說已經成爲一種堅牢的實驗形式。在此處，小說的運用在文類上合法地作了一個清楚的分野，以有別於科學專題。此外，小說更常以一種附屬的，多少帶點想像意味的，來作爲一位民族誌身軀的一部份。類似於民族誌小說的情況，有一種歷史小說文體更古老且受歡迎，它將歷史書寫於此種清楚的小說形式裡，並曾引起相當程度的論辯。此一屬於歷史學家的論題也與一些人類學家有非常的關聯性，對這類人類學家來說，它們同樣質疑建立在小說想像空間裡的民族誌之有效性。

在民族誌文類裡，寫小說或是運用小說的方式本身是另外一回事。一些民族誌實驗性作品之所以成爲迷人的文本策略，便在於它們聚焦在經驗的呈現，以及描述田野工作者與特定他人是如何遭逢，以便探究特定人的生活情狀，企圖呈現多樣的觀點與聲音。就考量隱私權保護或是敘說影響等倫理學的角度來說，民族誌裡對於事件、事實以及人物身分的重新安排和組合建構，便允許了小說式的方法或手段，進入民族誌和歷史的報導裡（Webster, 1983；de Certeau, 1983）。但是這一類議題最複雜的討論，卻是在新聞學裡發展。這是在 1960 年代所發展起來的《新新聞學派》（*New Journalism*）（Wolfe & Johnson, 1973）。這一派運用一種花俏的故事說法，來提高讀者在新聞報導中對主角經驗的感受。從那時開始，同樣的論戰被定期地拿出來討論。例如，水門事件後對調查性新聞的控訴，以及最近發生的《紐約客》（*New Yorker*）允許一位作者在實況報導中使用虛構手法〔見道特（Dowd），《紐約時報》，1984 年 6 月 19 日第 1 版〕。對民族誌來說，重點在於跨文化經驗下，發展這些更爲有效的描述和分析方式，使得小說敘事策略的運用更爲清晰，將民族誌從作爲一種科學或是基於事實的描述，導向更類似於新聞報導的形式，而這些都帶來了一些問題⑥。

⑥ 1960 年代的《新新聞學派》，以及 1970 至 80 年代所謂的《文學新聞學派》（Sims, 1984）之後繼者，在其研究上變得更爲完整，並且在自我察覺的意識上，在報告上比起《新新聞學派》更爲嚴密精確。它的實踐者，諸如邁菲（John McPhee）、基德（Tracy Kidder）以及戴維森（Sara Davidson）等人，正在從事田野工作裡「參與觀察」這種民族誌特色的工作。並且當他們的書寫作品不像是人類學式的民族誌時，卻堅持其報導文學的準確度，特別是有關談話的內容。

第四章
考量世界歷史中的政治經濟：大體系裡的可知社區

通常一個拒絕詮釋民族誌（interpretive ethnography）研究取向的理由，總是會放在它忽略了權力、興趣、經濟以及歷史的變遷等「冷酷」、「艱澀」的問題上，這是由於詮釋民族誌爲了儘可能豐富地描繪土著觀點，所導致的問題。雖然此一異議曾具有一些有效性（validity），但是現在已經有許多詮釋民族誌，企圖去研究主體生活範疇中的權力關係和歷史等問題。但話說回來，我們覺得似乎有一種更極端的挑戰，以慣有的控訴指向「符號與意義」的民族誌：如何能在一個較大且「客觀」（impersonal）的政治經濟體系裡，去再現一個已被豐富描述的本土文化世界呢？如果這一個本土文化所描繪的內容，就像是以往民族誌裡頭所描述的那樣，是一個孤立於市場與國家等外部力量衝擊的話，那麼這項任務便不會有任何問題。但是，導致「再現」變得具有挑戰性，並且此項實驗的焦點，在於「外部力量」事實上是一種「內部」，即文化單位（unit）建構與制定下所整合的一部份。即使如同我們在前一章所討論的，在文化過程裡最爲直接的考量面上，它都必須被考慮進去。

馬克斯主義文學評論家威廉斯（Raymond Williams）在關於社會寫實小說的討論裡（1977, 1981b），已經提出了這類與實驗民族誌相關的基本議題。威廉斯所關心的問題是，在一個寫實主義小說的有限敘說框架內，它的情節和小說人物的設定，所再現的整體世界，以及一個複雜社會結構等逐漸增加的困難。在十九世紀的工業資本主義世界裡，狄更斯或是哈迪（Thomas Hardy）還可以藉由高超的技巧，來成就這類的再現方式。但是，二十世紀晚期資本主義的複雜性和規模，對寫實主義者就政治和歷史敏感度來說，似乎提供了一項非常艱難的任務。此類的實驗需要結合小說家所理解的（以及民族誌作者所觀察的）可知社區和「黑暗的不可知」（darkly unknowable）社區。爲此，威廉斯建議一種「組合式文本」，以便於連結與民族誌直接相關的語言和習俗上細節。一方面，這可以與一種較大且客觀的系統結合起來，而抽象地影響其本土社區，另一方面，這種「組合式文本」結合各個小說人物（或是民族誌對象）生活的內在化元素。

威廉斯的主要概念是一種「感情結構」（structure of feeling），以作爲寫實主義寫作主要的關心重點。「感情結構」是日常生活的大體系裡，描述性的豐富經驗與意識型態的敏銳表達二者的連結。威廉斯運用此一概念逃離了西方理論根深蒂固的習慣，以便穩固（fixing）社會演員所已形成並理解的社會或文化狀態。相反地，經驗、個人事物和情感，都涉及到一個生活領域（domain of life）的問題。雖說生活領域的確是被結構起來的，但它卻同樣天生具有社會性；其中，全球政治經濟體系內的支配和突現潮流，複雜地展現在生活領域內的語言、情感和想像方面。威廉斯對現代世界的寫實主義描述的要求是相當複雜的，而他的概念也非毫無問題，然而，威廉斯的確釐清了該實驗的任務——實驗性小說或者是實驗性民族誌——這些實驗都企圖在特定的社會環境中，理解研究主體的觀點偏好，並將大範圍審視所遭遇到的困難，精準的融合在一起。

世界上大多數的本土文化都是一種侵吞、抵抗和適應等共同歷史下的產物。因此，當今實驗趨勢的任務，是修正民族誌描述的傳統慣習，以對抗自我包容、同質化以及文化單位的非歷史

（ahistorical）大框架，並得以遠離其變遷的測量。該任務是朝向建構一種始終具流動性的文化情境，並且永遠在歷史意義上，保持著關於抵抗與適應等敏感的狀態，以及就本土脈絡而言，內部和外在同等質的影響過程。

此一革新潮流之實驗，能夠藉由任務的不同而加以區分，並且指導了本章節的組織架構。部分最近的民族誌研究，關心於如何嚙合詮釋取向與政治經濟學的觀點，譬如，馬克思主義的政治經濟學，以及晚近所謂「世界體系理論」的政治經濟學等。然就過去許多民族誌寫作中，非歷史本質所做出的反應來看，其他一些新近的文本，卻是將本土歷史意識的形式和內容作爲其問題所在，並與西方歷史敘說的支配形式並置在一起，而第三世界的經驗，正是在西方的敘說形式下被理解的。因此，歷史化的民族誌不僅是作爲對自身非歷史過去的糾正，更是一項對西方學術界中，同化「無時間」（timeless）世界的文化批判。我們接下來在民族誌有關政治經濟等議題時，將會分幾個段落來討論：首先，民族誌對其他關注於政治和經濟體系等傳統研究學科的吸引力；接著，人類學自身詮釋觀點與政治經濟觀點的嚙合；以及最後，民族誌與政治經濟分析結合起來的文本種類。這些民族誌寫作都被視爲是理想的實驗形式，但是就目前的努力來說，不管是人類學、政治經濟學，還是其他學科，成就都尚未完全達到。

政治經濟中的民族誌情愫

政治經濟在經濟學研究裡是一個古老的用語，並且與歷史、政治學和國家理論密切相關。此一用語及研究的主體，在十九世紀中逐漸式微，那個時候正流行亞當‧斯密（Adam Smith）所提出的自律性市場理論，當時該理論正逐漸成長著。結果，經濟學研究從政治學的研究中獨立出來。直到最近，「政治經濟學」這個用語的使用才再度復活，還有一群受過傳統訓練的經濟學家和政治學家，都替自己名之為「政治經濟學家」。

當代有關政治經濟的慣用語法，有三種主要的參考範疇：有關民主社會中的大衆選擇和集體行動困境的文獻；晚近馬克思主義作品，特別是有關第三世界的依賴性和低度開發狀態；以及在一國家歷史性觀點下，其世界體系中的政治過程和經濟活動的一般性旨趣。

而我們的興趣主要是在第三個參照範疇，這是因為我們相信世界體系中的政治過程和經濟活動可以就傳統學術區隔來說，在人文科學的橫切面上具現了再現危機的認知。從美國的觀點來看，接下來的幾個變化，正在削弱描述現實支配架構的信心，而這種支配式框架已經將市場和政治研究從自由國家分離出來：第二次世界大戰後，隨著美國在國際政治上霸權地位的崩潰〔例如布列頓森林協定（Bretton-Woods agreements）的瓦解，造成富裕國家與貧窮國家間財政關係的混亂；以及北大西洋公約組織等政治-軍事聯盟的軟弱〕；以及國內「新政」（New Deal）自由意識型態的衰微（作為政治部門權力轉移的證據，以及社會中政黨政治體系，隨著現實中政治聯盟失敗所提出的證據）。1970 年代，在意識到這些趨勢成長的同時，有一股類似的力量在自由、主流派學者所主張的，將政治學和經濟學重新整合的「政治經濟」（political economy）中逐漸增長。

站在我們的立場，最令人印象深刻的是政治經濟學家的感受，這是一種對政治以及經濟過程的現實理解，所抱持的懷疑態度。這些過程比起再現的支配模式更爲複雜，因此，一個明顯的課題便是從「政治經濟」的最根本處，重建一個更爲宏觀的理解。以最激進的形式而言，新的政治經濟將會被帶到一種精確、詮釋和文化的角度，並且最後成爲一種民族誌式的政治經濟學①。

當馬克思主義始終是政治經濟中，保持活力最久的架構時，由華勒斯坦（Immanuel Wallerstein）在1970年代早期（1974）所

---

①這項在學術界對政治經濟研究的推動，此刻還具備了另外兩種有趣且類似的表達。其一是所謂新自由派意識型態在1980年代的出現，而另一個則是在自由民主社會對社會正義的適當概念裡，就其政治理論和哲學的論辯中，繼續強調相對主義和「文脈性」（contextuality）。不管新自由主義被想成是一種意識型態還是一個政治的計劃，它確實是強調藉由「新現實」（new realities）的認知（Rothenberg, 1984）來修正古典自由主義。「新現實」是一項對學術界裡那些因變遷所刺激，而自支配地位的架構中脫離的確認。在不背棄那些支持政府計劃的自由主義論點的同時，新自由主義尋求一種中間的場所，以保持其開放性和適應性，而這種情境的多樣變化，正需要一種民族誌式的敏感力來加以紀錄。至於有關社會正義的論辯，花澤（Michael Walzer）在他的著作《正義的氛圍》（*Spheres of Justice,* 1983）中，已經介紹了一種帶有民族誌式敏感的相對主義話語，這種話語已經受到經濟模式、功利主義論點，以及純粹抽象性原則的檢查所支配，這其中，財富應該在任何脈絡以及自由社會群體間被公平地分配。花澤的努力與羅爾斯（John Rawls）以及多爾金（Ronald Dwokin）正好相反，他證明了這類作爲文化多元論的民族誌事件，以及社會生活活動裡對分離領域的辨別，乃是作爲有關分配正義（distributive justice）其前後一致的判決，並且就其內容脈絡中具備敏感力等核心考量。

介紹的世界體系理論（world-system theory），對美國的社會思潮產生了重大衝擊。華勒斯坦針對法國歷史學家布勞岱爾（Fernand Braudel）的著作，以及拉丁美洲殖民地理論家的預想，直接對1950至60年代發展理論的失敗提出挑戰，並且對政治學、經濟學和社會學內，有關非歷史以及分別區隔出的學科訓練，提出看法，以解釋第三世界目前正在發生的事情。當代第三世界，或是世界上的任何其他地區，都必須在十六世紀以來，資本主義世界經濟發展的歷史脈絡下作理解。而這段歷史的理論根基報導，正是華勒斯坦跨學科訓練研究的對等觀點。華勒斯坦因此堅持，只有有效的社會理論，才能夠與世界歷史事件和過程的細心考量相連結。雖然說此一世界資本主義的主要歷史詮釋，已經融入了馬克思主義的思想，但也同時爲復甦美國社會科學裡的政治經濟研究興趣，在參考上和方向上提供了一個寬鬆的理論架構。

深具意義的是，提出世界體系計劃的同時，正好面臨社會科學學者的強烈需求，當時他們正感受著世界的轉換，因此不僅在發展一個優勢的研究範式上失去信心，對於範式本身的統治權也喪失自信。這種世界體系的視野的確是有關社會和歷史的宏觀看法，但它的眞正魅力在於簡單的（有時，是過份簡化的）理論形式，這正與它強調通過歷史細節的詮釋來處理概念，形成了強烈的對比。因此，它並不是作爲一種爆炸性的充分理論，而是作爲論辯和討論的架構。並且這些論辯緊緊地依賴在政治經濟，以一種民族誌和歷史性的形式來敏銳地研究。

華勒斯坦將此一資本主義世界體系報導，置放在對世界政治和經濟發展中的中心、半邊緣（semiperipheral）和邊緣（peripheral）地區的劃分，以及這些地區之間，關係變化的歷史狀況。此一架構的包容度以及華勒斯坦用來解釋過去四個多世紀以來，各種本土情況所發生的事情，都正活躍地被論辯著。先不管這項計劃的評價如何，或是當前的姿態又是怎樣，重點是有關此一議題的激烈論戰，已經促進了政治經濟的研究。所謂的「世界體系理論」並沒有被鍛鍊成一種教條，或是成爲1950年代的研究範式風格，它存活至今的原因，主要是作爲一般研究的取向，作爲繁華區域和歷史時段上的細微研究。政治經濟學家有時適當地將焦點聚集在區域和現場中，歷史和民族誌狀態的詳細分析上，而非強調其「系統」。當華勒斯坦本人試圖將世界體系理論作爲一種具政治觀點的學派基礎時，該理論對社會科學應用範圍的擴大和研究取向上的影響，就變得更重要了。有一個想法已強有力地被傳播出去，即任何一個歷史或是民族誌的特定研究計劃，只有將該位置放在政治經濟，其世界歷史脈絡的較大架構中，方能獲得意義。

當前世界體系理論在作爲政治經濟方法論上，一種具彈性且有效的研究理論架構，導因於當前學術界對研究範式的懷疑，以及對自由展示其概念和方法的首要範例，同時此一範例也關注於其微觀過程，並且保有一些宏觀世界歷史潮流之觀點。這種將政治經濟的注意力，移轉至本土情境的細微分析，並帶有重新修正宏觀體系瑕疵的目標，正是它與民族誌接觸的重點。

目前的政治經濟研究，在民族誌式的計劃上已有一定的數量，而在分析的結合點上，就其研究主體也展現出相當於民族誌的觀點。就前者而言，政治經濟研究本身便是一項民族誌的計劃，其中最爲複雜的或許要算是威利斯（Paul Willis）的《學習勞動》（*Learning to Labour*, 1981〔1977〕）。這是一本針對男性工人在職進修後，如何成爲工業生產勞動力的英國研究著作。威利斯以爲組織現代社會的客觀過程（impersonal processes），必須被理解成一種以附隨的態度，在歷史和文化上所生產出來的，並且這種方式需要一種豐富探求細微枝節、行爲方式，以及在日常生活中的語話態度等研究取向。如同威利斯所研究的馬克思理論這類主要研究範式，其抽象概念必須藉由民族誌式的研究，使之翻譯成一種根基在日常生活上的文化用語。我們對於這樣的研究主體所得到的完整理解，乃是埋藏在系統分析的抽象語言中。如果沒有了民族誌，我們只能靠想像眞實的社會演員在複雜的宏觀過程中，會發生什麼事。民族誌因此在經驗層次上是一種對變化的敏感紀錄，並且是一種理解，特別是當系統觀點的概念，以及所想要表達的現實無法連結在一起的時候，這種理解似乎就變得緊要關鍵了。

威利斯明確地關心工人階級此一研究主體，在資本主義過程中，本質上所表現出來的傑出洞察力，以及工人們在校的叛逆行為，其諷刺意含的有限自我理解。就在學習抵抗學校環境的過程中，工人們建立了一種態度和實踐，箝制了自我在所處的階級位置上，降低了向上層階級流動的可能性。「抵抗」（resistance）因此成了資本階級關係再生產中，內在過程的一部分。因此，學校層面的文化學習和抵抗的當地情境，與工廠層面（shop floor）中資本主義生產下的勞工情境，彼此的聯繫是一項無心的結果。

雖然威利斯的研究是處在馬克斯主義的修辭和理論框架之內，然而他並非單純地將理論拿來作為權宜之計，意圖在一個涵蓋政治經濟秩序的熟悉背景中，將精力都專注在某特定場所的民族誌分析。相反地，英國的社會主義／馬克斯主義理論本身，對知識份子和大部分工人階級二者來說，在歷史上始終是具備普遍本土式的詮釋架構。經由民族誌式的方法，威利斯為廣大的自由派和左派讀者群，在工廠、教育部門以及大學等不同觀點上，澄清了對資本主義各種不同本土理解下的相對有效性、範圍和尖銳度。威利斯展現了介乎於無產階級和學院式社會主義者之間，交流和經驗上的文化藩籬，儘管二者對資本主義具有等同複雜的理解。威利斯的民族誌在英國的脈絡之下，準備了一項額外政治動機的議程，以便為社會主義陣營的可能狀況作出評論。

另一項研究——薩玻（Charles Sabel）的《工作與政治》

（*Works and Politics,* 1982）——在策略上運用了一種民族誌觀點。首先薩玻的論點係作爲工業社會勞動過程中，其傳統理解方式的一種批判，接著運用義大利的個案材料，來說明一個更具野心的議題。就最爲一般性的層面來看，薩玻觀察到新福特主義（neo-Fordism）（即大量生產模式），其工業化之核心意識型態以及實踐二者在全球霸權上的崩潰。薩玻以爲這種去中心化、彈性生產模式的復活，依賴於一種技工（artisanal）式的生產模型，而這正是大部分學者所以爲，在高技術世界中所不再操作的模式。於是薩玻以一件詳盡的眞實生活個案來作爲證據，新福特主義在 1960 年代晚期，事實上已被義大利北部「第三區」技工生產模型的現代形式所取代。當時，大型工廠成功地重新組織爲去中心化、且具高技術的工作坊。事後證明，薩玻觀察了政治策動上的轉變，包括菁英決策的制定層面和工廠生產層面二者——是個機靈的民族誌觀察者。特別的是，薩玻就後者，即工廠生產層面，展示了內在的民族誌知識：各式各樣工人的生活風格和遠景，以及他們如何互動於小規模卻高技術生產單元的編制中。這本著作的力量在於，它運用了民族誌的方式來記錄一件個案，且在一般性的用語中，主張一個清晰且迷人的另類模式，藉以說明實施大衆生產模式的地方，有其各自的歷史和當地情境，並與義大利作一比較和對照。

在勞動史上最爲人議論的「勞資關係」此一議題上，薩玻分析、闡釋了民族誌知識的貢獻。薩玻詳盡地說明了在區分工人階級時的種類，這是根基於他對各種工人的不同技能及展望的認識上，以作爲一項批判學術界在處理工業關係和勞動過程等議題時，所運用的簡單二元論，即「資本家／工人」或「管理者／工人」的支配架構。藉由展現這種民族誌式的細微差異，以及接著展示這些差異是如何在工業生產組織上，用來闡明有關變遷和轉型時，在未來所可能面臨的問題，薩玻揭露了大多數的工業過程理論，對「根本性」狀況所展現的痲痺，以及這些理論對於解釋或是影響眞實情況的有限能力②。在當代的政治經濟研究中，特別是受到人類學民族誌方法所影響，這些卓越的作家諸如布迪厄（Pierre Bourdieu, 1977）、葛茲（Clifford Greetz, 1973a）和薩林斯（Marshall Sahlins, 1976）等人的作品，都是習以爲常地被作爲籲求。這三位作者以各自的方式來表達文化分析的自主性意義，以及以文化分析作爲表達傳統議題的力量，亦即社會系統和結構的抽象概念。每一位學者都清晰地提供了理論上的論點，這些論點說明了民族誌觀點的優勢，以及解釋了交流與意義的過程，爲什麼構成了政治和經濟利益的結構。他們的作品經常被引用爲是新理論的祈求對象，而成爲政治經濟文本的修辭符號，其中文本分析的重點仍是——或者應該仍是——關注在各自訓練的學科上。

②第三種工作——至今只有以文章的形式發表——是伯陶斯與伯陶斯—威綿（Bertaux and Bertaux-Wiame, 1981）兩人共同的研究，這是有關法國小型麵包師在面對大衆化工業生產而倖存下來的研究。伯陶斯與伯陶斯—威綿詳盡地鑽研這些低微的中產階級工匠在生活的許多面向：他們的性格氣質、家製生產組織、集體策略，以及與其他社會階層的關係，譬如年輕的鄉民學徒，以便回答他們令人驚訝的生存能力等問題。最重要地，伯陶斯與伯陶斯—威綿提供了一個非比尋常的尖銳證明，即社會的某些部門——正如此一例子——是如何在現代官僚制度的統計、法律以及紀錄等方法上被誤解，然而這些方法正是許多社會學和計劃所依賴的法則。

人類學在政治經濟與詮釋觀點的嚙合

當民族誌和詮釋人類學，都很清楚地具有促使其他學科訓練，朝向政治經濟的重大貢獻時，我們不禁要問，其他學科與人類學之間的互惠影響又是如何呢？人類學長期以來便明確地關注於政治經濟議題，至少自 1940 年代，由威爾森（Godfrey Wilson）和葛拉曼（Max Gluckman）所主持的英屬東非研究計劃開始，便已著手於殖民主義過程中，如何開闢勞動力進入城鎮和殖民地，並逐漸毀損部落經濟、政治以及國內制度等議題。然而，大多數的民族誌從那時開始，便傾向於地區性的領域研究，並且相對地變得非歷史化（relatively ahistoric），以避免思考殖民主義裏各種政治經濟體系等問題。而美國人類學，正好與這個傾向相反，它並不像該傾向是由馬克思主義者所鼓吹，關注於政治經濟所發展出來的深厚傳統，而在美國 1960 年代先鋒的學者有沃爾夫（Eric Wolf）、敏茲（Sidney Mintz）、娜胥（June Nash）、李考克（Eleanor Leacock）。當時的傳統卻是傾向於將政治經濟議題，自文化人類學中，當時早已發展繁複的詮釋民族誌實踐中區隔開來。這使得而後的發展撤退至典型的馬克思主義，將文化驅逐至一個現象學結構裡，造成許多文化人類學內容解散爲一種唯心論（idealist）。

就部分來說，詮釋人類學很清楚地在田野工作和民族誌的寫作中，並沒有如它應該的那樣，關注於政治經濟和歷史性過程等議題，並且也不討許多人類學開創者的歡喜。但現在看來時機似乎已經成熟，該是將一個民族誌實踐完整整合的時刻了，這其中的研究計劃，關涉著許多政治經濟和歷史意含等意義，都仍有待詮釋。

要將政治經濟研究與人類學文化分析，進行最完美的調和，其困難度已經由沃爾夫最近的著作《歐洲及其沒有歷史的人們》（*Europe and the People without History,* 1982）作出最好的示範了。這是一本兼容世界體系架構的精確人類學觀點，以及當代人類學中有關政治經濟的強力說明等二者的著作。然而，正當此一作品將民族誌的傳統研究主體——第三世界的部落和鄉民以及歐洲的研究主體——置放在資本主義歷史脈絡中，作一卓越的概觀時，對於文化的關注卻在體系上被省略了。這或許導因於沃爾夫想要將「文化」與某種人類學作一連結的緣故——在過去，人類學對於其研究主體生活的歷史面，總是曖昧不清的，而這正是沃爾夫所想要重新予以正視之處。在該書簡短的後記裡，沃爾夫將文化的詮釋觀點，視爲是在意識型態範疇內一種唯心論（idealism）的形式，因此，沃爾夫將「文化」驅逐爲是古典馬克思主義的上層建築。如此一來，在這種複雜的全球性分析之後，沃爾夫對「文化」的對待方式實在無法令人滿意。

就詮釋分析此一課題來說，有關「生產」或「實踐」等慣用語的使用，最近已變得相當醒目（Bourdieu, 1977；Fabian, 1983）。潛藏在這些慣用語之下的重點，似乎是文化意義和象徵符號的生產——作爲社會行動的中心實踐或過程——比起單獨符號和意義的系統性註釋，在此更值得強調。就部分來說，這只是作爲在內容而非形式的平衡詮釋的關注上，因在理解上所造成的不平衡而提出的，因此致力於將詮釋人類學重新擺正，使之公平地聚焦在形式以及內容二者上，以及行動中的意義。

不過，更重要的是，馬克斯主義的關鍵字詞「生產」，其精確的用法（以及布迪厄的「象徵資本」這種衍生概念）預示著一項努力，即人類學正在使用自己的語彙，來面對唯物主義者與政治經濟的觀點。然而，意義和象徵符號上的文化建構，不僅僅在本質上便是一件有關政治經濟旨趣的事情，反過來也同樣說得通，即對於政治經濟的關心，在本質上也同樣是一個有關意義和象徵符號的衝突問題。因此，「文化生產」此一慣用語的使用，再次指出了一項特徵，即任何介乎於政治經濟和詮釋取向的唯物論／唯心論二者，在區別上是說不通的。不過，在詮釋分析中強調文化生產的移動方向，雖然在民族誌寫作中卻尚未發展完備，但是企圖在當代的社會和文化人類學中，作一超越的絕然分離，卻是一項有趣的努力③。

人類學的窘境，在於有些研究在文化分析上很弱，但是在政治經濟分析上卻很強，而另一種則是在文化分析上很強，可是在

---

③「文化生產」此一觀念有一額外的原理來支持顯著的特點，此一原理或許處於當前文化完整性（solidity）的問題內，以作爲民族誌分析的假設架構。此一原理被給予了當代田野工作者所面對，並且逐漸期待的高度片斷社會和文化現實。意義和象徵系統的詮釋分析經常依賴在未經檢驗的假設上，其研究主體同樣分享了一個一致性的社會系統，並允許了內在的差異。然而，當分割和描述社會現實的慣習概念發生問題時，就像現在的情況一般，文化分析所依賴的安全地基也會受到侵蝕。就某種意義來看，這種著重在文化生產的強調，本身便是對此一挑戰的一種適應。人們不再把這種在儀式裡或是日常生活表達中所詮釋的文化意義，以及其社會參照的法規，留給有關較大社會或文化背景現身的假設。相反地，文化意義的社會脈絡建構——文化生產——變成是詮釋分析自身整體的一部份。既然這種較大的社會文化世界的連貫性都有問題，那麼象徵的微觀分析便把社會參照體系的邊界，劃分得更爲狹窄且更具責任了：在尚未確定社會和文化面向的世界裡，就文化表演的突顯處觀察，最能確認並且最易於假設的社會背景，已經與該社會背景的生產有關係。自從民族誌作者所用來框架其文化分析的社會學概念，直接變成一種調查的事物後，就對社會系統的根本處，重新建構了一個概念化的尖銳工具。它們變成是文化生產的再現，以及接納整體象徵與意義的一部。這與社會秩序所被發現的層面有重大關係，該社會秩序已經不再像過去的傳統概念依樣，單純地作爲對較大社會組織的有效指涉。

政治經濟上的分析卻很弱，這些差異主要是人類學再現或是文本建構上的問題，而非是好的企圖心或是政治上的覺悟等差異的問題。意識型態的激進派學者裡，從事詮釋人類學研究的數量，就跟從事政治經濟研究是一樣多，而保守主義者和浪漫主義者在上述兩種研究中的情況，也是一樣。

在此一詮釋傳統中，所釋出的文本具有一項長處，即它們具備自我意識察覺，而企圖要解決上述的人類學窘境。而那些來自於政治經濟研究傳統的大多數文本，卻是去貶低文化分析，或是滿足於現況；或許正因爲如此，所以並沒有什麼困境需要解決。然而當對知識研究範式的結構信心低落時，詮釋人類學——正如它現今作爲跨領域的一般性學術訓練一樣——之所以具有其價值，精確地說，這是因爲它並不具備一種強烈的誓約，成爲一種單一的學科訓練，或是朝向支配式的研究範式發展。詮釋人類學的彈性發展，因此得以任意地以各種方式加以實驗，而對立於此種詮釋潮流的政治經濟研究，則缺乏了這種彈性。

詮釋人類學就其歷史和政治經濟方面之意含，至今尚未被完整地報導出來，仍有待努力。但是，當世界體系似乎朝向同質化，或是介於貧富之間的極端兩極化發展的同時，我們又要如何撰寫有關多元文化的差異？這又如何考量各種觀點的互惠性？這需要民族誌作者嚴肅地去考慮，有關研究主體已成爲事實的「反民族誌」（counterethnography）。這些研究主體遠非孤立自人類學家，那種與世界性意識（cosmopolitan consciousness）相同的世界體系。在了解的程度上，他們與人類學家都知道——如果沒有更深刻的話——該世界體系是如何操作的。最重要的是，這些研究主體，即構成社會文化的單位，被假設成是在空間和時間上單獨地隔離出來的，這種假設已經深深地埋藏在民族誌分析中，有關研究主體的傳統框架內，但卻必須修正。這些問題和困難都需要人類學家，在概念上建構研究主題時，於基本假設裡作一徹底的解決。

經由我們對這些詮釋民族誌議題的研究主幹，進行範例和展望等排列處理後，我們在民族誌的領域中，察覺到有兩個地方是民族誌的可能發展。首先，民族誌可以從轉型的鄉民社會已建立的完備旨趣中，藉由反映較大實體的微縮定義興起。其次，民族誌也可以從中產階級、菁英份子、專業人士，以及工業製造力的重新組織等尚未建立成熟的民族誌議題中發展。的確，任何有關超越當地社區所涵蓋的階級和民族性研究，其研究框架可以朝向一種實驗來發展，藉由詮釋分析來作爲實驗性的焦點，同時又對政治經濟議題保持敏感度。

再者，許多關於政治經濟議題的實驗研究，正在一個較爲寬鬆的馬克思主義概念框架中進行，或是等待某個時機便要進行。正當其他研究架構也同樣具備實驗的可能性之際，宏觀體系的背景意象中最具力量的要素，用以作爲具政治經濟敏感度的民族誌所必需的補充物，便屬資本主義的研究架構了，它與馬克思主義的長期寫作傳統，有著一種緊密且熟捻的關係，這些包括了晚近採取折衷立場的世界體系理論家們。資本主義所以爲的世界秩序觀點，不管是在人類學家所從事研究的西方世界還是第三世界，都是普遍的知識財產。對於詮釋民族誌作者而言，運用這種意象具有重大的修辭優點。這些作者將他們對研究分析的精力，專注在當地情境的闡釋，因此需要一個對於歷史政治經濟宏觀脈絡的完善建構，以置放其研究主體。

然而，這類實驗研究的承諾在於，他們終究會從根本處重新建構（或甚至取代）像資本主義下的馬克思觀點這樣一套具影響力的研究範式。然而，馬克思主義觀點因爲缺少了民族誌研究，與變遷中的現實漸行漸遠，而該現實卻是該理論當初所企圖涵蓋的。例如，在馬克思的《資本論》一書裡，有關資本主義過程中商品拜物教（commodity fetishism）此一章節，在文化層面上或許是最爲人所廣泛接納的古典形式觀點：在資本主義的社會裡，系統化的社會關係會潛藏在生產過程之下，並且被表達於參與者對其市場生產的事物關係的崇拜化，及其展示的意識當中。結果此一章節，成爲詮釋人類學對闡釋資本主義理論的文化觀點的切入點〔譬如，此一章節被杜金、肯尼澤和史奈德等共同編輯的象徵人類學讀本（Dolgin, Kemnitzer, and Schneider, 1977）所認同，並納入爲其讀本之內容〕。但問題是，民族誌的地方性研究計劃所導引出來的闡釋內容，將僅只是藉由補充說明的方式去修正資本主義社會的理論呢？還是終究會與該理論中的宏觀假設發生衝突，進而發展另一套詮釋理論來取代它呢？

對那些從事廣義的馬克思主義文化觀點研究工作的民族誌作者來說，最爲明顯且立即性的研究主體，便是從事工人階級的形式與行爲的研究了，並且這也是晚近從事政治經濟議題的詮釋分析所研究的課題，就像先前介紹的威利斯和薩玻所專注的研究那樣。該課題聚焦在農業社會系統中，新工人階級的起源，以及在工業化民主國家中，自老一代的工人階級開始在社會和文化再生產等問題。至於其他尚未在資本主義之中的馬克思理論裡，所劃分和認定的階級團體與社會群體，也將由民族誌予以發現，而這也正是提出新概念，並且替老舊的社會理論進行修正的成長之處。例如，今日的伊斯蘭世界，若是僅僅就馬克斯主義或現代化（之抵抗或是資本主義）理論來作說明的話，那麼便是一種對理解伊斯蘭文化所施加的暴力，然而這種理解正是刺激與創造何梅尼（Ayatollah Khomeini）的追隨者，即穆斯林兄弟會，與伊斯蘭聖戰（Jamiyat-i Islamiyya）之間的團結或是區隔（參見費雪，1982c）。可是，並沒有多少數量的非伊斯蘭世界的讀者，從文本中察覺到佔世界五分之一人口的伊斯蘭世界，其文化中最爲嚴重的歧視待遇。民族誌的任務乃是去重塑我們原有的支配式宏觀理論架構，以便去理解歷史上的政治經濟，諸如資本主義等，如此他們方能再現其論述中，有關於本土情境的眞正多樣化和複雜性。

陶西格（Michael Taussig）的著作《南美洲之惡魔與商品崇拜》（*The Devil and Commodity Fetishism in South America,* 1980），和娜胥（June Nash）的《我們消耗礦產與礦產侵噬我們》（*We Eat the Mines and the Mines eat Us,* 1979），這兩部作爲實驗作品的範例，刺激了一個值得重視的論點，此一討論架起了人類學研究中，介乎詮釋分析與政治經濟研究這兩大傳統間裂縫的橋樑。這兩本著作都是處理資本主義在形塑南美洲勞動階級過程中，所產生的衝突，並且也都強調文化分析。其中，陶西格的著作更具煽動性，或許正因爲如此，獲得了更廣泛的閱讀。該書報導了哥倫比亞鄉民以及玻利維亞錫礦工人，對整合貨幣經濟和無產階級薪資之勞動者的反應。陶西格一書開始於對馬克思的商品崇拜概念的長篇討論，隨之報導了在地人的觀點——如何將資本主義和市場過程再現爲一種罪惡。陶西格以爲，哥倫比亞那些替農地作季節性勞動的小鄉民，採取的是一種自然經濟的方式，只有與自己的土地相關時，才會運用到價值（values）此一概念。這些小鄉民視金錢爲無用的、不具生產性的東西。對他們來說，金錢只是跟全球市場下的農地經濟生產綁在一塊兒。而那些獲得金錢的人，是與惡魔訂下了秘密的契約；土地被金錢所收穫，而被宣告不再肥沃；契約的訂定者終將毀滅而痛苦地死亡。並且這種與惡魔訂定的契約，只會在全球資本主義下的農地上制定，而絕不會發生在鄉民自己的土地上，或是鄉民彼此之間的勞動交換或所聘雇的勞力上。

陶西格的第二個個案，是關於玻利維亞錫礦工人，與哥倫比亞鄉村中無產階級的比較。玻利維亞礦工同樣是處理有關再生產的神靈層面上的問題。他們以爲，殖民征服後的基督教神靈調節著地上物，殖民征服以前的印地安神靈則是調節著地下物：女性的土地神靈「帕恰瑪瑪」（Pachamama）與農業相聯繫，而男性神靈「地歐」（Tio）則是控制了山區的礦產。陶西格詮釋「地歐」以爲是一種象徵中介者。就像哥倫比亞鄉民所以爲的惡魔一樣，「地歐」調解了玻利維亞礦工有關大自然可更新循環的前資本主義信仰，以及對無法更新的資源，其資本主義開採活動的侵入等二者。但是，與哥倫比亞鄉民的例子不同的是，與「地歐」打交道並不是秘密的行爲。「地歐」的神靈像被刻在錫脈礦上，並且被安置在礦坑的入口，錫礦工人用駱馬來作爲祭品，乞求礦產得以再生，並使礦產揭露於礦工面前。「地歐」帶著嗜血的目光守衛著礦產，與先前哥倫比亞的例子一樣，「地歐」是需要慰撫的惡魔。甚者，「地歐」變遷的歷史形式支持了陶西格的論點，以爲「地歐」扮演著介乎經濟的本土性控制模式與外部的外來控制模式二者間的協調角色：在殖民主義時期，「地歐」代表一位忠誠的仲裁者，之後，「地歐」被描繪成一種戴著牛仔帽、怪異的美國佬。

然而，在《我們消耗礦產與礦產侵噬我們》一書中，娜胥將「地歐」詮釋得有些不同。娜胥視「地歐」是一種眞正的前哥倫比亞傳統的再現。對娜胥來說，「地歐」的功能乃是作爲儀式結構的一部份，以整合在工作場合內的礦工們，並且促進工人們的團結。這種工人組織服務於家庭與個人需求二者，同時對階級政治的成長來說，也是一種有效的傳達工具（自二次世界大戰以來，玻利維亞的礦工便是主要的社會演員）。對娜胥而言，「地歐」是一種相對於反覆無常的傳統角色，它控制著礦工們的命運，也因此而需要被慰撫，而非作爲一項文化調解的動態設計，或是作爲誘惑的惡魔，引導人們進入（資本主義的）自我的毀滅。娜胥報導的優點在於，她指出了「地歐」是幫助工人們統合彼此團結的社會形式。

陶西格和娜胥二人對相同材料所展現的不同之處，乃是集中在詮釋人類學發展中，對政治經濟議題的敏感度上的兩個關鍵任務：首先是信仰的意識型態或是文化體系的複雜角色的詮釋，使之與政治經濟體系作連結；其次是在民族誌的報導中，重新陳述這些角色，以展現其有效的文本。在許多方面上，娜胥的著作比起陶西格的著作更令人滿意，這是因爲它包含了更多直接來自於田野工作的描述性細節。然而，它在有關概念的地位和議論等問題的提問上，卻缺乏一種自我意識性，而這正是賦予陶西格的著作在實驗性上的魅力。同樣在許多方面上，陶西格的著作就民族誌寫作而言，在概念性上也提供了一個挑戰——以便於展示先前那些被解散爲是認知上的殘餘物（民俗、惡魔），或是被認爲是逐漸落伍的社會機制等，反倒是如何被視爲是一種對新生產模式的抵抗姿勢。

陶西格與娜胥的著作都給予了一項建議，即作爲一有效的媒介，民族誌在對資本主義滲透的回應上，再現了道德和文化上的配置。關於文化接觸的當地本土回應，在人類學裡是一項古老的主題，但是這些著作所提供出來的新詮釋，正好說明了這些回應的複雜度④。

---

④另一個對應於陶西格著作的有趣搭檔，是保羅・威利斯的民族誌，這是有關英國政府裡男性工人階級的研究，此部份的說明我們之前已提過。它同樣也類似地發現一個潛藏在無產階級生活方式中對資本主義的批判，並且在暗示上比陶西格的著作來的更爲激進。威利斯完全視文化形式爲一種挪用文化核心的奮鬥。對照來看，陶西格對於哥倫比亞鄉民的研究，訴諸並且依賴於一個文化純粹（cultural purity）的底線——一種黃金時代——以測量資本主義的法人組織所造成的變遷。這有助於提高陶西格文本的道德語調。或許對威利斯來說，既然他不是在一個經歷著首次朝向資本主義過渡變遷的外國傳統下工作，就比較容易避免「淨化」他的研究主題。相反地，威利斯所報導的是已經長期建立起來的英國工人階級，其日常生活的再生產課題。

民族誌與無形之手：

企圖追溯大規模政治和經濟的過程

到目前爲止，我們所討論的例子都很銳利地察覺到一點，即較大體系已滲透到研究主體的生活中，以作爲文化自身的構成因素。可是這些例子並沒有就「民族誌描述被限制在一個有限的田野地點、場所以及研究主體的設置」上，向此一研究慣習提出挑戰。民族誌作者仍舊是依照「可知社區」（knowable communities）的框架，非常侷限地來限制研究和寫作的範疇，按照威廉斯的說法是，民族誌作者始終依照從事研究的定義，來設置其研究和寫作的範疇。然而，民族誌傳統中有關全貌觀的野心——即民族誌的核心文類傳統——已經催促了民族誌去再現大規模政治經濟的歷史過程，並且朝向此一等同關心程度的方向前進。在此時此刻的實驗領域裡，詮釋／政治經濟人類學已經超越了原先想要的研究範圍。換言之，已經具備一些尚未充分完成的假想文本。在這一小節中，我們將會簡要地回顧這些在實驗性的政治經濟研究領域裡，尚未成功但卻深具影響力的理想典型，而這些在政治經濟研究領域內的實驗作品，卻已影響了當代的思考詮釋取向，以及政治經濟研究所關心的議題，而二者又是如此合併在單一的文本寫作中。

我們目前想到的書寫文本，其所聚焦的研究主體並非是社區中的某一群人，在某種方式下受政治經濟的驅使力所影響，而是整個「體系」自身——即延展至不同的場域，甚至不同的大陸洲塊的政治與經濟過程。站在民族誌的角度來說，這些過程都被紀錄在不同群體或個人的活動之中，他們的行動具備了一種共同——但通常卻是偶然——的結果，藉由市場以及其他得以將世界作爲一種體系的主要制度，而彼此連結起來。這些理想的實驗書寫文本，受到了民族誌全貌觀的推策，超越了社區研究傳統的設置框限，企圖想要設計一種文本，來結合民族誌和其他分析技術，以把握整個體系，而該體系通常被表達是一種具有掌握生活品質的客觀本質。這些確實都是政治經濟學傳統中，具野心企圖的實驗書寫。

對民族誌理論及其寫作來說，實驗的典型便是去表達研究主體，其界限設置內意義系統的豐富觀點，並且由此去連結其他世界中被賦予豐富描繪的研究主體，並且再現其較爲廣泛的政治經濟體系。正當小說已存在著這種複雜的文本〔例如索忍尼辛（Solzhenitsyn）的《第一層地獄》（*The First Circle*）〕，我們以爲在民族誌的文獻中卻還缺少這類的文本。傳統民族誌對於複雜體系的相互依賴度，諸如殖民主義或市場經濟等，其反應便是藉由研究計劃團隊所帶領的多元研究。譬如，由葛拉曼於 1940 年在羅德斯・李文斯頓研究所（the Rhodes Livingstone Institute）所主持的「七年研究計畫」，提出了一系列對不同部落經濟的研究以及殖民主義體系的影響。這種研究計劃的複合式結果，便是對北羅德西亞的區域性整合及其變異的詳細理解。而這種複合式觀點的結果，就成爲該項計劃的弱點：它導致讀者必須在個別的研究中，去做系統性的連結。就這種團隊研究最終無法協調的情況看來，我們覺得要去建構一種將多重田野場域的討論納入單一文本的民族誌，並且該民族誌又是人類學裡標準的個人研究計劃（偶爾也包含計劃的共同主持人，或是論文的共同撰寫者等作品），實在是太不可能的。有兩種文本建構的策略值得考量。

第一種策略是，民族誌作者或許會企圖在單一的文本裡，藉由連續的敘說，以及交由同時性、多元和隨機式彼此依賴的場所等效果，再現其論述。其中每一個環節都是在民族誌的層面上，藉由活動和取向的有意或無意的結果，彼此共同地連結起來。倘若這種企圖只是要去證明隨機抽樣的方式，並且在彼此結果的依賴度上，是通過現代世界中的每一位個人無預期式地與其他人聯繫所成就出來的，抑或是我們只看清楚其中一部份〔譬如米葛姆（Stanley Milgram）的「小世界」實驗，（Travers and Milgram, 1969）〕，那麼這將是一種荒謬，並且是毫無重點的計劃——這麼說吧，就好比美國人的心理健康和中國市場茶葉價格二者間的連結。相反地，這類計劃的重點將是開啓宏觀體系以及制度的先前觀點，緊接著是提出對體系或制度本質，一種新的或是修正後的觀點，然後用更具人文的用語來翻譯其抽象內容。

市場（如將亞當・斯密的「無形之手」概念，盲目地作爲相互依賴的隱喩）以及資本主義生產、分配和消費模式（即「無形之手」的馬克斯版本——商品崇拜），或許對民族誌多重田野場域實驗來說，其體系是最爲明顯的課題了。這將會是探索兩個或是更多田野研究場所，並且展現它們彼此間跨越時間而同時性地連結。甚且，撰寫這類作品的困難度，已經由目前既有的新聞報導充分地予以說明，而該類報導如史提芬・費（Stephen Fay）所著的《超越貪婪》（1982），也相當近似於民族誌報導。該著作解釋了達拉斯的杭特兄弟（Hunt Brothers）和他們沙烏地阿拉伯的同盟，在壟斷世界銀礦市場的企圖。因此，該報導敘說的複雜度是可想而知的，事實上，該著作所處理的正是資本主義社會中「無形之手」——市場——運作的人文面向。

爲了敘說此一故事，史提芬・費必須巧妙地處理十二個地點和行動者的觀點，而這些觀點又同時盲目地影響彼此，並且，他必須維持每件事件的敍說次序。史提芬・費解釋了商品市場是如何運作；他推測杭特兄弟是如何思考並且由此去描繪他們的社會背景；他以同樣的方式報導了沙烏地阿拉伯人；也解釋了聯邦統制機構和其他官僚組織是如何運作的，而對事件的反應又是如何；史提芬・費也解釋了其他主要商品貿易商的觀點和活動；並且描述了市井小民和企業對於銀礦市場危機的反應。而現在，這類型的研究主題正是民族誌應該有能力做到的，特別是當它想要就資本主義社會文化，表達些什麼意見的話，可是史提芬・費表達了要建構一個體系或是包含主要社會戲劇的多元觀點報導，在實際操作上所面臨困難的一個示範⑤。

第二種策略是，也是較具經營可能性的一種，民族誌作者根據某一場所的策略性選擇來建構文本，並且在架構起系統背景的同時，避免去模糊掉一個事實，即研究主體的體系內部，仍是整體性所組成的生命。當然，這種強調民族誌策略和目的性處境等的修辭和自我意識性，正是這類著作的一個重要動作，以便於將民族誌連結至政治經濟中較爲廣泛的議題。事實上，大多數民族誌計劃的處境——「爲什麼研究的主體是這群人而非是那群人？」、「爲什麼是這個地點而非是那一個？」——這類的問題，在人類學裡尙未被承認是一個主要的問題，或者是至少被當作是一個議題，來連結到其他更廣泛的研究目標。相反地，民族誌計劃的處境經常是靠機會來給予指令的。然而，對於具備政治經濟敏感度的民族誌計劃而言，情況便不太一樣。民族誌計劃裡關於研究主體的選定和範疇，應該被視爲是民族誌的理想典型—

⑤市場研究是一個傳統民族誌的研究興趣，但是史提芬・費的報導展示了低層次的理論貢獻，他對於市場的報導聚焦在最不複雜且最不現代的那一部份。確實，用來教授市場學的主要文本，仍舊來自於諸如波蘭尼（Karl Polanyi）這類的經濟歷史學家，而非來自於民族誌研究，諸如葛茲關於摩洛哥以及印尼商店的研究〔1963, 1965；以及葛茲夫婦與羅任（Geertz, Geertz, and Rosen, 1979）〕，以及法克斯（Richard Fox，1969）關於印度城鎮市場的描述。就後者這些民族誌研究而言，以一種最佳的狀態來看，是作爲市場和當地社會階層、宗教或是文化價值觀念間連結的構想來源。但是它們卻很少能給予一個銳利的市場概觀，以作爲一種擴展或收縮的體系，或是因此成爲一種變遷中的體系。史提芬・費的著作就後者而言，是一份可信的工作，但是就前者來說，就不是那麼的優秀了。而我們的挑戰就在於這兩方面都要做的一樣好。

—但卻是較難經營的多重田野場域計劃——的實際縮小版。至於民族誌處境的其他選項和替代方案，總是都會有的，正因爲這種再現較大體系的察覺力已經面臨危急關頭，特別是那些維持單一田野研究場域之民族誌，其操作優勢對該體系再現所帶來的節略，我們有責任自我意識地去爲民族誌的配置作一辯解（或是策略）。

這兩種陳述多地點的單一文本民族誌的模式或策略，因此並非在概念上具備一種共同模式的獨特性——第二種模式是第一種的折衷方案——但是在文本上，二者則各具特色。舉例來說，威利斯在其學校中男性工人階級的民族誌中，採取了第二種民族誌處境策略的模式，並且在宏觀體系背景下，援用了馬克斯主義的概念體系描述。一般來說，最近在世界體系架構下探討政治經濟裡的宏觀層面議題，已經增強了自我意識下的政治經濟敏感度，並且使之帶進了當代有關村落、鄉鎮，以及都市地區等的社區研究當中。特別的是，這類研究框架具備一種對政治經濟的刺激和複雜分析，並且對該政治經濟議題研究是採取區域性分類，而非以村落或鄉鎮作爲研究主體（Gray, 1984；Smith, 1976, 1978, 1984；Schneider and Schneicler, 1976）。有意義的是，這類考量市場和都市中心的理想區域地點的研究，是根據地理學的模式而交由人類學重新加工的。藉由實際市場模式與經濟學或空間理性分佈模式的對照，使得精確定位不發達社會的政治機制成爲可能。人類學家所探索的，並非是去假設一種朝向「已開發經濟」的基準理性模式所逐步成熟的過程，而是去探索這些社會和政治機制是如何歪曲發展，並且向某些群體輸送市場利益或是政治控制，或是阻斷其他群體之利益。

大部分這類研究的短處之一，都是當文化被納入考量的範圍之內時，詮釋人類學的問題並沒有讓它們感到興趣。這種給予刺激的研究主體，例如鄉民和當地菁英份子，以及他們如何思考自身等複雜性問題，要不是尚未被承認是一項問題，不然便是被認為可以通過當地文化的影響力這種簡單的假設，而有能力解決有關權力與經濟議題。然而，陶西格、娜胥，以及威利斯等人的民族誌，已經證明了詮釋分析的重要性，並且作為政治經濟研究的構成要素，直接附應威廉斯的「情感結構」概念。

區域分析因此應該不只是涉及地理經濟層面，以便找出哪兒發生了什麼事，更是與有關權力聯繫的接合，以及與意識型態、世界觀、道德符碼，和當地知識與能力狀況等的衝突有關。正如它們所堅持的，區域分析式的民族誌寫作，嚴格地說，並沒有展示我們先前所描述的多重田野場域策略，它們也不具自我意識的實驗風格。但是它們卻清楚地反映出民族誌裡一個更大的企圖心，這是起源自過去民族誌對於研究主體的狹隘設限所感受到的不適。這包含了當地或是區域性文化詮釋觀點的研究，說不定會朝向實驗的方向移動，如此一來，這類研究便會同時管理兩個層面上的詮釋。一是它們會提出一個由文化所刺激出的觀點，以便詮釋這些彼此連結的場域；二是提供一個聯繫這些場域體系的報導。

當然，我們也應該注意到，關於多重田野場域的民族誌文本，甚至是現存區域分析等的體現，可能承擔起一種新的田野工作。田野工作者在整個研究期間，或許置身在兩個田野地點而非是僅僅一個，他便必須移動或是涵蓋一個由這些田野地點所建立起的網路，使之圍繞在一個過程周圍，而這事實上也正是該研究的課題⑥。

⑥我們對實驗性所討論的另一個趨勢，就是企圖撰寫有關對話的意象和隱喻的「經驗民族誌」，並沒有真的瓦解「田野工作是什麼？」或是「田野工作應該是什麼？」的傳統觀念。的確，此一趨勢正在讚美，甚至更進一步地神話化了田野工作的觀念。經驗民族誌加深了人類學其「知識主要導源於面對面的接觸與溝通」此一想法（以及此一理想），由此，便模糊了知識在田野工作裡建構起來的許多方式。相對地，在實驗的政治經濟趨勢中「多重田野場域民族誌」的概念，或許會有一個激進式的

如同民族誌寫作的用途和複雜度的增加，民族誌在傳統框架之外利用的可能性也隨之增加了。相應地，隨著有關文化過程和全球彼此相互依賴關係等一般性知識的增長，企圖展現一個自給自足的描繪異文化的修辭力量卻衰減了。讀者想要了解一個文化的變異，就跟想去知道該文化的全貌式描繪，在程度上是一樣的——重新去概念化傳統民族誌裡再現全貌觀此一目標，並且將它視爲一個廣泛且同質性的社會與文化單位的壓力也增加了。我們目前對一個多重田野場域文本形式所做的概要描繪，是一種重新概念化民族誌方法和寫作的基本慣習方式，適合於各種片斷的文化中，然而將這些文化的片斷同時予以把握的，正是這些滲透自政治經濟的客觀體系的抵抗和適應。

反饋信息，來影響人類學家思考其田野工作的方式。當這種多重田野場域的民族誌無疑地合併了另一趨勢裡的「對話／交會」（dialogue/engagement）隱喻時，它必須重新理解在單一社區裡，選定位置的傳統想法是什麼，如此方能提供一種流動性（mobility），該流動性對於追求不同的研究目標——一種橫跨並且圍繞在處於群體設置狀況的客觀過程——是必要的。而在這種人文和全貌觀的意義下，再現大規模體系過程目標的技巧，是去保存田野工作的對話意象，並且同時修改原本經常運用的工作性質。這其中一個可能有效的具體方式，便是改變個體間對話隱喻的著重處，轉移到階級、利益群體、場所以及地區間的溝通模式裡。

民族誌現狀的歷史化

正當一組實驗提出了「政治經濟的大範圍體系」與「當地文化現況」二者關係所呈現的問題時，另一領域的實驗寫作則聚焦在民族誌報導中有關歷史性時間及其脈絡的再現等問題上。二十世紀的民族誌作者經常被控告具有一種深度的共時性偏見（synchronic bias）。民族誌不受時間影響的報導設計，並非來自於對歷史，或是對持續性社會變遷事實的漠視，而是對分析有利條件的一種交換，以便框住時間的流動，並且因此以象徵和社會關係等體系的結構分析，來提供該事件的影響。關於民族誌寫作裡這項困境的傳統應對方式，要不是藉由標準修辭手段的反覆使用，暫時地將民族誌報導安置在歷史脈絡中，不然便是與歷史一併正式放棄。將民族誌巧妙地設置在歷史脈絡中的反應，已經透過「創世紀的洪水論」（the deluge）加以達成：其一是聲稱某人的觀察乃是某傳統習俗或社會類型裡，尚未被現代洪流所吞噬前的最後一次觀看機會；其二則是「天佑我也」地發現一個眞實的（authentic）文化遺跡，其潔淨的過去卻在與西方的接觸後已經腐朽。不管是上述哪一種方式，當分析的基本靜態框架已被維護時，一切暫時的設置都是相當膚淺的。緊接著是一種承認歷史的粗糙手段，來爲民族誌作一種古典式的援助辯護，以便作爲這些正在消失的文化或是無可挽回的改變等強調文化多樣性的紀錄者。

至於其他膚淺的修辭手段，就是以一位歷史學家所可能做的那樣子來從事社會歷史的工作。最棒的歷史民族誌（historical ethnography）著作，如華萊斯（Anthony Wallace）的作品（1969, 1978），採取了歷史的敘說形式，並且使之達到歷史學訓練的標準。然而，這些著作傾向於把民族誌經驗及其理論裝置，對待成僅僅是等同於期刊、書信、調查統計數字，以及其他文獻的補充資料罷了。大多數閱讀過華萊斯的精心傑作《塞尼加人的死亡與再生》（*The Death and Rebirth of the Seneca,* 1969）的後輩，都只有在閱讀過華萊斯有關「復振膜拜」（revitalization cults）、精神健康的平衡模式，以及心理人類學等方面的論文後，才會發現此著作的理論野心。

很清楚地，我們並不覺得民族誌作者需要技巧地處理報導裡的歷史性設置問題，或是需要退回到社會歷史的敘說慣習之中。相反地，當前實驗寫作的要點，是在民族誌寫作的傳統慣習裡，去著手歷史意識和脈絡的議題。的確，仍有許多很好的理由，得以保留民族誌寫作相對於當前共時性偏見的架構。至少來說，田野工作自身在本質上便是具共時性特質的，並且在一個獨特的時刻或是瞬間來經營其研究。在田野工作所提供的基礎範圍之內，這是作為民族誌作者的一種見證方式，譬如有關土著在 1954 年或 1984 年的生活報導，田野工作就應立即忠實地被呈現出來。就某種意義來說，這類真實地報告了現今情況的民族誌，正是未來的歷史文獻，或是從事歷史文獻調查的主要原始資料。於是，所謂的挑戰，並非是將民族誌帶離原本的共時性架構，而是在民族誌內充分地探求它的歷史性架構。

然而，有關民族誌共時性面向的歷史性運用，仍存在一個阻礙，即傳統民族誌在某種十分微妙的情況下，結果是一點也不那麼地共時性，而是只有在「無時間性的當下」這種意義下才具有共時性。事實上，民族誌很少去報導作者在田野工作中所實際看到的情景。在田野工作的「同時性」（contemporaneity），也就是民族誌作者與他的研究主體共同分享的當下，與民族誌作者回到自己的世界，去撰寫從該田野研究所獲得的報導，和當初這些研究主體因所存在的方式所呈現的一種「暫時性的疏離」，彼此間存在著一段差距。此一隔閡，與民族誌作者在寫作中長期採納，以便呈現其研究主體時，對曲解該傳統方式有相當的關係。此一隔閡正是法比安的《時間與他者》（*Time and the Other,* 1983），就民族誌其時間的再現之重要批判的出發點。

法比安由西方社會中對「異教徒」的時間週期觀點來看，作了一項有關時間在不同歷史概念下的考察。經由猶太教與基督徒把時間的觀念看作是線性並且是神聖的，以及經由中產階級其社會文化層級在進化發展的世俗觀念，法比安注意到時間在後者的概念——亦是十九世紀人類學所發展的根據——事實上被給予「空間化」了（spatialized）。這些與文明中心差距極遠的概念，屬於更初始／更早的文化、心性，以及社會組織等層級。當演化階段論方案早已經從社會思想退流行時，社會文化二分法（dichotomies）依然在社會科學界裡到處存在：傳統—現代、鄉民—工人、鄉村—都市、尚無文字的民族—能讀寫的民族等等。同樣地，現代民族誌發展自演化論方案的反動，藉由田野工作來作爲捕捉研究主體此時此地樣態的手段，卻混合了這些演化論方案，而成爲一項微妙的遺產。在早期的人類學思想裡，因爲合併了空間距離與短暫距離二者，對於民族誌的研究主體，總是從研究者相隔甚遠的己身社會來觀察，於是他們已經習慣地被編碼成某一時空中的存在，而非是田野工作者／民族誌作者當下的歷史時刻。就像法比安所說的，「在西方思想中，『原始』在本質上是一個時間概念，是一個範疇，而非是一個客體」（p. 18）。正因爲如此，介乎於「田野工作中此時此刻的現實」與「人類學家由此在報導中對研究主體的撰寫方式」，二者之間存在著一個習慣性差異（habitual discrepancy）。

田野工作涉及到民族誌作者和研究主體二者間的契合，這是一種在相同歷史時間和空間之下，主體間的相互共享——用法比安的用語是「同時代性」（coevalness）——藉由主要去否認田野工作中研究主體的「同時性」，及其自身在現代歷史的方式，民族誌修辭已經有系統地與該研究主體疏遠了。就此，有一種激進的批判意含以爲，該項否認乃是作爲阻擋人類學自身政治化脈絡以及知識歷史的意識性。就像是薩伊德對東方學寫作的批判那樣，法比安展現了民族誌如何藉由對時間潛藏在修辭和思想範疇爲前提，以傾向於降低與西方有關的研究主體的價值，儘管這經常出於好意。

正因爲人類學在田野裡使用了不同於民族誌寫作報告的時間概念（即民族誌研究主體其「同時性」的完全認知，以及掌握其歷史意識此一事實），並且希望克服這種矛盾或是差異，以便探索民族誌主體的歷史意識，以及有關民族誌寫作在描述田野實際工作時，對歷史片刻的確定——這也是消除法比安對所謂潛藏在「同時代性」批判的唯一方式。結果，有關民族誌歷史面向中最爲有趣的實驗寫作，便是那些回應此一批判的作品。

羅沙朵（Renato Rosaldo）的《伊隆喀族的獵人頭（1883-1974）：一個社會與歷史的研究》（*Ilongot Headhunting, 1883-1974: A Study in Society and History,* 1981），正是以田野工作的過程中，或者甚至是在面對「原始」的研究對象，以否認歷史意識此一趨勢作爲他對人類學問題的出發點。《伊隆喀族的獵人頭》的目的便是要打破一種觀念——即「異教徒」（pagans），甚至是無文字且被相對孤立的部落，所擁有的只剩下一個永恆的循環歷史罷了，也因此就我們的意義層面來說，這類部落便是「沒有歷史」。在《征服美洲》（*The Conquest of America,* 1984〔1982〕）一書中，托多洛夫（Tzvetan Todorov）藉由檢驗拉斯卡薩斯（Bartolome de Las Casas）、杜蘭（Diago Duran）以及薩哈岡（Bernadino de Sahagun）的寫作，作爲歐洲與美洲相遇的例子，以精準的批判法比安，其當時一種對異文化他者「同時性」的充分認知，已經由嚴肅的（實際上是民族誌式的）企圖嵌入至自身，最後與征服者的觀點達成附議。

我們從羅沙朵開始，討論最近的三種文本，以作爲處理民族誌架構內，有關時間和歷史觀點的例示：民族歷史學文本（ethnohistorical texts）企圖展示當代無文字民族對「歷史」的概念，並且與西方歷史作一並置，該歷史敘述了一個使這些民族合併於世界體系之內的發展。這種民族歷史學作品企圖證明，在最近數十年中，就同時性分析中最具影響的兩種風格——結構主義和符號學——二者事實上能夠同化並且解釋歷史事件的獨特性，及其所表達出的社會變遷。同時，這種民族歷史學作品展現了土著對過去話語的關心，是如何同時成爲集體記憶（collective memory），以及將對當前環境的權威式詮釋，作爲論辯和政治鬥爭等媒介。

羅沙朵的民族誌具有上述的實驗意義。羅沙朵指出了伊隆喀族人在田野工作活動中，迫使羅沙朵寫出了與當初民族誌慣習不同的報導。他原本計劃到田野來研究，並且撰寫一份標準的結構主義式（以及同時性）報導，以部落世仇和婚姻聯盟的模式來調查有關伊隆喀族的親屬制度和社會組織。羅沙朵的書裡也的確包含了這種標準報導，讀者在其中閱讀到東南亞及其他民族彼此間世代爭鬥的傳統報導，但這並非該民族誌所強調的重點。在有關紀錄系譜，以及聆聽世仇、和平公約、婚姻、遷徙和居住變化的故事時，羅沙朵發現他自己正是那些「行走、進食或是夜宿於每一條小溪、山丘和峭壁的人們」無止盡的名單中的一個主體。「究竟出去獵人頭，和像是行走在小徑一般的快速婚姻」，羅沙朵不得不問自己：「這些到底是什麼意思？」爲了要使伊隆喀族人行爲具有意義，羅沙朵必須去學習這些名單，這不僅構成了相互關聯的地圖和時間路線，這些連結也構成了戰爭和政治學的故事——這是有關他們歷史的東西；同時，也是一張心靈地圖的組成要素，它爲伊隆喀族人提供了一種靈活地組織社會關係的方式，使其容納經常變化的聯盟關係、機會和家庭事務。羅沙朵回想起：

> 或許最為冗長乏味的故事是關於1945年逃離日本軍隊的故事。當伊隆喀族人吟頌著一個個他們所飲用、休息或是憩宿的地名——每一粒石頭、每一座山丘，和每一條河流，而因此感動得淚流滿面時，我通常的反應是一種無法理解的無聊，而只好繼續埋頭謄寫。（p. 16）

羅沙朵被迫學習以伊隆喀族人的眼光看待事物（即法比安針對田野工作，所描述的無可避免的「同時性」條件），卻發現從伊隆喀族人那裡所學到的教誨，與為專業讀者所撰寫的民族誌寫作，其間的文本翻譯是有問題的。

> （伊隆喀族人）……回顧過去的旅程上，是極細心地在風景上圖像化，而非在曆法上……在文化翻譯方面，這是個令人困擾的基本問題。我是否應該用他們這種描述位置的多元方式呢？如此一來，我便捕捉到他們文本的腔調，但卻失去了他們對歷史的感覺。經由我們對曆法的使用，我只好選擇了犧牲伊隆喀族人用以呈現過去的慣用語用法，以便去傳遞一種感覺，即將事件放置在空間中，亦同樣安處在時間內。（p. 28）

羅沙朵使用口述歷史的技術，證明了伊隆喀族的社會形式並不是沒有時間觀念，以及伊隆喀族人對其自身結構的變遷，和獨特歷史時期的社會結果，都具有一定的意識。因此伊隆喀族人並非「沒有歷史」，即使他們的記憶形式與我們不同。羅沙朵運用了發展週期的觀念，來描述這種伊隆喀族世代爭鬥的動力，可是有一項爭議是有關社會過程的循環或重複性的問題，以及轉換性變遷或是在歷史意義上的決定性變化。這些在群體內所敘述的故事以及記憶的風格等研究，提供了一些線索，以便於了解伊隆喀族人是如何理解他們的過去。舉例來說，在伊隆喀群體間最爲持久的敵對狀態，似乎比最初的週期性親屬過程，更爲直接地與殖民主義的平定（pacification）影響有關。而這一點亦爲伊隆喀族人所理解。而這些被記得的正是一種集體，並且在情感上具有強制力：

> 例如，回想更早期的親屬關係是爲了正確地回憶，以及證明正在發展中的姻親聯盟；而重新回想自己的叔舅被獵首的事情，便立刻從這段痛苦的記憶中甦醒，並且激勵自己的小孩進行報復。（頁 13）

在伊隆喀族人的記憶裡，價值符碼和定期性標誌，是世界和西方歷史事件的連接處。1945 年 6 月，日本飛機在美國先行部隊之前，進入伊隆喀族人的領土，殺死了三分之一的人口，而這成了當代伊隆喀族記憶的分水嶺。對許多伊隆喀族人來說，1945 年以前的時期，一般被記憶爲是「匹斯太」（pistaim），即「和平時期」，可是在這段期間，伊隆喀族的信仰顯著地被西方傳教士所改變，而在 1942-1945 年間，卻發生了一段暴力挿曲，即獵人頭的活動又重新變得時常發生，因此人們傾向於將 1929 至 1935 年那個平靜安寧時期的記憶，作爲 1945 年以前時代的代表。

在核對不同的報導，一種圖像浮現在獵人頭時期與安寧時期交替的時段上。這解釋了爲什麼伊隆喀族的外來觀察者，不同時間地重覆看到獵頭風俗正逐漸消失的場景。他們所目擊的是伊隆喀族人對西班牙、美國以及菲律賓政府力量，在其領土上潮起潮落的過程中，所作出的反應的片斷。當然，伊隆喀族人在敘說的故事和風景象徵用語裡表達這些外來事件的影響時，並沒有用整齊的敘說形式展現有關他們歷史模式的報導。相反地，這是如羅沙朵這樣的民族歷史學家的工作，只有藉由不同的土著報導，以便建構一個有效的歐洲風格的伊隆喀族歷史，這樣才能符合伊隆喀族歷史意識的形式。羅沙朵找到了民族誌中獵人頭活動消失和重現的謎底，但是，他的著作中眞正有趣的面向，卻在於揭露了伊隆喀族的歷史感受，羅沙朵運用西方讀者所熟悉的傳統歷史敘說方式，捕捉到這一點。

羅沙朵刻意地將讀者的注意力聚焦在他所使用的敘說技巧上；他在修辭學上吃足了苦頭，以便強調他的報導與一般標準的民族誌是不同的。而羅沙朵眞正的革新之處是在形式而非內容——羅沙朵的文本熔接了學術論點的傳統，以及深具伊隆喀族之表達特色的傳記故事。羅沙朵想去闡明伊隆喀族的思想風格，並且將伊隆喀族的強烈信仰介紹給西方社會，即生命不是根據規則、規範或是結構來開展的，而是作爲一種即興表演（improvisations）。在伊隆喀族的信仰裡，個體各走各的路；而這些「個人之路」，因爲經由婚姻和住所的循環週期，而常有一種遞歸（recursive）的形式，儘管這些個人之路經常是歧異的。任何關於伊隆喀族歷史的報導，在形式上都應傳達土著對其自身歷史和過程所作的隱喻的意義，而這正是羅沙朵的文本所作的，雖然從傳統慣習的觀點來看，她的文本組織實在是有一點「雜亂」。

普萊斯（Richard Price）的《最初時段》（*First-Time,* 1983），也是類似地藉由土著的歷史文體和歐洲文獻的援助，企圖重建一個無文字民族——薩拉瑪卡——的歷史，這是一個從南美洲國家蘇利南所逃出來的奴隸後裔。普萊斯在研究過程中，特別關心於紀錄薩拉瑪卡歷史傳統的敘說、有效性以及政治轉向。

有關「費斯坦」（fesi-ten）的知識，也就是「最初時段」（first time）——從 1685 年的逃脫至 1762 年與政府達成和平協定期間——被限制住且受保護著。這種知識是危險的，人們對有關這類諺語的使用都十分小心，有時連說話者可能都並不完全熟悉眞正的意含。這段歷史知識乃是作爲土地所有權、政治繼承以及儀式等的憑證，靠著老年人慢慢地以個人且片斷的方式來獲得。沒有人有辦法揭露一個人所知道的所有知識；也沒有人能知道所有的知識。知識來自於許多種形式：家族系譜的某一片斷、稱號、地名、諺語、省略語、名單、歌詞以及祈禱文。許多潛藏在這些形式裡的資訊，在其他方面是無法得到的——所以說，並不存在一個主要的敘說。然而，在歷史記憶的各種文類下，卻存在一個核心的意識型態力量，即「絕不復返」（never again）。這是一種有關民族警覺的精神特質，以保證奴隸的情況絕不再次出現。在現代的脈絡裡，這是一種薩拉瑪卡人對自尊名聲的來源，以及用來表現出作爲海岸雇傭勞工之姿態。

如同羅沙朵一般，普萊斯認識到自己的著作具備了一種實驗性質。他將自己的評論散置在有關薩拉瑪卡的文本內，讓它同時表達在書頁之上。結果，我們得到一種中世紀文本傳統的簡化式回返，其中，在待澄清的文本周邊，撰寫著多種的評論，這種程序在德希達（Jacques Derrida）的文學批判裡，亦同樣被拿來作爲實驗，更得讓這些評論線索更爲詳盡。在一篇名爲「讀者的說話者」（Of Speakers to Readers）的段落裡，建議經由沃特・王（Walter Ong）、古第（Jack Goody），或泰勒（Stephen Tyler）等人，讓由口語到書寫感知過程的翻譯，顯得更令人關注。在此一段落裡，普萊斯展現了一些照片和簡略的傳記，並且煞費苦心地爲讀者展露了其薩拉瑪卡合作者的些微蹤跡。這反映了我們之前所注意到的，即在當代的實驗民族誌裡，對多元聲音的再現所特有的注意力。

普萊斯透過西方資料和薩拉瑪卡二者知識的平行呈現，讓其中的一方足以爲另一方確認其正當性，並爲其延伸，普萊斯同時鼓勵讀者於二者間來回對照閱讀。因此，藉由在民族誌寫作文本上的精心安排，普萊斯讓讀者積極地涉入於歷史詮釋的同時性管理模態中。

就像羅沙朶的著作一般，《最初時段》小心地誘引出土著對歷史的意識、其傳統在詮釋學上和批判的裝置，以及文本自身所表達出來的文類。最富趣意的是，在普萊斯（及其薩拉瑪卡合作者）的關注下，其紀錄因此破壞了古老禁令，而與「費斯坦」相抗衡——此一將逐漸消失的傳統，而文本將成爲一種標準。一旦如此，知識將失去原有的力量而遭到凍結，不再隨著某一特定人群的技巧，或是特定群體的需要而流動著節奏，並且不再具有多重觀點。

但是，該老舊傳統無論如何都正在消失。許多薩拉瑪卡的年長者，由於意識到不可逆的變化以及知識的喪失，因此願意作爲普萊斯研究計畫的合作者。在 1970 年，薩拉瑪卡領土成爲政府官員、觀光客，以及攝影小組猛烈衝擊的對象。當然，文化並不會輕易地消失，然而，他們正開始改造。並且，操控於土著手中的改變可能性，部分得益於回顧過去的新手段，而像普萊斯的民族歷史學這類合作性計劃，便能提供這種途徑。

倘若羅沙朶的文本完全是一種民族誌式遭遇的結果，並且倘若普萊斯的文本是依賴於檔案文獻和民族誌紀錄間的相互澄清，那麼薩林斯的《歷史的隱喻和神話的現實》（*Historical Metaphors and Mythical Realities,* 1981）則完全是一種歷史的重構，且幾乎沒有依賴於直接的民族誌上。薩林斯企圖在結構主義分析的框架內，去詮釋早期夏威夷人與歐洲人接觸的事件，以便來指認夏威夷文化中各種意義的符碼。該符碼同時影響了夏威夷人與歐洲人接觸的進程，並且又因這些事件而有所改變。薩林斯的論文構成了一種激進式的選擇，替代了簡單的歷史敘說，然而他的研究仍是沉浸在相同的素材上。

薩林斯的研究聚焦於英國探險家庫克（James Cook）船長被殺害的週遭背景上，他描繪了庫克和英國人如何被夏威夷社會裡的神話結構所同化。夏威夷人以爲，庫克的抵達乃是合併在其神話的年度儀式裡，因此，夏威夷人保證了文化結構的持續性，但也同時帶來了轉變。庫克抵達的偶然時機以及環航此一群島的方式，正好符合瑪卡西其人（Makahiki）對神靈「羅諾」（Lono）的慶典行列，於是庫克就被誤認爲是「羅諾」了。庫克依照「羅諾」的樣子被塗抹上油，並且由當地統治者的祭司來餵食食物。在儀式終了後，庫克揚帆待發，就像「羅諾」所該做的那樣，但是他卻因爲船隊裡的一艘船的桅桿裂開，而意外地返回島上。這一次，庫克受到了相當不同的接待，緊張的氣氛圍繞在這一次的回返。結果在暴力突發事件中，庫克被夏威夷的暴民所殺死。然而，夏威夷人對待這次眞實的死亡，視之爲是「羅諾」的年度儀式性死亡；他們歸還庫克的遺骨給英國船員，並且詢問他們「羅諾」來年是否能夠再度返回夏威夷。庫克的部分遺骨後來在瑪卡西其人的「羅諾」儀式的隨後過程裡又再度出現，這些部分遺骨並且被理解爲帶有庫克的「瑪那」（Mana）神靈，於是，庫克後來被理解爲是某個祖先酋長。

很清楚地，在第一次戲劇性的場面裡，一件歷史事件被同化到週期性的神話結構中，然若將庫克意外地被殺害考量進去，這就並非相當完整。這一點的確對夏威夷人的社會結構是否能夠維持下去，引起許多質疑。

庫克的抵達，也同樣符合政治繼承的神話結構：酋長來自外地並且篡奪權力，但是因爲與當地被罷免的家族婦女結婚生子，而歸化爲這群土著居民。夏威夷人便是從這些方面來看待庫克的到訪。庫克——作爲神靈或是酋長——和其他英國船員按照酋長和平民的區分而有不同的對待。前者擁有貴重財產特權和交換；後者則是給予禮物並期待尋求恩惠，若是女性平民，則特意尋求與水手們發生關係，希望能因此生下小孩，以利用外地者的一些權力。然而，庫克的水手們，將這群婦女的誘惑詮釋爲是一種商業交換關係，水手們贈送給她們貴重的財寶，而這些婦女的丈夫也鼓勵她們去接納。這些婦女同樣也與水手們分享餐點，這破壞了夏威夷社會中對男女共食的嚴格禁忌。經由與這些到訪白人的交換模式，整個夏威夷人的儀式、政治以及社會結構都被戲劇性地改變了：它不再是一種階級制度，譬如男人對女人，酋長對平民，或是神靈對酋長等的階級結構；而現在的社會模式乃奠基在與歐洲人有關的不同利益上，在酋長與平民（包括男人以及明顯具破壞性的婦女）之間發展出來。同時，歐洲人自身的觀念和看法也正在改變。經由這種商業的逐漸去神聖化，以及與女人共餐這種不知情的禁忌性污穢，這些一度被當成神靈的英國船員反倒變成了夏威夷人中的男人，雖然他們算是一個奇怪的種類。

從庫克船長死後大約過了二十五年，禁忌系統終於完全地正式瓦解了。在 1819 年的一次著名事件中，已故國王卡美哈美哈（Kamehameha）在政治上十分活躍的妻子，於庫克死後，在政治上將夏威夷人團結在一起，並以共同攝政者（coregent）的身分，在繼任者「立伙立伙」（Liholiho）面前一起用餐。有一種神話結構的模糊性爲卡美哈美哈的遺孀及其派系所利用。傳統上來說，禁忌系統在新的國王安置妥當前，是被暫時中止的。正因爲當時獨特的歷史處境，此一遺孀所做的動作蘊含著革命的意味，雖然在技術上來說，它仍符合夏威夷人的風俗習慣。卡美哈美哈的遺孀只是延伸此一禁忌中止的習俗到立伙立伙死去，單就此點來說，新的禁忌已經重新制定，並在此時，基督教喀爾文教派和傳教士已經與她的派系建立起聯盟關係。

薩林斯提供了一個關於政治競爭的精湛報導，這種政治競爭是由叛亂中的「歐洲」派系（藉由婚姻所聯繫的卡美哈美哈旁系親屬的後裔），以及傳統派系（卡美哈美哈的直系親屬及其後裔）所產生的。在 1830 年以前，也就是薩林斯的報導在時間上大致的結束點，夏威夷人的神話體系已經有大翻轉的改變。這種神話和歷史的相互決定性，已經很複雜地糾纏在一起，但卻在薩林斯對法國結構主義思想的明晰且熟練的應用中得以闡明。薩林斯對夏威夷人行爲所表現的令人困惑或是具異地情調等面向，都找到了史無前例的意含，這些行爲早在數十年前就已被外人接觸，且經常爲觀察者所記載，但卻沒有人能做到像薩林斯這樣。

雖然薩林斯使用了法國結構主義分析中一種史無前例的靈活方式，來記錄歷史事件中的某一特定行爲，但是它仍舊使用了一種結構的觀念，即在相互文化關係裡的交流細微處，其感受力所表現出的相對不靈活。薩林斯的寫作或許最好被解讀爲是介乎於結構主義，與後結構主義符號學，如托多洛夫在結構分析所使用的那樣，更具有流暢性的過渡語言。

托多洛夫的《征服美洲》是一項與薩林斯相類似的研究計劃，在該計劃裡，托多洛夫經營兩個文明間的歷史聯結處，也同樣類似地關注於描述每一文明的心智結構，這兩個文明之間又是彼此如何「挪用」和「誤用」，以及結構性變化是如何以小量增加的方式在時間上慢慢發生。托多洛夫的研究程序是重新閱讀哥倫布、柯迪斯（Cortes）、拉斯卡薩斯、杜蘭以及薩哈剛的主要文獻，以便於從一個文化他者（cultural others）面對面的角度，來描述基本的三重轉變：從「奴役」——將他者僅僅視爲是一種客體；到「殖民主義」——將他者視爲並且保留爲是一種可被挪用的客體生產者；最後到「交流」（communication）——將他者視爲是類似於己方的主體。就像夏威夷人將庫克船長當作是一位神靈那樣，或是阿茲特克人將柯迪斯理解爲是一位歸來的神靈。正如托多洛夫所紀錄的，這是具有意義的，就阿茲特克人的世界觀而論，所有新事件都必須被投映到過去裡。

對於阿茲特克人來說，有意義的交流介乎於宇宙與人類之間，而並非存在於人類彼此之間。就像在征服者之前的歐洲人那樣，哥倫布並非是一個與柯迪斯所接觸到的阿茲特克人一樣，有著不同心智的人。哥倫布同樣享有特權，能將與印地安人直接交流所可能學到的東西，比作爲一種「經典」（Scripture）。所謂的「交流」，只有在符合預先已設定好的天主教世界觀時才具意義。哥倫布對於接觸美洲人所產生的誤解，就像蒙特如瑪（Montezuma）對征服者的誤解一樣荒唐可笑。然而，柯迪斯已經是一個不同類型的對話者。柯迪斯身爲一位對墨西哥人內部政治和語言的銳利而開放的觀察者，他能夠運用這種理解來使這些墨西哥人從屬（subordinate）於自己。「後征服主義心態」（post-Conquest mentality）是增加理解的一種類型，以便於更同化（在此即基督教化）墨西哥人。經由（杜蘭和薩哈剛其研究）對「納瓦特」（Nahuatl）不同種類的信仰與歷史的紀錄，所得到的較佳理解，無意中影響了紀錄者對敏感度的改變，並且開始出現無從屬關係、無同化關係以及互惠式的交流。很清楚地，在拉斯卡薩斯生命的最後期，他要求西班牙人將主權歸還給美洲印第安人的首領，並且明確地將「獻祭」（sacrifice）描述爲一種有效的宗教行爲，該價值結構乃不同於西班牙的體系。人類學的開端在此，便從後征服主義思想到「寰宇性所可能共同存在」此一認知的轉移過程中發生了。

托多洛夫的著作是針對薩林斯的研究計劃，所做的一種雅緻變形：歷史是爲了說明，而非是作爲一種敘說的連續，而是作爲在意義結構裡的轉變。更甚者，這些轉變並不是僅僅被看成是一種互動，而是與交流的技術和道德立場二者作連結。用簡單的名稱來說，書寫的缺席需要說話者以及口述歷史者，以一種重複儀式化的形式出現。印加人是最不擅長書寫的，他們只使用一種精巧的結繩記憶技術（mnemotechnical）；阿茲特克人有象形文字；瑪雅人有初步的語音學式書寫。托多洛夫以爲，這些族群將西班牙人視為信仰上的神靈，在相對強度上存在一種一致性的階段性變化。馬雅人並不把西班牙人當作神靈，而印加人和阿茲特克人則把西班牙人當作是神靈。再者，阿茲特克人還賦予「古代言論」一種特權，並且稱呼其統治者為「持有言論的他者」。此一評價造成複雜的儀式化言論類型，並且在政治上產生了詮釋學派大學的引進。一些神職學者開始認知到，用族群自身的用語來理解這些儀式化言論和詮釋學派實在是一項挑戰。在十六世紀晚期，有關納瓦特歷史和宗教的書寫記載過程，西班牙牧師諸如杜蘭和薩哈剛等人，於民族誌中奮鬥的基本議題之一是：在翻譯的過程中，他們究竟詮釋出多少？兩種不同文化觀點的聲音如何互相干擾對方？這兩種文化觀點居中調解，究竟有沒有可能不破壞任何東西？這種質問，對當代文明以及特別是對民族誌二者來說，都是一項挑戰。

托多洛夫從一系列的文本當中，使用了重新建構世界觀的策略，作為抨擊那些認為「文化的傳達可以無須任何的調解或是詮釋便可以發生了」這類天眞的想法。這類想法以為民族誌作者可以僅只是一位抄寫員，而且世界包含著純粹的符號。托多洛夫經由對這些處理歷史接觸的文本的批判性重讀，以及藉由他對這些文本的精心協調與並置下，證明了在任何跨文化的對話裡，其調解的必要性。

用一種廣泛的觀點來看，歷史是結構中的一種改動：蒙特如瑪和哥倫布所生活的現實，與柯迪斯或是杜蘭等人所生活的，是不同的種類，而他們與我們的現實生活相比也完全不同。結構性轉變偶爾還會經由激烈的變動來發生，但更為普遍的是，它會以遞增的方式發生下去。就像托多洛夫所結論的，「當我們察覺到在我們文化裡，任何特徵都具備一種『相對性』此一特質（並因而還意識到其武斷性）時，我們的文化便已經改變一些了……（所謂的『歷史』）不是別的，正是一系列這類察覺不到的改變」（p. 254）。一份對歷史具有敏銳度的民族誌任務，便是在日常生活的細微末節處，察覺其結構性的改變。而這種生活的細節之處，正是田野工作的主要資料，和民族誌再現其尚未加工的材料。

我們最後要來討論民族誌架構下，有關歷史此一議題的論述，並且轉向另一種實驗寫作的範例。歷史並沒有制式地登錄在任何民族誌研究主體的族群裡頭。改變承擔起一種競爭性的詮釋，並且甚至在那些沒有戲劇性變化的時期，也陳列出不同的理解形式，以便在共同的歷史和文化下，維持一種有生氣的另類經驗。密克（Michael Meeker）的《北阿拉伯的文學和暴力》（*Literature and Violence in North Arabia,* 1979）是一本關於「若拉」（Rwala）游牧者詩集的讀本。這些詩集是由民族誌作者穆梭（Alois Musil）在二十世紀初所收集的。就某一層面來說，該研究是對對話（dialogue）的重新恢復，以托多洛夫的意思來說，便是從資料的蒐集裡，對貧脊的民族風格意義所做的拯救行動。該文集裡包括了許多相同歷史事件的多樣版本，這之間的差異允許密克去分析有關敘說者的修辭技術以及實證困境。這些包括了一個有關政治本質的論辯——「英雄氣概的吸引和冒險」vs.「領導統御的厭倦和審慎」。

在歷史的層面上，密克展示了此一論辯正受到個人暴力技術的改變而變調。這些故事發生在槍支傳播的時間，遠距離射殺得以成爲可能，所謂的英雄氣慨當時正飽受廢棄的威脅。有一些敘說內容反映在遊牧民族由榮譽所激發出的英雄氣慨，以及藉由土耳其民族（Ottoman）的武力所使用的非英雄式暴力二者間的不同。困境所涉及的對象，與本世紀初的遊牧民族有獨特的關係，並且與中東世界有一般性的關聯，當時該地區在文化上仍存在著世仇習俗的邏輯和動力。這類的意識型態特徵，諸如男性個人主義、家庭式的專制主義，以及對耕地勞工和定居式（sedentary）

生活的鄙視等，根據密克的說法，都是因爲遊牧民族逐步的定居在游牧族群和國家周圍之後才有的。在此一時期的過程中，馬匹和駱駝使得侵略性的個人變得具機動性，並且生計資本（綿羊、山羊和駱駝）容易遭受襲擊。密克因此將關於該遊牧民族的紀錄，給予了「無時間性」的民族誌特徵，以及經由他對這段轉型期所蒐集的文本加以精讀之後，所賦予他們的歷史脈絡。

密克對早期民族誌資料的重新分析，正符合我們的目的，因爲他探究了對當代活躍使用文類的歷史聯繫，這種文類表達了一些具特色的議題和道德觀。這些文類結合了一種當前階級和道德衝突混雜的記憶，而這些衝突乃是一種儀式型態和深度情感的表達。游牧式地襲擊白駱駝，正是遊牧民族裡的貴族減少進口商品所做的動作，但是，介乎於英雄般的豪邁行爲和審愼的態度間的平衡，此訊息仍常作爲是歷史傳授中土著自身文類的重述內容，並且在當代聽衆中繼續存有強大的影響。

兩種實驗趨勢的比較

政治經濟的實驗書寫，由於傾向在寫實主義傳統下寫作，比起聚焦在再現經驗問題上的詮釋民族誌來說，政治經濟的實驗書寫是比較少明確地意識到自身的實驗性。但是在這兩種趨勢間，並沒有對立的必要。然而，最具實驗性的民族誌常常混合了這兩者的目標和旨趣，以及一種關注於民族誌相同設置的文本。這種文本不同於形塑這些民族誌的實驗趨勢，因此可以完全互補。羅沙朵夫婦所撰寫的有關伊隆喀族的兩本著作，隨著他們平順的文筆，成爲有關這種互補性的一項好範例。

我們應該感到慶幸的是，當政治經濟議題還未成爲文化經驗民族誌的明確問題時，大多數這類的民族誌在田野工作和書寫的環境上，確實已含有一種對政治和歷史的敏感度。對於在個人的民族誌（ethnographies of the person）中傳遞彼此文化經驗差異的努力，是一種在全球情境底下的確認，以便挑戰那些強制描繪文化多樣性時，所呈現的較古老的、傳統的形式。就某種意義層次來說，這與歷史政治經濟事務一樣，都是實驗的第二項趨勢裡較爲明確的關注點。就像萊維的著作一樣，關於個人的民族誌，經常採用以往其它觀察者的著作來作爲自身定位的手段，以便在發現一個純樸文化時，作爲代替運用的古老修辭。或者他們極爲理解研究主體在當代社會結構的位置——歐比耶塞克對著迷的宗教行爲的探索，被明確指出是作爲理解斯里蘭卡社會裡所出現新的社會經濟階層的一項貢獻；以及卡帕瑞諾對於圖哈米人的研究，喚起了有關去殖民化下較低階級的無能處境問題。或者最後，經驗民族誌揭露了一個雙重的議程——休斯塔克不只是提供了她個人的報導，以矯正過去對嘖貢部落的布須曼人的描繪，並且將其報導置放在1970年代女性主義所關注的議題上。而法瑞特－莎婀答提出她的民族誌，來作爲當代巴黎人和鄉下人二者在修辭學間的競爭特點，而非作爲傳統和現代間的傳統對照。因此，我們所討論的經驗民族誌既不是「非歷史化」的，在政治上也並不天眞。

然而，一個趨勢的某種進展，也可作爲對另一趨勢動作的批判。譬如，威利斯主張要確實地再現潛藏在勞工階級男孩的言語和行爲裡有關資本主義的批判，這是經由與這些男孩對話的田野工作，才得以誘引出來。而威利斯這種主張對那些主要關注於經驗民族誌實驗性的人來說，帶有一種持續的懷疑論。這類民族誌作者太過於注意編輯和其他中介的調解方式，導致所呈現的對話成爲一種天眞的民族誌，以成就一種確實性的效果。對於威利斯來說，民族誌仍然只是一種方法，然而對於研究有關「對話」的實驗者來說，民族誌變成一種圍繞在目的周圍的書寫。威利斯和陶西格對此的反應，可能會去指控對話在知識論上的精準度，以爲這是在研究有效的傳統目的上，做出荒謬和出軌的動作——重點是將階級衝突和變遷的評價與理解誘引出來，而非是一個終點。這種在彼此關聯的實驗趨勢中，有關發生什麼事那種雖不言明但卻有時明確對抗和相互批判，而構成了影響的過程，它們被驅動並且刺激出新奇性。

在本章節裡，我們所已經討論的實驗性，要不是受一種激進式關注所刺激，來再現自身的差異，這一點在當今世界裡是相當困難的，不然便是適當地藉由再現政治經濟的較大客觀區域性、國家以及全球性脈絡的差異所刺激。這兩種實驗性趨勢，正在重塑我們的民族誌，以便容納先前我們所預設的更爲複雜的世界——其中，研究主體等同於一位來自於同一世界的民族誌評論者。然而，當古典派以爲搶救民族誌的基本教義，即捕捉最後消失之前的原始文化時，在繼續紀錄和再現文化差異的過程中，已不再有能力去從事掩蓋式的辯護。民族誌作者發現，他們在一種見不得人（unprecedentedly）的情況下所做出的強制性方式，正深深地與此一再現任務彼此牽連著。它們因此積極地強調其總是襯墊在民族誌研究下的反省面向。這種反省要求不僅只是經由研究的各個階段所得來的一種適當的批判性自我理解，更終結地說，這也是對自身社會的理解。民族誌作者有關自身和自身社會的批判性反思，事實上在人類學家當中，交叉出了一條在研究計劃中，有關回返（repatriation）的強大現實趨勢。

的確，就廣大潛在的人類學讀者群來說，包括國內和國外的讀者群，民族誌作者在傳遞文化差異上所顯示的有效性，並沒有在本章我們所已討論的實驗性作品中。但是，在某種使用上卻提供了一種獨特的文化批判，而這正是人類學始終在自身社會裡所承諾的，並且現在只有在某一種位置上，才能有力地發展。這種批判將取決於當代民族誌所致力於再現文化他者的複雜度與質度。而對於後者，即文化他者質度的再現，將是作爲本土民族誌批判的探針和框架。我們現在便轉向考量另一種歷史辯解以及現代人類學的承諾。

第五章
回返於文化批判的人類學

驅策著許多現代人類學家進入田野，並因而生產民族誌作品的動機，正是一股企圖啓蒙讀者對其他生活方式感到渴望。但是這種冀求通常來說，卻動搖了對自身文化的滿足感。因此，當他們撰寫這些詳盡的描述以及對他者文化的分析時，民族誌作者對自身文化的批判，也同時帶有一種邊緣性或是隱匿式的表達議程，而這種文化便是工業資本主義生產下，在大衆自由社會中的中產階級生活。

從異文化習俗到我們所熟悉的風俗民情的並置方式，或是我們視之爲理所當然的概念，諸如家庭、權力以及生活中所習以爲常的思想信仰等的相對化，都已經具備使讀者改變並察覺自身的結果。然而，人類學對於承諾作爲一個文化批判的醒目形式，依舊還有許多尚未完成的部份。那種較爲精確的通常都還只是作爲附帶的資料，或是一些冷門的評論，不然就是作爲民族誌末章這類的終結。然而一些足不出戶的文化批判者，諸如溫伯倫（Thorstein Veblen），反倒在使用民族誌資料上來得比人類學家還要頻繁。此外，在最近一小部份探討美國文化窘境的人類學評估等作品中，諸如哈瑞斯（Marvin Harris）的《今日美國》（*America Now,* 1981），或是道格拉斯（Mary Douglas）以及艾任・維德夫斯基（Aaron Wildavsky）的《風險與文化》（*Risk and Culture,* 1982），都並未探討國內文化批判的現存文學；更諷刺的是，他們並沒有精確地注意到那些有關其他文化——也就是土著的評論——對於人類學家的神聖性。就整體而言，對大部份的作品來說，人類學家在反映我們自身的文化上，實在是比探究其他異文化來得少太多了。

然而實驗民族誌的發展，卻建議了一項更新的可能性——這種可能性在民族誌早期的日子裡尚未被體驗到——也就是藉由現代人類學對自身成為一門知識領域的部份辯護行動，去瞭解作為文化批判此一允諾。在另一方面，對民族誌作者而言，當代實驗民族誌裡的一項特色，乃是藉由其他異文化的詮釋作品，來引發他們一種自我察覺其文化的微妙影響。正如我們所已見到的，這種深具說服力地關注於再現異文化經驗的實驗核心，是現代人類學知識根基中，一項顯著的知識論暨政治批判。這鼓勵了民族誌轉向自身文化的研究，以開創一個等同於異文化研究的探測，一種關於自身社會與文化根基的民族誌知識。在另一方面，所有當代民族誌乃是奠基在一個彼此獨立，訊息互相流動的世界裡，並且在此世界中，民族誌作者與他的研究主體，彼此間既是熟悉且又不盡相同。這種事實提高了人類學家對他們所帶回來的研究旨趣裡，關於主體觀點的敏感度。此一民族誌寫作的實驗方式，已經刺激了一種開創性的路徑，使其適用於實質上的結果以及知識論課題兩者上。藉由學習從異地田野回來的民族誌，這種研究途徑更新了人類學的批判功能，使得它就像是研究自身文化的一種民族誌計劃一般。

這種批判功能的更新，來自於當文化和社會批判已經成為多數研究西方和現代化等領域的理論基礎，而在這些研究中，他們實驗了民族誌技術，或至少是其詮釋的視野。我們相信此種文化批判的流行，正是我們所指稱有關於大多數人文與社會科學訓練裡，在程度上所發生的「再現危機」的另外一種表達。在這些領域裡，一般理論的整體體系所長期維持的誓約（commitment），已經懸滯了他們所面對此一持續、單一、均質化世界裡，廣爲散播的知覺中所緊密呈現且穩定的種種不同差異。在此，我們感到興趣的是，人類學的文化批判是如何藉由傳統關注範圍內的實驗精神所帶來的刺激，從而介入這股風潮，並且具有獨特且頗富價值的貢獻。

當然，人類學都會有對國內本土的興趣，特別是在美國人類學這種包含著相對外來主體的地方，包括美洲印地安人、移民者，以及都市與都市間的遷居者。但是當前人類學家以及其他人所撰寫的民族誌裡，有關美式生活主題的範圍，從企業和實驗室的文化特色，到探討搖滾樂的意義，的確是空前所無的。雖然人類學的學生所接受的訓練，主要仍集中在有關非洲、印地安人、太平洋群島等古典民族誌，且其威信仍建立在異地的民族誌撰寫上。但是這些首次研究異地風貌民族誌計劃的人類學家，之後卻漸漸開始對國內的一些主題發展出嚴肅的研究興趣。同樣的，也有許多學生，當他們正在古典民族誌裡接受訓練時，也同時對美國社會的文化多樣性，有了一個內部計劃的構想。然而，我們在這種「先在外地田野工作，然後回到自己土地上」的例子上發現一些有趣的東西：正由於他們將文化批判的發展聯結到其他各地，而在此一計劃中賦予了文化批判最具潛力的定義。

這種我們稱之爲「回返」（repatriation）的趨勢是具備多種理由的。對社會科學研究來說，特別是異地研究的民族誌，這種實踐應用的資本實在是不多。多數社會站在自身國家主義的保護立場，使得研究計劃的學習與獲得變得複雜起來了。並且在人類學裡，的確有一股自我意識正在成長，即研究本土的民族誌計劃，其功能變得就像是研究異地文化那樣具備急迫性與正當性。然而那種對於人類學的主體，也就是對於異文化人們的研究，會因此逐漸消失的疑慮，實在是毫無根據：每一個獨特的文化差異，奠基於你是從哪個方面去察覺它，而且本土記錄通常比起異地研究來得重要的多。

人類學回歸到自身的模式有好幾種。這些包括專門設計提供給行政政策的民族誌資料，以及作爲社會革新的旨趣，或是作爲社會受難者及隕失者其問題的警告。這種民族誌的理論基礎是具關聯與價值的。然而我們希望專注在民族誌計劃自身中「兩面特性」（Janus-faced character）的批判精神，它提供一種最有力的文化批判形式，這是我們以爲人類學所最能提供的。接下來，我們企圖將人類學置放在西方文化批判傳統，以及最近的變動之中來作探討。

文化批判的理念

十九世紀裡所有主要的社會理論家以及哲學家的寫作，都可以被閱讀爲是歐洲工業資本主義發展下，對社會轉型所作的反應：這些作品全部都含有一種批判的面向。在這些各式各樣的作品中，重量級作家如馬克思、弗洛伊德、韋伯以及尼采，都曾經啓發了一種具備連貫性的自我意識批判傳統，而這種一直持續至今的社會傳統，乃是針對資本主義經濟以及大衆自由社會的生活和思想品質。此一批判傳統的文類範疇，藉由對西方社會中另類社會安排的描繪理解，從寫實主義文學和現代主義文學，到社會科學研究模式都有，諸如社區研究、比較社會學以及民族誌等。在每一世代裡，當然也有一些個人的文化批判者，他們超越了進展中的社會研究的獨特性，並且提供了一種對於社會歷史的長期看法。在衆多美國的當代學者中，米德、瑞斯曼（David Riesman）、瑞福（Philip Rieff）、塞納特（Richard Sennett）、貝爾（Daniel Bell）、以及拉胥(Christopher Lasch)，可以稱得上具備這樣的特性。當然這些特色或許具有各自在某一社會科學的文類，但是他們的傑出之處，透過各自論文形式中，綜合性、概括性、及其思慮上，則一一表現出來了。

雖然說文化批判的確可以被看成是社會研究自身的一項可能性辯護，然而，在某些特定的時期裡，它卻被許多社會科學家以及其他知識分子所擁護，並且成爲該作品的根據與目的。十九世紀末便是這樣一個時代，而 1920 和 30 年代兩次世界大戰的中間期，也是如此。我們認爲，自六十年代末期至今，同樣也是這樣一個時期。

在這些時期之中，有兩項文化批判的重要基本風格。首先，就哲學的位置來說，文化批判已經展示了一種對分析理性，以及啓蒙運動裡對於純粹理性及其預想達成的社會進步的信仰，所提出來的知識論批判。此一哲學性批判穩固地架築在知識社會學上，這是一種對於信仰與想法二者內容，以及其倡導者的社會地位間關係的提問。「去神秘化」(demystification)是這種文化批判風格的主要效用：它察覺出躲藏於表達話語中文化意義的興趣；揭露了支配和權力的形式，而常常展現一種「意識形態批判」（critique of ideology）。「去神秘化」作爲文化批判中所強調的一個重點，在馬克思主義以及韋伯的社會分析、弗洛伊德的精神分析學，以及尼采的文化分析中進行。最近，符號學——也就是把當代生活看作是符號系統加以研究——已經成爲文化批判「去神秘化」的一項主要工具，這正是此一研究領域的大師羅蘭・巴特（Roland Barthes）所研究的。

文化批判的第二種風格已經成爲一種更直接，而且看起來似乎是具有實證主義色彩的研究。這是一種對社會機構、文化形式以及日常生活框架的分析。這種批判角色的扮演，譬如經濟學、政治學和宗教學，或者是作爲獲得財富資源、權力、地位、影響以及拯救的機會，其研究取向已經培育彌漫出一種浪漫式的文化批判風格。這種風格對於現代生活的充實感確實感到憂心，也理想化了社區經驗的滿足程度。在市場、官僚制度（bureaucracies）、法人團體以及專業社會服務機構的背後，這種文化批判卻看到了社區與作爲精神食糧所必需的自我價值感的頹敗。它同時也闡明了財富的相對不平等、政策決定權力的集中或分化、政黨派別認同的轉遷，以及商品的傳播和對該生活方式的選擇。在此一說明的基部，文化批判對個人主義在社會行爲中，以及對該社會的思考方式提出了一種質疑或是另類的看法。這種文化批判的風格正是企圖去追究自由論辯的背後眞相，包括了以市場爲取向的大衆社會福利、正義，以及民主的參與等；它也同時傳遞了一種重組社會的較激進努力。這種對社區的喪失以及工業社會裡生活品質的關注，正以現實主義文學的批判面向，以在有關這些文學的評論中得以顯著的表達。譬如馬克斯（Leo Marx）的《花園裡的機器》(*The Machine in the Garden,* 1964)以威廉斯(Raymond Williams)的《鄉村與城市》(*The Country and the City,* 1973)正是兩個這樣的例子。

二十世紀文化批判中有一部份的挑戰，表現在這兩種批判風格的融合，它專注在意識形態與社會生活二者，並且將它們視爲一個單一的計劃。這其中便需要文化批判者在詮釋其所屬的社會生活時，對自身的想法與論點來源——一如他們所論述的主體一般——加以自我批判。換句話說，文化批判必須將批判者自身位置（*positioning*）放在與被批判者的關係中；再者，批判者對於其所批判的議題，必須能夠展現一種另類不同的看法（*pose alternatives*）。在過去，批判者的位置以及這種另類看法的展現，決定於理想主義、浪漫歷史主義、烏托邦主義或跨文化的理念。文化批判者已經提出一種純粹、抽象的原理或是標準，來測量現代生活的內涵（正如在民主社會中對於正義的自由論辯那樣），或者有的則是借自對過去的滿足，或是借自對未來的展望來看待現代社會；有的則是以一種與西方社會同時存在，但是卻不相同的社會生活型式，來看待人類的拯救問題。

以上的每一種看法多少都還具有一些效果。但是，就修辭策略來說，它們在當代世界裡卻是感到筋疲力盡。當代世界的狀況，並非那麼容易地可以在時間或空間上，將這些精製的另類看法拿來作一比較，而是其狀況自身在全球問題上所堅持的獨特性。然而，正當全球仍舊充滿著文化差異時，絕大多數的可能性卻已經被人們所知道，或者至少已被人們所考慮到，並且所有其他異文化世界，也都早已被現代生活所滲透。因此，問題並非在於尋找一個理想生活的地方，或者探討古代生活是不是較爲理想，而是去發現每一個地方在日常生活過程中的意義，以及可能的新組合。於是，另類思考必須被建議在情況和生活方式的範圍內尋求，而這正是文化批判的課題。文化批判者的傳統修辭策略，因此漸漸地被輕易棄置，這是因爲其修辭策略要不是過於悲觀以致於無法預見任何另類的思考，不然便是過於理想主義和浪漫地提出另類選擇而缺乏可靠性。

過去人類學所提出的文化批判乃是沉浸在前述的批判風格之中，而人類學也過於耽迷在自身的跨文化浪漫主義裡：他們站在自恃爲優越於異文化的觀點來批判當代社會，卻沒有認眞地考慮到當異文化在一個不同社會處境下，在轉換或補充等的實用性（practicalities）考量。並且，這種策略也沒有公正地面對異文化在其自身社會環境內所呈現的缺點。

然而，如果我們來思考人類學作爲一種嶄新的、更富有生命力的文化批判形式所可能提供的論點的話，人類學的民族誌方法似乎可以在現實上和滿意度上，解決上述提到的批判者立場問題以及另類思考的展現。關於「自身位置」的問題，民族誌作者通過田野工作與他者的生活結合在一起，在通過與某一團體的相處時，其自我意識的互動關係與批判觀點纏繞在一起。這一點並沒有解除批判者自身立場的模糊性（田野工作者在提出一個對他者批判的同時，卻又批判其中的一部分）；相反地，民族誌作者在遭逢自身立場的模糊性問題時，反倒成爲了一個明確的反思課題。

而關於「展現另類看法」此一考量，民族誌則探究了各種可能性，這些可能性乃是嚴格地限制在生活狀況的再現範圍內，而不是將它們擺在其他的時空中。民族誌作者在作爲批判者的時候，的確可以以一種敏銳的方式，在資料裡表達烏托邦式的插補（extrapolations）或暗示，但是他們著重在描述的謹嚴態度，結合自我懷疑的修辭方式，以便於向讀者們充分地展示所探究的自身和主體共同經驗的現存狀況。而這正是民族誌作為文化批判的力量：既然在任何情況下都存在多種可能性和多種表達，其中有一些可能性和表達給予了佔支配地位的文化趨勢或詮釋，有一些則是作為後者的對立物而存在的。那麼，民族誌在作為文化批判的同時，便是藉由揭露這些多種可能性的動作，在現實中確定另類思考的位置。當代實驗民族誌對於早期異文化報導中烏托邦式的弱點，具備特別的敏銳度，並且在它們的自我批判反省中，民族誌聚焦於田野工作的處境，堅持以一種流暢以及「在地觀點」（here-and-now）的方式來研究其主體。這種奠基在描述式現實主義的堅持，使得民族誌技術在現今階段中，對那些宣稱把文化批判當作是一項功能的衆多領域當中，變得相當具有吸引力。就人類學而言，如何在國內藉由跨文化觀點的運用來指導批判民族誌(critical ethnography)是一個重要的議題，但是卻要避免對異文化的極度浪漫式或理想主義式的再現，以便於展現出一種直接的另類思考，來對應到自身的國內處境。一個獨特的人類學式文化批判，必須去尋找幾種路徑來探索另類思考的多種可能性，這種另類模式同時包含兩種處境——自身國內本土以及跨文化的情狀——運用〔得自於民族誌固有的兩面性（Janus-faced）觀點〕「並置方式」（juxtaposition），來作為一個社會探測另一個社會的批判性問題方法。這種學術性過程，只是全球性共同狀況下一種敏銳度增強的現象，事實上，不同社會的成員本身已經涉及在現實之中，針對這些另類的可能性從事比較性檢驗。然而，我們都可以瞭解，相較於「以異文化來尋求新模式」這種想法，文化的另類思考仍舊不像科技那樣可以輕易引進。不管是日本社會、東加社會或者奈及利亞社會，都沒有提供給我們自身社會一幅清晰的對照；任何將他們與我們自身社會並置的動作，都會在當代世界秩序中造成各自處境的複雜審查，當然，此一世界秩序，其社會間的關係必須先是一個先決條件。

當今文化批判的潮流及其先驅

1970 和 80 年代裡有一個有趣的局面，這種文化批判——作爲研究的自我意識或是作爲一種對事實的正當理由——已經注入到其他的學科了。這種現象不再是只有獨立作者諸如貝爾、塞納特、或是拉胥可以宣稱此項功能，許多的歷史學家、社會科學家以及爲作者提供資料的文獻學者，現在也都將文化批判看作是他們自己研究的主要目的。文學批判主義已經在新批判主義（New Criticism）出現後，對社會科學抱有敵視態度，並且在文化研究裡尋求較大的場域以及關聯性。在此一文化研究領域內，文本的生產已被視爲是一種政治和社會過程。馬克思主義和其他一些學派，重新發現和探討了法蘭克福學派的「批判理論」以及文化商品化（commodification）此一議題。泰勒（Charles Taylor）、伯恩斯坦以及羅蒂等哲學家，已經注意到文脈性問題對寰宇化原則的發現，展現了期盼及其所產生的挑戰，並且他們也注意到一旦當知識系統的建構失去其吸引力之時，文化批判在此時所表現的訴求。

文化批判此一潮流在當代學術領域中，似乎是一般再現危機的另一種表現形式。此一危機具備兩項相關特徵：第一，爲了建構歷史性的普通綜合理論，以包容因零碎的研究所導致的混亂狀態。第二，世界變遷下所廣爲傳播的實證主義研究取向的「基本」（base）概念，諸如階級、文化、社會演員等等，已經不再像當初那麼經得起檢驗了（tried-and-true）。這對於各自的學者來說，帶來了雙重的後果。首先，他必須承擔起表明自身研究計劃意義的責任，這是因爲原先一般性的研究理論已經無法替此一領域的課題作適當的辯護。因此研究理論及其目的變得愈來愈個人化了，並且此一個人化的動作界定了當代批判文化的文類中，民族誌及相關書寫種類的實驗品質。其次，文化批判者聚焦於社會生活的細節，企圖去尋找現象的定義，以便在一個不易變遷的時段裡提供解釋，因此他們從根本、描述性的問題（或是再現此一議題）回到一般性理論，也就是當初一般性理論所企圖評論的世界裡，重新建構該研究領域。

這種在社會科學和歷史科學裡沉澱下來，轉而探究細節的動作——一種朝向民族誌式的移動——甚至出現在一些撰寫論文的作者上，他們在一般讀者面前將自己建立成通論式的文化批判者。1950 年代，在一些文化批判者如瑞斯曼等人的著作中，該問題在大眾社會中被視爲是一種官僚政治的異化和順應，而現在回頭看看這些反應，則是對個人主義的一種純眞、樂觀的信仰。然而到了 1960 年代，雖然當時有一股革命式意象（revolutionary imagery），但卻出現了一種凌駕在文化和個人之上的「系統」（system）霸權力量的敏銳觀點。當個人主義的觀念正被去神秘化的同時，仍存在著一種意味，即「系統」可以作爲一種目標而被完全理解，或者至少是可理解的，它通過第三世界的暴力手段，或是通過第一世界裡的協議、非暴力、政治動員，而成爲革命性變遷的主體。而在 1970 年代期間，這種革命意象並沒有經由那些較爲廣泛的理論框架來察覺該轉變，相反地，它去除了神秘性，直接擺脫了變遷和轉型的意象。於是，那些認爲「系統」可以完全被理解的觀點便慢慢消失了。這種認識在此一餘波之後，雖然仍舊保有其知識的資本，但是卻已遭受嚴重的削弱，而我們現今的這種認識則成就了一項慣習，它不再使用研究模式裡較爲確定的語彙，而是以自我標籤式的前置詞「後」（post-）一詞來指稱：譬如文學和藝術方面的後現代主義、人類學和文學批判方面的後結構主義（poststructuralism）。

或許 1920 到 1930 年代是最近以來最爲相似的一個時期。通過自我認同似乎可以連結當今的批判者，回到兩次世界大戰的中間期，重新發現他們的先驅者。正如我們一再說明的，此一時期也是民族誌方法被確定爲人類學家中心實踐的時代。

爲了去探究批判活動中，批判者的立場和另類模式等關鍵性問題是如何被提出來的，在此先描述 1920 和 1930 年代德國、法國，以及美國文化批判的主要運動。早期德國法蘭克福學派發展出一種趣意富饒的研究理論單位，以便用來檢試現代化文化與社會間的關係。法國的超現實主義者（surrealists）則是認爲異文化裡片段的民族誌資料，能夠將其自身的文化視野獲得新生。在美國，1920 到 1930 年代則是處在社會寫實主義的趨勢中，一個在文獻和民族誌形式實驗相當豐富的時期，並且也同時處於一個衆多表達的媒體中。在接下來的簡要分析裡，也就是這幾種在文化批判運動中的優缺點，我們企求去指認民族誌研究實踐裡，獲得新生的批判要素。

法蘭克福學派

1960 年代晚期到 70 年代期間，刺激最大而得以將文化批判的思想，在屬於年輕世代的美國人類學家身上逐漸復興起來，或許應該算是法蘭克福學派了。這一學派包括霍克海默（Max Horkheimer）、阿多諾（Theodor Adorno）、馬庫色（Herbert Marcuse）、班雅明，以及相關的學者〔包括不同時期的精神分析學家弗洛姆（Eric Fromm）、政治科學家紐曼（Franz Neumann）、法律社會學家克胥海默（Otto Kirshheimer），以及文學社會學家羅文薩（Leo Lowenthal）、經濟學家波拉克（Friedrich Pollack）、反決定論馬克思主義理論家柯爾胥（Karl Korsch），和當時的共產主義者維特弗格（Karl Wittfogel）〕。法蘭克福學派形成於 1920 和 1930 年代，試圖分析西歐社會主義革命的失敗、東歐共產主義的極權化、1929 年的經濟危機與商品經濟壟斷的持續成長，以及法西斯主義的興起。

法蘭克福學派所使用最令人振奮的利器，是他們對於文化與心理層面受政治和經濟過程的操縱方式，所提出的一系列去神秘化的質疑。他們探究爲什麼西歐高度文明的資產階級社會會容許自身掉進大衆獨裁政權（mass dictatorships）的路線裡，以及爲什麼工業無產階級（proletariat）會愈來愈不趨向於發展革命意識等問題。霍克海默和阿多諾首先質疑家庭中形成認同的心理動力，是不是會與獨裁主義的逐漸形成有什麼關係。接著，他們又思考文化工業（culture industry）的生產是否無法增強權力獨裁主義的形成趨勢。雖然霍克海默和阿多諾對於這些問題給予了過度悲觀的回答，這其中部分是由於法西斯主義隱約浮現的威嚇，但是他們對於問題的形塑模式，至今依舊對文化批判維持著重要性。他們不同於當時所處的時代及自此以後的其他大部分社會科學，他們在一種自我意識中，自寫作的歷史片刻引導出對工業社會特性的探察。這種對當前困境與危機所突現出的意義，對作爲社會理論功能的文化批判而言，更是一項顯著的標幟。並且，法蘭克福學派對於家庭與文化工業的研究，表現在政治上先鋒式的敏銳取向，並以此作爲理解現代社會中大衆文化的手段。在這之後所發展出的文化批判與一般的文化社會學，便是追隨著法蘭克福學派的此一研究取向。

霍克海默和阿多諾兩人以爲，在技術型經濟中，就像父親失去了諸如技能、經驗以及獲取財富的路徑等傳遞功能時，家庭心理動力的社會狀況發生了決定性的變化。兒童的「超我」（super-ego）的形成，不再是受個自父親之影響，而是在學校中受同齡團體、外界以及大衆媒介宣傳信念的影響所形成的。正如弗洛伊德所指出的那樣，當大家將一個相同的客體放在自我理念的位置時，他們情感上以及知識上的行動，會逐漸地變得依賴團體中的其他成員，以相似的方式不斷地重複其強化過程。因此，絕大多數人的超我形成，便逐漸變得刻板和偏執，而且愈來愈依賴強悍的獨裁領導者。

這並非只是針對歐洲法西斯主義狀況所提出的論點而已，它也是對文化工業的生產——特別是對美國——在本質上的一種廣泛質問。由好萊塢電影、廣播、唱片、攝影及所有形式的流行文化所構成的文化工業，正以數百萬計的數量不斷地被複製生產，並且通過市場機構散播開來。霍克海默和阿多諾同時建議，這些大衆文化生產的手段與逐漸走向威權的家庭彼此相連著，在這過程中，個人的獨立思考倒退到由商業和政治目的所操縱的幻想。阿多諾因此擔心，只要大衆文化成了市場壓力下的產物，所謂的成功便是擁有最大銷售量，也就是訴求於最小公分母的行進路線，將因此導致無法刺激批判式的思考、各種不同的反應，或是處理完全不帶有刻板印象的處境與多樣性時，所表現出來的成熟彈性。

在 1950 年代，法蘭克福學派所關心的議題被帶到美國本土，研究的層次卻降低成對戰時的政治宣傳以及極權主義研究等領域。該研究主要是對個人、家庭，以及政治等的心理結構作提問。它在當時所流行的自由論辯中提出來，轉變成對大衆文化究竟因爲其民主性而是一種好的現象，還是因爲其庸俗性而屬於一種壞的文化論辯。但是，隨著公民權利運動、反越戰運動，以及關注於美國多國企業的帝國主義特性等抗爭的發展，法蘭克福學派開始去除了神秘的風格，尤其在美國，再次地變得相當具有吸引力。馬庫色經由其在布蘭地斯（Brandeis）以及柏克萊的寫作和教學，成爲法蘭克福學派思想的主要傳播者，儘管馬庫色所運用的是以一種經過修正的轉變形式：他融合了精神分析與政治經濟學的研究方式，對景氣蕭條的社會採取相當樂觀的態度，對於後弗洛伊德（post-Freudian man）的分析，也有類似於 1950 年代對民主消費社會的批判論述。

隨著公民權利運動以及反越戰的抗爭日趨激烈，學生們的思想逐漸變得敏銳，且具備一種「質疑性分析」（skeptical analysis）的態度。即使在這些抗爭沉澱之後，質疑論也未因此失去鋒芒。作爲一位批判者，班雅明竭盡地敘述了現代文化的對立面，以抗拒現代文化中，生產與交換間彼此同化的具體現象。

阿多諾曾經對眞正的藝術下一個定義，他以爲眞正的藝術是透過對自身實證的現實否定，所形成的一種刺激性批判思考。根據阿多諾的觀點，藝術創造了美或秩序的形象（images），這種形象與現實形成一種不協調，同時也不同於對世界的一般認識。阿多諾深懼，眞正的藝術可能會如同文化工業的散播一樣，變得相當孤立，就像極少數菁英份子間彼此不相干的作品。班雅明倒是比較樂觀一些，他以爲現代技術的手段將允許社會中不同群體表達各自的意見，傳播各自的次文化（subcultures）。依照這種想法，近來的流行文化研究便變成一種引人注目與鼓舞的轉向。對於搖滾樂以及青少年次文化的研究，也不再被視為是相對於「高度文化」（high culture）的貧乏消退。這些著力於工人階級、特殊族群、區域性次文化以及年輕世代的研究，企圖去瞭解他們對立於社會其他成分、其他群體、自身物質和社會條件以及歷史的背景下，如何定義自身。於是，這一轉向便以不令人訝異的方式，相當份量地依賴於民族誌的調查精神。

總的來說，由霍克海默、阿多諾和班雅明等人所代表的早期法蘭克福學派，提供了一種相當有力的「去神祕化」研究模式，這些研究聚焦在市場經濟、大衆社會政治和文化形式之間的關係。然而，雖然說這種研究模式的確隨著 1970 年代的走向具有相當的吸引力，但是，早期法蘭克福學派的貢獻仍舊留下了一些至今仍企求從事的工作。首先，它並沒有提出一個較為明確的另類思考，而是依附在歐美現今環境的特性下；它也沒有提出一個綜合性的理論，而是靈巧地運用先前十九世紀理論的批判資本，儘管他們自己也知道那些理論早已過時。在 1960 年代帕森斯式社會學崩潰後的餘波中，這種僵滯且各門各派式的另類馬克思主義，其復甦問題也帶給了 1970 年代學術發展一個類似的狀況，法蘭克福學派則是在一個較為早期但卻類似的情況下提出他們的訴求。事實上，法蘭克福學派的風格便是他們論文寫作的風格：這種風格是當知識的複雜度已無法用一個宏大理論加以包容，且變化過於急促的年代中，所提供的片段式洞察力。法蘭克福學派最明顯的失敗，得溯源自其純粹的理論演繹，也就是說，它沒有實證地檢驗其想法，也沒有提出他們在作為知識分子立場時所帶有的模糊性，這種模糊性的立場或許可以強化某種觀點，也當然可能阻礙其他視野的出現。於是，第一手資料的微觀式研究，正如民族誌所致力進行的，可以由班雅明對日常生活中的解放和抗拒可能性的洞察，來加以驗證與延伸。

超現實主義

倘若法蘭克福學派對於當代文化批判模式的貢獻，在於明確地對理論層次作出提問的話，那麼法國超現實主義（surrealism）的貢獻就比較內在化、分散化了，並且超現實主義在民族誌方面，主要關注於描述現實世界的層次上。超現實主義對於現代主義意識的結合是衆所周知的；但是它與民族誌在知識論和制度上的關係卻很少被反映出來。

就如同法蘭克福學派一樣，超現實主義者爭論於一個具體化的文化，在此一議題內，他們把傳統規範、舊有因循的慣例，以及集體意義視爲是一種人造的、被建構出來的，以及壓抑式的東西。他們經由一種非期待式的並置排列（juxtapositions），一種不協調元素式的拼貼（collages），以及對情欲、潛意識和異文化等的描繪，揭露了對舊有規範慣習的顚覆、諷刺和逾越。的確，他們的並置排列與拼貼等技術，已經表彰了其現代世界裡不同的文化片斷，正以愈來愈快的速度和狀態契合在一起。他們用「民族誌」這個字詞來傳達相對主義式和顚覆式的態度，以便去爭論另類模式下的本土理念和風俗，其中的方式乃是得自於當代法國人類學家在非洲、大洋洲以及美洲原住民的作品。

克里弗德（James Clifford, 1981）以爲，超現實主義運動和人類學民族誌所共同享有的「民族誌超現實主義態度」有三個特色。首先，「把文化及規範標準——美、眞、實——視爲是一種人爲的安排，並且對於其他可能的性質，表現出一種超然的分析和比較等敏感度，對於民族誌的態度而言是相當嚴厲的」。並且，這也確實是研究「文化是如何被建構」此一帶有現代符號學意味的議題之基礎。其次，對於其他信仰、其他的社會安排，以及其他文化無可避免的合宜性（availability），也將「他者」（the other）的研究議題帶進現代意識的核心，並且培育出一種對自身文化的諷刺態度。第三，超現實主義和人類學二者，都視文化爲一種被爭議的現實，這種現實乃是處於各種不同可能性的詮釋之中，並交由權力彼此牽連的政黨所擁護。

當然，對於超現實主義藝術家運用民族誌，來激發、創新自身的文化風格，與人類學家爲探究異文化的情境所理解的民族誌相比，這之間還是存在相當大的差別。而關於這種差別的釐清，可以藉由超現實主義運動的內部分裂，和由法國民族學知識的發展兩方面來獲得。在超現實主義早期，布列頓（André Breton）的死黨中還有雷瑞斯（Michel Leiris）和巴泰爾（Georges Bataille）；這兩人在 1920 年代晚期，都脫離了原本的路線，而加入了巴黎民族學研究所（Paris Institute of Ethnology），這是由牟斯、瑞威特（Paul Rivet）和萊維－布洛爾（Lucien Lévy-Bruhl）於 1925 年建立的。巴泰爾當時正編輯一本刊物：《文獻：考古學、美之藝術、民族誌、多樣化》（*Documents: Archeologie, Beaux Arts, Ethnographie, Variétés,* 1929-30），這本刊物後來成爲脫離布列頓「正宗」（orthodox）超現實主義陣營的學者，以及諸如格瑞奧（Marcel Griaule）、薛弗納（Andre Schaeffiner）、雷瑞斯、李維爾（Georges-Henri Riviere）和瑞威特這些未來的民族誌作者的聚會場所。巴泰爾本身有些叛逆，他在一種多少帶有異常特殊的方向上，發展出牟斯在文化的衝突矛盾性觀念。他與研究亞瑪遜河流域圖皮南巴印第安人（Tupinamba Indians）的民族誌作者麥崔斯（Alfred Métraux），終其一生維持了密切的關係；巴泰爾也幫助瑞威特和麥崔斯在巴黎舉辦了首次的前哥倫比亞（pre-Columbia）藝術展；他也相當強烈地影響了當今法國後結構主義世代的學者，諸如傅柯（Michel Foucault）（傅柯後來編輯出版了巴泰爾的全部作品）、羅蘭・巴特、德希達、以及《正如其斯》

（*Tel Quel*）的團體。

1931 年，一群《文獻》的撰稿者——格瑞奧和薛弗納——從事了一項到西非的多剛社會（Dogon）的偉大民族誌探險，也就是達喀爾－吉布地任務（the Mission Dakar-Djibouti）。該項任務的結果反映了這些民族誌作者介乎於現代主義旨趣與人類學旨趣間的過渡狀態。相較於同一期間英國或美國的民族誌，這些在多剛社會所搜集到的資料，較歐洲社會所表現的另類宇宙觀和哲學思想等敘述還來的豐富詳細，然而對於有關多剛人到底是如何實際地生活等描繪，卻是相當貧脊的。

除此之外，尚有兩個機構也是位於法國民族誌撰寫團體裡的核心位置，這些民族誌作者在其團體內維持了前衛風格的興趣：它們是由瑞威特組織的人類博物館（Musée de l'Homme）和由巴泰爾、雷瑞斯、凱洛（Roger Caillois）所組織的社會學院（Collége de Sociologie），這兩個機構在 1938 年到 40 年之間會合。班雅明常常到社會學院去，而人類博物館則是法國反納粹抵抗運動最早的基層組織之一。

超現實主義可以被視爲現代意識裡重要的一般性蔓延式元素，或者可以更精確一點將它視爲是現代意識在 1920 到 30 年代時，技巧上的藝術形式。這些藝術形式至今在一些第三世界國家裡，仍舊繼續在文學的文化批判上作爲一項有趣的聯結工具。就作爲藝術技巧而言，超現實主義則是對現代生活的一種解放性評論，它提供了一個文化批判的詞彙，並且打開了一種視野，這種視野將文化看成是可轉變的以及可爭議的事物。但是，超現實主義比較傾向在社會學批判下，維持它遊戲式和無根基的個性，它以民族中心論的角度來聚焦對歐洲的關心，因此，對於自身的知識論觀點便不帶有自省的意味——它像是一種符號學上的游擊戰，而非是系統上的文化批判。然而，那些與超現實主義對話結合在一起的民族誌作者，卻得到一份雙重的遺產。第一，要將民族誌方法裡的批判潛力給發掘出來，需要人類學家把現代實體的概念，認眞地視爲是一種另類文化觀點並置排列，也就是這種另類式的文化觀點不再僅只是作爲同時性的存在，而是一種互動，它們並非是一種靜態式的片斷，而是一種動態式的人類建構。第二，這種把文化視爲是一種靈活的創造性建構的視野，鼓勵了民族誌作者對再現程序的呈現，使得他們認知到身爲寫作者的角色，並且強烈地建議他們在文本中，仍可能有其他寫作者的聲音（即研究主體）。

美國的文獻批判主義

如果說 1930 年代的法蘭克福學派是在理論上探究文化批判，而在民族誌方面缺乏紮實根基的話，或者說 1930 年代的法國超現實主義，雖然大量地採用對熟悉的事物與異地或原始社會並置的技巧，但卻無法在文化批判上作有系統的發展，因而將民族誌帶進一種遊玩的性質的話，那麼相較於這兩種潮流，美國 1930 年代的文化批判，則是在民族誌的書寫上帶有報復（vengeance）的性質。史托特（William Stott 1973）指出，「文獻的動機經由在當時文化的許多面向，都發揮了作用，其中包括『新協定』（New Deal）裡的修辭與『職業發展行政中心』（WPA）裡的藝術計劃；在繪畫、舞蹈、小說和戲劇方面；在廣播和圖像雜誌等新媒體上；在流行思潮、教育，以及廣告等等。（p. 4）」除此之外，一些個案工作的書寫報告也教育了大眾社會上失業者的情況；也有一些實驗攝影作品藉由攝影來補捉「人性的經驗」。例如，麥克雷胥（Archiald Macleish）的《自由之地》（*Land of the Free*，1937），朗格（Dorthea Lange）和泰勒（Paul Taylor）的《美國式的「出埃及記」》（*An American Exodus,* 1939），以及亞吉（James Agee）和伊凡斯（Walker Evans）的《讓我們現在來讚頌名人》（*Let Us Now Praise Famous Men,* 1941）等等。當時也有以文獻模式來從事社會科學寫作，特別是由芝加哥學派（the Chicago School）或是都市民族誌（urban ethnography）等先鋒。

當時，大眾對於資訊的信賴度相當渴求，有一種廣為流傳的態度懷疑報界正操縱著新聞，當時也有一種想法認為胡佛時代的政府官員對於經濟危機，是以否認問題的處理方式來提高商業信心，並且對公開事實也還有一種不信任感。史托特指出，對於那些不可靠的觀察者而言，經濟蕭條在發展面向和面貌上，是無法具體得見的：比方說，直到 1940 年，美國政府才對失業狀況採用一種較爲有效的測量方法（每月訪談 35,000 戶家庭，以作爲全人口的抽樣比）。而我們之後的這一世代，正是借自於三〇年代的攝影和其他史料文獻，來獲得當時經濟蕭條不景氣的深刻印象。

對於文獻資料的渴求，甚至在藝術活動中也可見到。二〇年代的非小說類文學作品的銷售量是小說類作品的兩倍；新聞影片和攝影雜誌都相當受歡迎；甚至瑪莎・葛蘭姆（Martha Graham）的芭蕾舞劇在表演主題上，也轉向美國的社會狀況或是歐洲社會的紊亂。就當代人類學文化批判復甦的觀點來看，有兩項計劃是位於核心位置的：職業發展行政中心的藝術計劃，以及都市民族誌的芝加哥學派。

對職業發展行政中心的藝術計劃所創造的文化革命，史托特給予了正面的評價，它促使美國發現自身作爲一種文化的存在，得以認識到區域的多樣性。該項計劃不僅鼓勵卡蘭德（Aaron Copland）、索伊爾（Moses Soyer）、史伍德（Robert Sherwood）等不同的藝術家們去反映美國主題，而且創造了大衆觀衆：包括了成千上萬城鎮中的藝術畫廊、戲劇創作、民俗記錄，以及 378 種指導手冊。這種文獻的模式是一種激進式的民主類型，它使得普通的老百姓也能有一種尊嚴和品格，同時也將財富和權貴當作是沒啥兩樣的普通東西來看待。而指導手冊也賦予了民主精神一項榮耀，其中黑人和印第安人比白人獲得更多被包容的機會，評論家坎威爾（Robert Cantwell）就此也指出，「大衆社會裡能結豐碩之果的位置，通常都來自於小人物的表現。」

都市民族誌的芝加哥學派是從芝加哥大學社會學系發展起來的，同樣充滿文獻的精神。它首先倡導參與觀察法，批罵統計學是否眞有如此卓越超群的研究方法，同時它還發展出個案研究方法（case studies）。在此種研究取向中，有一些因過於指認研究主題，導致落入單憑直覺（sensationalism）的錯誤，缺乏了客觀上的協調；更甚者，有些根本就是在理論上模糊了研究目的。然而儘管如此，芝加哥學派的研究仍舊在社會流動、鄰坊的接替模式、當地社區組織、自歐洲或美國南方遷移至工業城市的移民過程，以及文化霸權和控制競爭式的象徵場域等方面，建立了基礎。在大多數美國人都察覺到社會變遷之時，這些具有強烈實證主義意味，並且對於日常生活的細節頗爲注重的民族誌研究，回應了大衆想要具體知道「社會到底是發生什麼事」的需求。華納（William Lloyd Warner）的《洋基市》（*Yankee City*）研究、懷特（W. F. Whyte）的《街角社會》（*Street Corner Society*），以及由沃斯（Wirth）、派克（Park）、伯吉斯（Burgess）、麥肯吉（McKenzie）和其他研究者對芝加哥所進行的各類研究，依舊是相當重要的民族誌入門讀物①。

或許此一帶有社會學式的民族誌新風格的主要問題（以及與三十年代其他文獻研究模式所共有的一個問題），在於對文獻或是對於現實的描述，於技術上並不構成問題，並且以爲實證上的證據多多少少是富有自我解釋力的。此一問題在攝影中表現得最爲尖銳：重新分析圖像是如何被選擇、人物如何擺弄姿勢、文案

①芝加哥大學的人類學系自與社會學系分開後，便熱情地參與了此一文獻紀錄的計劃。派克（Robert Park）的女婿瑞弗德（Robert Redfield），不僅在墨西哥開創了新方法，同時也涉及了美國黑人及其他少數民族就同等教育機會的戰鬥；瑞弗德後來建立一個由福特基金會贊助的研究班，專門探討文明國家的比較，此一研究將當代印度以及其他自農業社會轉型爲工業化社會的議題，協助成爲人類學的核心旨趣。至於英國社會人類學，在芮克里夫－布朗的 1930 年代裡，則支撐起此一文獻紀錄的精神。據伊岡（Fred Eggan）的記憶，芮克里夫－布朗被視爲是自鮑亞士的「古物研究」式（antiquarianism）人類學風格以來的解放者，他合法化了人類學在大蕭條時期，對急迫社會問題所寫的相關論著。

對白如何撰寫以及影像如何顯現等等，這種種的現象不管是用敏銳或粗糙的方式，都揭露了對現實以及觀衆印象的操縱。民族誌中也同樣存在這種情況。此一時期最具野心的民族誌研究計劃，即華納的《洋基市》系列，整個研究在資料上的確是相當豐富的，然而對於這些資料的分析卻是相當不清楚的，或者說，正由於它所帶來的訊息過於豐富，導致它以不同的方式進行再分析，特別是對於階級分層的特性以及關於美國開放的流動性社會，或是逐漸傾向封閉、階級化系統等這類關鍵性的問題上。

在 1920 和 30 年代，自我意識式的批判任務涵蓋了絕大部份領域，這其中更幾乎囊括了所有的人類學研究。這是由於在此一階段，民族誌的實踐正被建立成學術訓練的核心專業活動，正如我們之前所討論的，這是對聯結關於人類學自身社會問題的允諾。特別是對鮑亞士的學生們來說，民族誌的田野工作調查雖然並不是置放在美國的主流中，而是在調查美國印第安人社會，以及少許的海外田野工作，但是其批判功能卻顯得額外重要。米德在這裡扮演了關鍵的例子，藉由在薩摩亞和新幾內亞所發現的兒童教養模式、性別角色以及情感模式，米德轉而批判自身的美國模式，並且倡導美國人對這些方面的修正。的確，正是米德提出了異文化視野的並置策略，經由第一手的田野工作經驗去分解美國人的感覺，對自己的風俗習慣中「自然的」和不變性加以批判。因此，面對文化批判在美國知識生活的熱潮中，民族誌方法在人類學開創階段裡，同樣反映了批判精神。

總結來說，美國文化批判在 1920 和 30 年代時期，其文獻的再現，以及人類學民族誌對異文化研究與自身社會的並置探討，在早期的發展上是相當具有實驗性的。它缺乏在同一時期歐洲多種批判模式所具有的理論想像力，假設文獻在現實技術上是沒有問題的②；而對超現實主義而言，文獻的缺乏正是它無法精準的原因。人類學家若要對文化批判灌輸有力且獨特的實踐，應當將

②在此我們已排除了兩次世界大戰期間，於英國廣爲流傳，並對自我察覺意識深具文化批判的考量趨勢。在許多方面，它類似於美國的文獻紀錄和社會寫實主義的關注。其中，在當時的英國批評家裡，最爲人所記得的評論家兼文學家當屬歐威爾（George Orwell）。有一個類似於芝加哥大學社會學家所作的民族誌研究計劃，叫做「大衆觀察」計劃，是由一個英國社會科學家小組在 1930 年代，所進行一項的迷人卻鮮爲人知的研究計劃。此一研究實驗的監督暗示功能，結合了社會調查的技術以及「自傳體民族誌」的寫作，喚起了傅柯對「全景觀」（panoptican）的觀念。我們還是來引述該項計劃所出版的成果報告書第一卷的前言〔堅尼與梅吉合編（Jennings and Madge, 1937）〕，除此之外，似乎沒別的更好辦法。

> 在 1937 年早期，來自全國各地的五十位人士，同意一起合作進行一項觀察，以了解自己以及他人的日常生活。這五十位觀察者是一項正在發展的運動先鋒，該項運動希望應用科學的方法來處理現代文化的複雜性。在 1937 年的六月，有一本小册子叫做《大衆觀察》（*Mass-Observation*）出版了，其理論與實踐勾劃出此項實驗，並且強調此項實驗需要許多的「觀察者」。這本小册子成爲至今最完整的陳述，在出版業界獲得驚人的宣傳名聲。在數週內，超過上千人應徵「觀察者」，並且人數還在持續增加。
>
> 此次「觀察者」遍佈全國，他們有的在工業中心，有的在鄉村和都市地區，有的在小鄉鎮，郊區和村落裡。在身份上包括了煤礦工人、工廠技工、店家老闆、推銷員、家庭主婦、醫院護士、銀行職員、商人、博士和校長、科學家以及技術人員等。其中有相當高比例的人展現了有益於報告的撰寫能力。……自二月份開始，這些「觀察者」已經開始報告他們在每個月的第十二天做了些什麼。他們已經關注在一般的日常生活事件。……
>
> ……當此一方法被充分發展時，所得到的成果應該是社會工作者、田野人類學家、政治家、歷史學家、廣告代理商、寫實主義小説家以及任何關心於了解人們究竟想要什麼，以及想些什麼的那一些人所感興趣的。我們提議將我們掌握的這些資料，悉數公

美國文獻現實主義的實證主義，與法蘭克福學派早期的理論觀點，以及法國超現實主義並置方式的遊玩性（playfulness）和擔當特性結合在一起。在我們對人類學的批判功能強度上進行評估之前，應該更充份地考量人類學在自身的文化脈絡中，其批判傳統在長期上的實際發展。

開給這些眞的想要知道的工作者。但是，除了給予科學的運用之外，我們相信，觀察本身對「觀察者」而言是具有實質價值的。它提高了觀察者觀看週遭事物的能力，並給予觀察者新的興趣以及新的理解力。……更甚者，大眾觀察其生命力乃是依賴於全數「觀察者」的批判和建議，而非只是純粹作爲一個紀錄的工具罷了。（p. ix-x）

人類學的文化批判之傳統

當代人類學的根基總是回溯到十九世紀，這種說法並非沒有道理。十九世紀的比較方法企圖藉由將當時社會的多樣性，安置在一種演化的順序中以獲得一些意義，這種次序並不一定是僵化的或是單線的人類演化，而是一種分枝的形式。而現在流行的風氣，則是把十九世紀的演化論思想，駁斥爲民族中心主義、粗糙的以及西方菁英份子和殖民統治者的自我思想。但是如果從文化批判的論點來看，比較方法在十九世紀的戰鬥中扮演著意義深遠的角色，它建立起一種從世俗到科學的展望，對爭論社會發展的延展性、社會的再形成方式，以及最終啓蒙了現代寬容的多元性社會。

在當時，比較方法裡有許多部分是相當進步的——它捍衛人類精神上的一致性，反對喧囂的種族主義，堅持「天律不變論」（uniformitarianism）的原則，反對神授的專制神學主張（並因而反對神學的權威）；它否認原始社會是人類墮落的樣本（也因此反對把研究主體在道德上視爲奴隸或其他從屬族群），使用了來自非西方世界或是美洲印第安人的樣本，來批判維多利亞時代的社會，包括了財產所有權、不平等的政治關係、家庭、法律以及宗教威權等議題。弗雷澤的著作《金枝》備受爭議地成爲一部演化論作品，擁有廣大的讀者群和影響，同時成爲現代主義詩人和作家好幾世代以來的象徵和形象。《金枝》優美的風格藉由這些作家，成爲二十世紀諷刺精神的靈感，也就是關於眞理的另類觀點的多樣性發掘，以及關於「信仰和行爲應隨著人類的沉淪性（fallibility）中，那種歪曲意味而被信奉或實施」的想法。

二十世紀人類學的挑戰，一直是針對文明化過程來進行批判，這種批判開始於演化論者，但更爲犀利，並且少了一些浪漫和烏托邦的色彩。直覺上來看，演化論此一構圖所提供的窮困設置，似乎無法用來批判最開放的社會。儘管有些用來批判現代社會的例子得自於其他社會，但是這些批判依舊十分有限、片斷且過於懷舊，其隱含的信息依然傾向於肯定現代歐洲或美國社會根本上的優越性。於是演化論的遺產依然根植在當代流行思潮中：它們或是以現代化或發展的連續體、或是傳統／現代、無文字／有文字的、鄉民／工業等方式，來描摹出維多利亞時代的進步準繩，同時也強化了歐美自我安慰式的滿足感。

在 1920 和 30 年代，人類學發展出的民族誌範式，繼承了將西方文明作爲資本主義的一連串冷酷批判。此一批判的主要思維，係認爲西方人已經喪失了其他不同文化的人們所擁有的東西，並且認爲西方人可以從民族誌的再現中，學習到基本的道德和實踐課題。簡單地說，民族誌已經提供了三種廣泛的批判主義。這些原始社會的人們仍舊維持著對大自然的尊重，而這正是我們已經喪失的部份（生態的伊甸園）；人與人之間仍舊是相當親近且滿足於各部落之間的生活，而如今我們卻喪失了這種生活的方式（共同社區生活的經驗）；他們保留了日常生活的神聖意義，而相較之下我們卻已失去了這部份（心靈上的視野）。如果我們不談民族誌案例裡所呈現出的獨特脈絡，這些批判的確是有些粗劣，但是，它們卻是民族誌方法在 1920 和 30 年代中，所隱藏發展的批判思想核心。

在英國以及美國的民族誌發展過程中，文化批判出現了兩種主題或風格：在美國方面，正如我們之前見到的，相對主義已經成爲一般性的組織概念，這適合於移民屬性下所形成的多元社會；在英國，理性的本質成爲一般類似的組織性主題，這或許符合階級意識較爲明顯的社會，在此背景下，知識份子菁英逐漸意識到自身的思考方式並非是唯一有效的。

在美國，鮑亞士遊走於十九世紀人類學計劃以及民族誌研究範式之間。他所介入的論辯以及他所提出的文化批判展現了這兩段時期的人類學。然而，直到他的學生在 1920 和 30 年代成為專業人類學家之後，才定義了相對主義，以及文化批判在當時美國社會狀況的批判重點。而鮑亞士和他的學生米德之間的差別，就在於米德後來成為一位文化批判的人類學家典型。鮑亞士運用民族誌方法，來論辯十九世紀演化論思想框架下的殘留問題，並且對於人類行為下的種族主義觀點提出挑戰，當時這種觀點正持續昇高著。米德以及其他人，諸如薩皮爾（Edward Sapir）、帕森斯（Elsie Clews Parsons）及班乃迪克，把更多的注意力聚焦在文化批判上頭。他們開始使用人類學的論題，來對 1920 和 30 年代的美國狀況作更細微的探察。正當鮑亞士成為一位對社會具有巨大影響的知識教條批判者之時，他的這群學生則服膺於相對主義的旗幟下，成為主要的社會批判學者。

而英國的民族誌作者作為文化批判者此一方面，則是交由對英國社會較為含蓄的批判所領導，這一類領導作品的作者便是馬凌諾斯基和伊凡－普里察德等人。他們大膽地採用巫術和魔法等部落的實踐行為，來和西方科學與普通常識進行一場在基礎上相當平等的比較。比較的結果啓蒙了一種革新的提問，他們質疑西方理性的想法，藉由對理性進行相對化，以及科學哲學家們試圖用的邏輯術語所表明的體系，來展現一種比較式的語彙：這是一種包含科學在內的信仰體系，其立場是以反向例證的方式來支持。他們也考量到了西方社會制度生活的基本分工——包含了政治、經濟、宗教、親屬制度等等，並且尋問那些部落社會，為何他們缺乏這種制度性分工，卻仍舊可以履行西方社會所具有的全部功能。實際上，他們展示了許多其他管理社會的另類模式，這些模式與我們自身的社會管理一樣具備理性，甚至於還更理性。舉例來說，在歐洲人「比較理性」的密集性生產方式導致土地侵蝕和飢荒後，對於中非社會生態知識的尊重就明顯地增加了許多。當西方的生物醫藥知識並不足以適用於所有的地方區域時，人們對於傳統的治療技術也隨著尊敬許多。

於是英國與美國的民族誌事業，開始吸引了婦女、外國人、猶太人以及其他自認是邊緣人物，但卻依舊屬於各自的社會系統，並且在最後成爲體系內具特權的知識份子。因此，在 1920 和 30 年代，用歐洲大陸的馬克思主義或超現實主義的標準來看，人類學的文化批判形式一點也不激進。這些批判主要來自於關心異文化社會，而非自身社會的邊緣型學者。於是，二十世紀人類學的文化批判傳統，就在這類實踐者的邊緣性質中紮下根基。因此，作爲文化批判者的人類學家，發展出了一種自由式的批判，這種風格相當地類似其他社會科學；他們對於受壓迫者、異己者以及邊緣人物表達同情，也同時強調對享有特權的現代中產階級生活感到不滿。這是一種對社會狀況所表達的批判，而非是對社會系統或是社會秩序本身特性的批判。

1960 年代，在革命性的修辭學及其視野相當流行的時候，一種對於人類學自身角色的歷史觀便開始發展起來了。人類學家不再是簡單地維持微觀研究的內容，而是提出一連串的問題，來提問權力、經濟依賴性、西方與第三世界等相當強力的文化心理關係，以及高壓政治等全球系統的特性。到底這些議題是如何與民族誌的實踐形成關係，直到 1960 年代都還是一個尚未解答的問題。然而，在我們描述過實驗片刻的階段後，這些議題十分緊密地與民族誌寫作產生關係。這種意識的結果最後將滲透到民族誌的實踐活動，促使人類學家對文化批判的形式提出更多種可能性，此種形式比起十九世紀的模式來得更具革新的意義與現實主義的精神，而且比起 1930 年代又更具系統性。

當代人類學的關聯性

在其他學者和大衆的認識裡，人類學具有一種混合式的當代表像。一方面它的主要訴求是民族誌方法，也就是我們之前提到的，該方法對其他許多學科訓練逐漸具有吸引力，以作爲傳統課題分析中一種新發展的研究取向。在另一方面，人類學通常被認定是一種對初始文化的研究。正當這個世界仍有許多在技巧上屬於較爲簡單，規模較小的文化之時，新的民族誌證明了這類文化風貌的存在，並且讓一般人不再以爲這類的異地文化正在消失，正是人類學存在的理由。同時，如果這些異文化在這個單質化的世界上持續其邊緣性，那麼這種封閉的生活與經驗到底和現代生活有何關聯性呢？更基本地來說，這種初始文化的形態，曾經藉由一個強大的描述架構去再現其特異處和另類的可能性給美國的讀者，然而如今卻嚴重地失去這種力量了。在我們思考文化批判如何經由人類學而能更有力地加以系統闡述之前，我們需要檢試這種混合式的對待以及整個大環境的兩面性。

民族誌的吸引力

在衆多援引民族誌來達到文化批判的目的，卻沒有對人類學心懷感激的例子中，就屬保羅・威利斯的《學習勞動》（1981 [1977]）最爲關鍵了。這本著作在前一章才剛討論過，其中我們把它當作是政治經濟研究的一項重要作品。威利斯的民族誌策略是一種經由對學校教育的聚焦，以作爲形成工人階級經驗的一個重要範例。他的策略是將一個人類學的民族誌寫作及其對全貌觀的熱忱，轉爲對某一文化生活方式的描繪。然而這種區辨造就了一種不幸。由於人類學已經被假定成企圖對簡單、自給自足社會所進行的研究，並且在某種程度上暗示了整體的表達是一種較爲容易的研究。對於人類學的這種觀點，即把民族誌研究分開爲另一種方法，一部份來自於學術訓練，承自於其邊緣化（marginalization）的遺產，有一部份則來自於一種觀念，結果導致了人類學被認爲是對社會的一種理解（comprehensive）知識，而不將民族誌視爲是一種對這些理論中的有趣論點所作的描述方式。

先撇開人類學意像的問題，威利斯的這本著作證明了民族誌研究可以展現出一項重要的批判功能。威利斯的寫作具有一種馬克思主義的傳統，但這總是存在著知識份子與革命階級，也就是無產階級彼此關係的問題。雖然說知識份子對自身社會也表達批判，但是這種批判眞正來說應該來自工人階級。馬克思主義式文化批判的主要目標，因此便是恢復或者發現這種嵌於工人階級群衆的日常生活經驗中的社會批判。威利斯對英國窮苦和工人階級狀況的研究，增添了既有觀察和文獻批判的傳統。但話說回來，作爲一位民族誌的撰寫者，給予威利斯這本著作力量的，是透過他對年輕的工人階級所使用的語言和行爲的記錄，去發現社會批判和工人階級的觀察。這類記錄被放置在一個策略性研究環境——國立學校——其中社會階級不僅面對面地相遇，並且工人階級的個人生活也相當程度地被決定了。

民族誌作者藉由他們對社會批判的呈現，使得文化批判更爲確實（authentic）。文化批判不再脫離知識份子的批判，而是藉由從事民族誌的任務，來揭露對主體自身的批判。民族誌的重要性便在於有許多這類的潛在批判，並且需要文化評論家去發現、再現這類的批判，也需要他們去指認其來源和影響的範圍，並探究批判的洞察力和意義。然而這些畢竟是文化場域裡的多樣性（diversity）來源，同時也從不同觀點的群組裡，構成了日常、非知識化的文化批判。

對民族誌來說，威利斯的著作是一種吸引力，夾帶著馬克思主義這個原有文化批判的傳統強力版本。但是民族誌的吸引力顯然是寬廣多了。民族誌的文化批判任務是去發現群組，或是當個人在面對他們所分享的社會秩序時，所擁有的適應或是多樣性的抵抗模式。這是一種在更單一、均質化世界裡，所發現的多樣性策略。

於是文化評論家通過民族誌式的發現，搖身一變成爲一位文化批判的讀者，而不是一位獨立的、知識份子般的批判創造者。當然，在民族誌的研究過程中，也有許多涉及到技術問題的，譬如我們可以去詢問在威利斯的研究裡，屬於工人階級的年輕人批判，究竟有多少是藉由威利斯自己在民族誌的修辭學寫作中眞正建構起來的。但是，把一位民族誌研究者的功能放在爲他人揭露、閱讀，以及具像的呈現主體生活的批判觀點和另類的可能性，這種想法的確是具有相當的吸引力。這種功能已經提供了人類學原有對異文化的研究，同時也應該是一種人類學對其自身文化所提供的文化批判形式。人類學研究與威利斯的研究之所以不同，並非在於它對全貌觀的非寫實性信奉，而是它把異文化研究中的比較觀點帶回到美國（或是英國）。在這種獨特的文化批判形式裡，有一個問題我們可能會遇到，那就是當初民社會或是異文化作爲一種喚起另類和差異狀態的描述空間時，其吸引力會日趨下降。

原始社會／異地文化吸引力的下滑

從十六世紀到十九世紀，這種與異文化逐漸增多的接觸，爲研究異地社會的民族誌，以及對本國內部相當數量的興趣，譬如在不同奇特種族中的（科學式或是非科學式的）遊記等，提供了絕佳的刺激。如今，通訊和技術的日新月異，導致社會普遍的以爲，這個世界已經變得更均質化、更整合以及更交互依賴了，並且隨著此一過程，眞正的異地社會及其不同的觀點都正在消失。由是，民族誌（特別是最近我們所觀察的「經驗民族誌」）不斷地證明「事情並非如此」，或是至少反駁「這種異地文化的消失，並非如大家想像地那麼迅速及嚴重」。然而，經由電視這類的大衆媒體，和經由旅行、遊客所帶來的強烈證據，再再都給予中產階級一個非常深刻的印象，以爲每一個人都已經變成只是現代多元社會裡大衆文化下的一部份罷了。

曾經有相當一段長的時間，當初的原始文化——如同不存在於西方社會裡的問題，或是問題已被解決的伊甸園一般——成爲文化批判（以及在一些案例中的文化式國粹主義〔cultural chauvinism〕）裡相當具威力的意象。的確，人類學提供給民族誌的方法，特別是在美國，其普遍的吸引力以及大衆對它的接受度，可以追溯到啓蒙運動對「高貴的野蠻人」（the noble savage）這種既浪漫又流行的傳統。人類學在過去的確描繪了這類衰頹的文化，而這種失落的迫近感受仍舊是民族誌寫作中的沉痛處，並且依此作爲現代致力於科學研究的人類學，據以來搶救敘說動機的一部份。但事實上，從來就沒有一項斷言可以指證「人類學正在失去它的研究主體」。

在 1920 和 30 年代，通過借自某人從薩摩亞文化那兒得到的親身體驗，而反過來對美國文化提出批評，對非專業的讀者群而言，已經變得見怪不怪和深具吸引力。而就1970和80年代來說，這段時期的確與之前較早的這一時段非常類似，社會在這兩個時期都因為遭遇世界秩序的遽變，造成清晰度、選擇性和方向的缺乏，反而帶有一股廣為傳播的察覺力。然而，如同傳統的人類學所展現的，人類學的資產不再深具批判和反省的魅力。以最近一個代表性的例子來說，紐約現代藝術博物館所熱烈討論的回顧展，「二十世紀藝術中的『原始主義』（Primitivism）：部落與現代的相似性」。在1920和30年代，那些奇風異俗啓發了前衛派藝術家，但是如今這項革新和批判的資產已經失去了它固有的敏銳價值；這次的展示，點出了原始藝術終究會被西方藝術史所同化。

於是，我們的意識變得更具有全球性和歷史性了：今天對異文化的探討，是把它們置放在一個與我們社會同時期共存的時空中，將它們視為我們自身世界的一部份，而非將它們看成是徹頭徹尾的異域文化，這成為我們反觀自身文化的鏡物或是替代物。舉例來說，有關西方世界近來對日本經濟成就的嚮往，讓我們學習到，日本經濟的成功已經不能那麼簡單地追溯是西方與日本二者在文化上的神秘差異，並且也無法將日本的成功模式，一股腦地全都轉移到西方社會。

相反地，在閱讀了因日本的經濟表現，探究文化秘密所撰寫的煽動性文章後，我們轉而將日本視為是這個一般世界中，既是競爭者又是合作夥伴的角色，而因此有了一種更為清醒、複雜及實際的觀點。最後，諸如核子威脅和消費主義等全球承認的現象，卻削弱了人類學家傳統以來藉由不同文化間的差異，來評判自身社會的鮮明色彩。是故，為了捕獲更多讀者的認同，人類學家需要在文化差異的論述中，承認當代世界朝向單一均質化的事實。

按照一種純粹是美國國內的語彙來說，這種異地文化的角色已受到美國生活主流，以及對其他另類生活中，對重要差異的描述所取代。這些描述不再像是透過遙遠一端的文化世界的招喚，來教導我們有關自身的課程，而是這些差異早已存在於我們自身的社會世界。舉例來說，藉由女性主義的刺激所引起的兩性論戰，便是這些領域中最具勢力的一部。這種論戰通常都會落入當初用來對立於原始文化美德，藉以表達有關不滿文明社會等相同的修辭策略〔譬如，葛利根（Gilligan, 1982）〕認爲：男人是獲取性的（資本主義的），而女人是養育性的（具互惠的）。諸如有關黑人生活與白人生活、窮人生活與中產階級生活、同志生活與異性生活等差異處的討論，亦同樣對另類現實的考量貢獻出一種新的架構。而現在，這個長期爲異地研究的民族誌所維持的重要訊息——相對主義——已經變成是國內自由話語中輕鬆平常的東西了。而關於人工智慧的論戰則是另一個領域，此一話題或許更有力地運用較老一輩人類學，所關心的人類內在天性和能力等問題，該議題傳統以來總是作爲其他動物生命的對照面，然而現在則是作爲人造機器的對立面了（Bolter, 1984；Turkle, 1984）。

在所有這些的場域裡，人類學傳統的研究主體，已經部份地被更強迫性、更接近國內情況的議題所取代，以便就這些在歷史上由人類學所提出的相同議題作當代的討論。然而，倘若人類學能重新塑造其跨文化和民族誌資料的話，人類學便能敏銳地對當代知識的情況，以及對讀者群的知覺力（perception）等，繼續提供有效的文化批判。

就在國內的研究主體仍必須透過異文化資料的比較對照時，跨文化觀點仍舊在回返式民族誌裡扮演著一個重要的角色，藉由跨文化觀點來定義這些被視爲理所當然的國內現象、問題的形塑、另類替代可能性的建議等研究路徑。最後，當今這種持續顯著增加的全球性整合所建議的，並非是文化多樣性的消除，而是在分享同一個共同世界時，那些反向提出的多樣及另類機會。如此一來，不同文化仍舊可以在異文化下更瞭解自身。我們現在便要檢試在人類學寫作中，過去文化批判的主要技巧，以便去建議更爲有效的方式，來增強民族誌方法中最原初的功能。

第六章
當代文化批判人類學的兩項技術

批判的有效與否，通常依賴於批判本身在傳遞訊息的方式和內容；即便是最爲複雜的批判作品，它的內容與形式都密切聯繫著。在此，我們希望將注意力轉到此處，來關心人類學批判的兩項技術，這是有關將民族誌異地研究帶至國內文化議題的技術。有一個現象是我們感到興趣而要探求的，即人類學的異地研究著作，是如何成爲一種獨特的文化批判基礎，並且作爲異地社會裡的一件「刺激」（stimulus）案例，轉而對國內的主體給予民族誌式的對待。

這兩項技術——知識論批判（epistemological critique）和跨文化並置（cross-cultural juxtaposition）——均是「去熟悉化」（defamiliarization）中基本批判策略的變異形式。這種策略的目標是要將我們習以爲常的認識加以崩潰，運用一些預料之外的方式，將熟悉的主體放置在不熟悉、甚至令人震撼的脈絡中處理，如此才能讓讀者意識到其差異。「去熟悉化」策略在人類學之外還有許多用途。它不僅僅是超現實主義批判的一種基本策略，正如我們早已看到的，它同時更是一般藝術表達的策略。丹托（Arthur Danto, 1981）最近撰寫了一本有相當厚度，關於藝術在去熟悉化功能的論著。就我們的觀察，當今文化批判在各領域中都有出現，而丹托在此時這麼做，其論點是相當有意義的。然而，在藝術表達領域裡，批判的焦點乃是透過單獨的視覺或文學效果發展的。而在人類學或其他描述性分析的論述裡，去熟悉化的效果僅只是持續性質疑的一塊跳板。譬如，將現代醫生與部落社會的巫師相對比，作爲民族誌或是批判性調查裡有關醫療實踐之肇端。但是，對我們待會定義的人類學批判主義計劃裡的「強式技術」來說，「去熟悉化」不只是吸引大家的注意焦點而已，而且是對此一手段本身的批判反思過程——就剛剛的例子來說，所考量的不只是我們所以爲的現代醫生在做些什麼，同時也包括我們所以爲的部落巫師是什麼。

藉由知識論批判所達成的「去熟悉化」，得自於傳統人類學作品裡最本質的特性：離開以歐洲爲中心的觀點到世界最邊緣的地方去，到那個應當是最不同，並且潛在修正了我們對事物的原有看法，藉此來把握在歐洲語彙中所謂的「奇風異俗」(exotica)是什麼。文化批判的嚴肅挑戰在於，將我們在邊緣地帶所獲得的省察力帶回歐洲，來破壞我們既有方式的思想和概念。這種事業通常被認爲僅僅只是空想、可愛或怪癖，而不是眞正的有效、具說服力、或是具打擊力。這類的文諷有其用法，但倘若能改變我們對自己（處在中心地區）與他人（處於邊緣地區）原有分辨的不同基礎的話，那麼便可以成就出一種更嚴肅的效果。我們正如他人一樣生活在一個由文化建構並且非「自然」的現實裡；只有當二者之間的根本實體被確認後，到時方能有一個更爲有效的基礎來考量彼此之間的實質差異。

藉由「跨文化並置」所達成的去熟悉化比起「知識論批判」的去熟悉化，更具清晰的實證性，而且比較少複雜的層面。它提供了一種更富戲劇性，且更爲直接（up-front）的文化批判。跨文化並置的去熟悉化是一種異地民族誌與本土民族誌二者的配對方式。此種想法是運用有關其他文化的實質事實，來作爲在己身文化裡某一批判主體對特定事實的一種探針（probe）。這種方式是由古典去熟悉化技術的先鋒瑪格麗特・米德所率先使用的，同時也是論證文化相對論時，最常爲人所使用的方式。米德並置了對薩摩亞社會青春期與美國社會青春期的觀察，以便告訴美國人民：青春期未必一定是充滿壓抑和反抗的階段，美國人青春期的壓抑和反抗，有其社會和文化上的因素，而這些因素或許是可以改變的。

文化並置此一方法，如果有也是非常非常少的被人瞭解到，然而它卻存在於人類學裡，這是因爲文化並置留下了一個強有力的聯繫，即我們自身和他人之間等同重要的民族誌。從這段文化並置先鋒期覺醒至今，民族誌的論述要不是將嚴肅的異地民族誌帶進國內，與本土的印象派的或非正式的、至多是二手的資料來源相比較；另外一種則是一些嚴肅的本土民族誌，在毫無類似引用的異地研究資料下獨自完成；而第三種就是本土和海外都做過嚴肅研究的民族誌，但是兩者間卻毫無強烈的關聯。上述之中，米德的民族誌便是屬於第一種例子。而最後一種狀況，舉例來說，便是華納所撰寫的《洋基市》，該民族誌只是一般性地援引了華納先前在澳洲土著社會所進行的出色作品。中間的案例則是懷廷夫婦（John and Beatrice Whiting）所主持的跨文化兒童養育研究。

在此一研究中，懷廷夫婦把相同的研究設計運用在國外和美國社會中，其中，該設計抑制了所有的去熟悉化技術，文化批判的潛力也全部予以刪除。於是就跨文化並置裡其最強而有力的形式來說，所需要的是民族誌的雙重計劃，使得以在各自的社會脈絡裡得到等質的研究，並且在進行文化批判時得到相同程度的涉入。

作爲十九世紀人類學的偉大觀點此一遺產來說，任何特定民族誌的比較範圍，即便不是全球性的，也應該是廣泛的，但是在操作上，民族誌的比較議題卻被有效地侷限在控制好的範圍內來進行比較——某一區域性文化相較於另一個文化。這種有效範圍的比較限制，起源自人類學實踐的區域性微縮，已經使得跨文化並置的技術，變得有對比性和二元性。當文化相對論的精神正以爲，我們的方式只不過是許多生活方式的一種，以實踐的話語來說，文化相對論的建立是從民族誌範式中幾個非常有限的文化組比較得來的。事實上，當任何民族誌計劃的兩面性建立在「我們／他們」此種二元論時，一個批判計劃的實際執行，涉及多種他者文化的參照體系（references）。這些參照體系無可避免地變成我們所稱之爲的第三種觀點，使得兩種並置的文化處境在比較的過程中，可以保持民族誌文化批判中最基本的二元論特性，從而避免用簡單的「好／壞」判斷方式。從最低的層面來看，此種文化批判要求一種在全球系統裡溝通和成員彼此分享的普通能力，讓批判計劃能從任何複雜地二元論的角度上，通知並且合法地建構起來。

爲了更充分地考量上述兩種批判技術，我們將每種技術又區分爲「弱式技術」和「強式技術」。這兩種區分是根據大多數比較式的跨文化研究裡，弱式技術在方法論上或是企圖上都帶有一種「天眞爛漫」（naïveté）的特性。馬克斯・格拉曼和伊利・狄凡斯（Eli Devons）在他們現今已成爲古典論著的著作《封閉的系統與開放的心智》中（*Closed Systems and Open Minds*，1964），遭遇到民族誌事業被縛綁的問題，特別是發生在先前已有豐富學者研究過的社會裡。他們主張這種對「天眞爛漫」的有效性，來允許民族誌作者可以釋放先前研究傳統裡的偏見和假設，而帶著相對開放的心智進入田野。這種方法論上的天眞爛漫有兩種模態。一是，人類學家作爲他自身社會的批判者，藉由這種「天眞爛漫」的特性，來阻擋原有的熟悉度，並且當作是自己進入一個完全的異地環境裡。但是當這種「天眞爛漫」能夠帶來一種去熟悉化的效果時，它也同時放棄了人類學家作爲他自身社會的報導人所給予的反思這項好處；於是在這種態度下所作的批判，除了去熟悉化此一效果外，只保留了必然的膚淺。這是因爲它並非開始於人類學家事實上知道什麼，並且也很少運用到人類學家對異文化的瞭解。

另外一種關於「天眞爛漫」的特性則較爲實際：人類學家作爲己身社會的批判者，是奠基在他對異文化研究的專家身份，而非是他對自身社會的認識。這種形式雖然導引出較爲豐富的批判，但仍因爲對自身社會所自我強加的「天眞爛漫」而減弱許多。當異文化民族誌的研究變得較爲豐富時，對民族誌來說，便再也沒有所謂的穩定、視之爲理所當然的事情了。於是乎，用一種對待異地社會同樣深度且同樣多樣的理解方式，來對待己身社會的模式就變得愈加重要了。就像我們之前所討論過的異文化實驗民族誌，「自我反思」在這些實驗民族誌裡已經成爲一般性主題，並且提問有關民族誌作者自身的文化背景問題。即，民族誌作者將其研究興趣回返至自身社會時，需要將他自身社會的成員視爲與異文化的成員同樣問題的研究對象。因此，在研究他者文化的方式裡，民族誌作者自身的文化便開始有了新的問題與提問方式。

在此必須澄清的是，雖然我們希望提倡的是強式的文化批判，但是弱式和強式的文化批判並非是劣與優的同義詞。有一論點是我們想要提出的，即迄今爲止，人類學所提供的最爲有效的文化批判形式，在本質上都是偏好諷刺的（satirical）。或許最著名的例子便是米納（Horace Miner）關於「納西瑞瑪」（Nacirema）的論文（1956）：把美國單字（American）倒過來拼。米納採用非常中性的行爲語言，以一種毫無文化認知的架構，將美國人的日常行爲變得像是某一異文化社會。的確，這篇論文給人有種巧手妙計和詭計把戲的感覺，但是其短暫的效果卻給予了瞬間的「去熟悉化」娛樂。有一大堆有關美國的想法、制度以及習俗的寫作，都提出了美國社會生活與部落或異地社會生活的相似性這種看法〔參見韋勒弗（Weatherford）最近將國會視爲《山丘上的部落》（*Tribes on the Hill,* 1981）；拉圖爾和伍爾加（Latour and Woolgar）的研究《實驗室生活》（*Laboratory Life*, 1979），也採用清晰的人類學隱喻〕。溫伯倫運用民族誌的材料來捉弄美國中產階級的例子，或許已是經典之作。這種文化批判的效果有增有減，而批判意圖的嚴肅性也有多寡。然而，我們覺得無論這種批判的缺陷爲何，當代仍舊存在著一份努力，來界定去熟悉化的強式種類，使得能夠在文化批判的形式裡發展得更具威力。

知識論批判中「去熟悉化」策略的範例

此項批判策略在最近的人類學界裡豐富地發展著，它是由1960 年代那群學生與老師開始，對文化概念所提出的一種新觀點，是美國人類學長期所根源的基礎。這項企圖改變民族誌原有寫作方式的努力，在第二章已經由詮釋學觀點介紹及討論過了。不幸的是，就像我們所看見，其論辯的核心卻被簡化成所謂的「象徵人類學」（這是新文化理論者所主張對意義和「本土觀點」的研究，以作為是人類學研究的核心）與「唯物主義」（其對行為、行動和興趣維持著更傳統的研究；並基於對政治、經濟的關心以作為各地社會生活的解釋）間的差異。的確，文化理論家的一個弱點便是他們無法解決政治經濟學方面的問題。這要不是因為政治經濟學的問題與他們的研究並不相關，不然便是因為他們對政治經濟學問題的企圖，只是著作中侷限性的、不完整的部分。然而，正因為西方的思想對政治、經濟和自我利益的重要性，乃是用來作為社會生活所發生事物的基本解釋架構，所以任何想去強調象徵力量的爭論，不管它們是多麼地說服人，如果它們沒有很嚴肅地提出，或是將唯物主義論的解釋重新加以闡釋的話，還是會被人所輕視的。就像在 1960 年代，學習文化理論的學者，其主要工作是運用詮釋觀點來說明政治經濟和歷史等議題一樣，人類學提供知識論批判的主要工作，是用一種直接和嶄新的方式，來處理西方思想裡以唯物主義或是功利主義解釋社會生活的偏見。

這些最傑出的文化理論家是葛茲、史奈德、道格拉斯以及薩林斯。其中的每一位都做過異文化的研究，並且就我們——社會科學家及日常生活中的一般人——思考社會和文化的方式，提供了所謂的知識論批判。從每一位作者中，我們挑選一本最近的著作來這兒作討論。這些作者運用不同種類的方式來提出各自的知識論批判：廣泛的理論陳述（薩林斯）；異文化民族誌研究的邊緣性章節（marginal chapters）（葛茲）；通過其他文化研究的發展方法應用在美國文化研究中（史奈德）；以及明確地表達有關時刻（moment）的議題（道格拉斯）。這些方式被安排在爲知識份子所鋪陳的「高等」文化批判，以及社會科學觀察對意識形態所進行的再思，所準備的「淺易」文化批判之間。身爲文化批判者，這些作者不僅因此在其他的人類學同儕間深具影響力，在其他社會科學家和社會評論家方面，也重塑了他們對自身主體的觀察方式。

但是上述的所有作品，沒有一本是我們覺得完全成功的，這是因爲他們在方法論上，採取強加於己的「天眞爛漫」的態度；然而，每一本著作都潛在地提出了文化批判的一種較強形式。在我們評論了這些作品之後，將會轉向至這些文化理論者的學生身上，並且考量這些與知識論批判相類似的課題範圍。

薩林斯的著作《文化與實際理由》（*Culture and Practical Reason,* 1976），向人類學以及西方思想概論裡的功利主義和唯物主義思想，提出了大膽的批判。薩林斯主張人類學的文化概念應該把古董級的二元論思想，例如心智與物質、唯心論與唯物論給遠遠拋掉，相反地，人類學的文化概念應該是將唯物主義者的位置給顚倒過來，把文化意義的議題位置，優先於對實際利益和物質考量的次序上。此二者透過對自然的開採來滿足需求，以及人與人之間的自我利益關係，都是藉由象徵體系所建構的，並且該象徵體系擁有自己的邏輯和內在結構。對人類來說，如果沒有了文化建構這一層面的因素，便不存在純粹的自然、純粹的需求、純粹的興趣、或是純粹物質的力量了。但這並不是說，我們的世界並不受生態學或是生物學上的限制，而是說文化傳達了所有人類對自然的理解，並且這些媒介的理解比起擁有瞭解這些限制的知識，扮演著解釋人類事件的重要關鍵。的確，對於薩林斯來說，事物——大自然世界——就像想法、價值觀以及興趣都是文化的建構物。榮譽、貪婪、權勢、愛情、恐懼都是行動的動機，然而它們並非是單純的寰宇化產物：所有一切都是通過文化的形式來加以定義和行動的，儘管這些文化的形式可能很不相同。薩林斯提供了他對文化的強烈主張，來作爲西方思想威信中，對技術、唯物主義式的理解之批判。

因此，人類學的任務是去生產關於文化的報導，以便揭露文化的獨特意義結構。薩林斯以一種辯駁的方式，詳細敘說了現代民族誌方法的開創者——鮑亞士和馬凌諾斯基——在這方面的失敗之處。薩林斯站在對立的立場以爲，鮑亞士和馬凌諾斯基從來都沒有眞正去克服深深埋藏在他們概念框架裡的實際理由，此一前提使得追隨他們的英國和美國的人類學風格，從來沒有眞正地抵達其所關注的文化核心①。導致了無法去探測異文化裡意義的

①薩林斯以爲，馬凌諾斯基儘管宣稱招喚土著觀點的目標（紀錄土著的文本，來盡可能地捕捉土著話語中的豐富生活性），以及儘管以功能主義的努力，來獲得潛藏在當地意識型態背後的解釋，以便了解事情爲什麼會是這個樣子（這是藉由檢試一個社會的不同部分，是如何與社會的其他部分具備一種間接或互相關係的效果），但是馬凌諾斯基仍然允許翻譯工作混淆土著體系內的獨特文化邏輯。這種混淆是直接與馬凌諾斯基的努力有關，馬凌諾斯基讓他的讀者以爲，不具意義的風俗習慣在歐洲人看來，顯然是可理解的且理性的。這項努力結果是將對文化的描述，同化（assimilate）成歐洲的文化邏輯，而非保存土著描述裡的文化邏輯。鮑亞士則遭遇到相反的問題：他傾向於服從他所研究的人們的文化體系，允許事實本身所導引的秩序，而不是將這些事實放在秩序的架構之中。結果是，鮑亞士以一大堆沒有條理的資料收場。鮑亞士的研究程序將人類學家降低成紀錄資料的工具，以及將組合文本降低至一種未被充分詮釋的編輯物；相對之下，馬凌諾斯基的研究程序卻是過度地詮釋，並且

深層結構，於是人類學便幾乎無法在文化的理解裡，提供一個有力的和批判式的詮釋模態。

薩林斯以一種更爲複雜的分析技術，做了一項對西方唯物主義思想的銳利批判。接著在隨後的章節裡，薩林斯應用自己的結構主義分析來對中產階級（bourgeois）社會作批判，以作爲知識論批判的有效性示範，並且該知識論批判的核心地區所醞釀和提煉的實際理由，被視爲是一種思想的特權模態。薩林斯策略性地選擇了食物、衣服，以及色彩來作爲分析對象——熟悉的事物並非通常會被認爲是具組織性，並且是嚴格的分類系統或是代碼。藉由展示功利主義和唯物論思想所操作的世界結構分類系統，薩林斯試圖從這種思想的威信位置以及被讀者們當作是常識的思考方式中，尋找替代的風格，藉此替讀者們去熟悉化。正因爲如此，薩林斯撰寫了一部文化批判的著作。

薩林斯以爲，假如我們主要的糧食是狗肉的話，那麼我們的糧食及畜牛生產將會改變，而我們的國際貿易也會改變。在這種情況下，經濟學計算裡的機會成本相較於我們對食物的禁忌，乃是居於次要的位置——哪些動物可以吃，哪些又不能吃。再者，牛排維持是最貴的肉，即使其絕對供應量遠遠大於牛舌的供應量。較爲窮困的人吃較便宜的肉，之所以便宜，是因爲在文化上被認知爲較下等的肉，而不是像經濟學家所說的是因爲他們的供應量問題。薩林斯用一種諷刺又嘲弄的口吻宣稱，「美國是狗的神聖國家」。在美國用餐的文化模式裡，牛肉乃是核心的成分，

在作者自身的文化下，重新創造土著的形象。避免這兩種極端困境的解決辦法，是在文化體系化的層面上，展現它的邏輯結構性策略。薩林斯開始於傳統的民族誌模態，以描繪異地風俗的實例，以及藉由古典著作的重新分析，來從事傳統人類學家的研究模態，使它們揭露出新的洞察力。

牛肉招喚起一種作爲性的代碼的男性氣概，這種代碼可以返回到有關以畜牛的生殖力作爲身份代碼的印歐文化裡。這種「可食用／不可食用」的代碼，具備一種清楚的邏輯，即把諸如牛和豬等可以食用的動物區分爲高等（high-status）的肉排，來對比於低階的「內臟」如腸子等。於是，便出現了一種類似於高低社會地位的可食性程度的「圖騰」體系。

同樣地，在服飾系統裡通過工業所生產出來的東西，也是取決於身份、時間，以及地點的預先分類；服飾乃是適用於特定的情境、活動，以及人的分類。服飾工業生產和廣告所要塑造的正是人的品味。因此，伴隨著這些物質產品的生產，不只是文化上的分類主題而已，此一分類系統還可應用於人在分類上的不同意義——男人與女人、菁英與一般大衆、成人與小孩。舉例來說，羊毛在美國人視作是較具有男子氣概的，而絲綢則是被認爲較具女性化的，這類認識也同樣反映在一般言語的隱喻上：「絲綢般的柔軟」、「柔軟的像絲一般」。在這層意義下，生產變成了一個文化邏輯的物質化；產品的生產便是一種美國文化的表達，這無關產品是什麼質料做的，而是它們說出了什麼樣的符號代表此一領域。

薩林斯的作品的確是一部知識論的批判：他展示了我們所以爲的「天生的事物」這種普通觀點，事實上已經是被「獨斷」式（arbitrary）的文化邏輯所建構；他也揭示了我們文化中頗爲不同的片段（農業、性別、烹任規則）已經如何有系統地被文化所彼此聯繫著。可是，在薩林斯的分析中，仍有令人不夠滿意的地方。他明顯地失敗在其文化分析裡，未能將歷史變遷（這是馬克思主義唯物論的長處之一）或是政治衝突（畢竟，文化符碼會成爲社會團體衝突間，有意或無意的結果）給聯繫起來。這導致了更爲虛弱的結論，即與李維史陀著名的社會型態的靜態劃分看法一致——熱的、冷的、微溫——其社會型態的劃分乃是根基於其生產的支配模態（侷限性團體之間的周期性交換，對立於持續擴張中的工業和市場成長）。薩林斯在結尾部分增強了西方思想中這種錯誤的類別，用薩林斯自己的名言來說，它絕對性地區分了西方與非西方。作爲一項對人類學文化批判顯著的堅固貢獻，薩林斯有效地論證了一點，即我們不能就一些單一的特質，便將自己的文化清晰地從其他文化中區別出來。在其歷史的脈絡之中，所有的文化都提供了衆多的可能性，並且在並置的過程之中，我們面對的是一個相似和相異間，彼此混雜相配的複雜任務，也就是這些相似性和差異性乃是根基在相互比較的民族誌處境下，對其歷史政治脈絡的完全理解。然而，薩林斯對分類模態的研究取向，忽略了其所建構的政治和歷史動態（dynamism），他被引導至「我們與他者」的無時間性世界之間的僵直二分法裡頭，而這卻是他在精神上想要避免的。

葛茲的著作《尼加拉：19 世紀峇里的劇場國家》（*Negara: The Theater State in Nineteenth Century Bali,* 1980a），所提供的是一種作爲知識論批判的文化批判，不僅表現在他自己的寫作個性，同時也表現在其他人類學作品中的特性。葛茲以一個民族誌個案作爲文本的主要目標，爲讀者關注在理解、描述以及翻譯一個異文化主題時的詮釋問題。接著葛茲利用正文的邊緣註解部分，以旁白的形式或在結論的章節裡，致力回返於土著社會的知識。換言之，葛茲試圖將異文化裡所學到的土著文化知識，以知識論的方式總括回到他自身文化社會裡的知識情況。在這個案例裡，主題是政治的本質，並且在他的最後一章裡，葛茲展現了對峇里人的知識論分析，來作爲西方思考下的政治批判。

在人類學界裡，就傳遞文化批判的有效模態來說，葛茲是一位大師。葛茲的作品常引起各界關切並且具有修辭力量，但是卻不見得具有完整的說明性，由於葛茲所提供的說明是一種事後的想法，所以也不像他對文本主體的處理，和他對民族誌個案那樣的投入。葛茲雖然有豐富的建議，但是這種批判最終缺乏對己身文化批判的實體。這是因爲該作品並沒有充分地融入自身文化的思想模態，而只是在正文之外稍加提及罷了。

在《尼加拉》這本書裡，葛茲企圖所作的是關於政治和治國理念的批判，這一點與薩林斯對功利主義經濟學和實際理由所作的批判是相似的。在一篇糾纏卻又優美的分析裡，葛茲展現了有關峇里島生活中，傳統政治的戲劇性象徵形式。藉由這種方式，葛茲試圖闡釋政治關係中的寰宇性面向，這一點卻是西方政治觀念中一直曖昧不清的，特別是關心於展示和表演這部分。西方的政治理論，至少從十六世紀開始，便關心於政治的控制和服從面向上、領土內部暴力式的壟斷權、統治階級的存在、在不同體制中其再現和意願的本質，以及管理衝突的實用手段等相關議題。在西方政治裡，象徵主義、慶典、徽章以及神話都，被對待成是一種意識型態，特別是在追求利益的動員手段以及權力的意志上。如同葛茲所說的，「國家的符號學面向上的啞劇持續上演著」（p. 123）。

相較之下，峇里人的國家概念強調地位和慶典形式：這是一種秩序的「模型和拷貝」概念。正如葛茲所說的，「獨特的國王們來了又走了，『可憐的過往事實』化名在名銜之下，固定在儀式之內，消滅在大火之中。但是它們所再現的……將不會改變……更高的政治目標，是藉由建立一位國王的方式來建立一個國家。國王愈有成就，權力中心就愈具模範。中心愈具模範，王國也就愈加眞實。」（p. 124）慶典和國家的劇場形式並不否認權力與命令、力量與服從；相反地，它們是政治眞實化的一種模態，並且在我們的政治中賦予我們特徵，雖然我們並不完全知悉。

就某些方式來說，葛茲所提出的訊息與薩林斯是一模一樣的，並且就像薩林斯一樣，這是一種超越人類學而爲更廣泛的知識分子讀者群，所寫的「高等」文化批判。但是比起薩林斯，葛茲卻以不同的方式傳達他的訊息，他以「揷補」的方式（extrapolation），在民族誌的個案研究中作邊緣性的討論。而在其批判的功能裡，這種討論完成了去熟悉化的效果，這種效果比起薩林斯還多一點點。它的確可能鼓勵了其他學者，譬如，直接影響了學者以一種新的眼光去看待美國的總統制，然而，這種實質的延伸，卻是民族誌作者所無法辦到的，他們的批判功能仍停留在建議的階段。

道格拉斯與維德夫斯基的合著《風險與文化》（*Risk and Culture,* 1982），企圖將自英國社會人類學所發展的文化分析，應用在當代美國環境保護運動和反核運動，為此，對美國社會的自由意識形態提出批判。然而不像薩林斯和葛茲的著作，《風險與文化》並沒有操作一個「高等」的文化批判，相反地，它是作為對意識形態和政治所進行的專題式批判。道格拉斯與維德夫斯基的分析方式是一種更具焦點和堅定的方式，而不像薩林斯和葛茲那種對西方思想方式的總括式批判。在分析中，道格拉斯與維德夫斯基以學者的立場，負責任地使用本土的傳統和洞察力，就像他們是在從事一件更為標準的民族誌個案研究那樣。然而，波恩在 1983 年一篇長長的書評裡令人信服地指出，正因如此，他們失敗了。道格拉斯與維德夫斯基的著作表達了一種獨特的政治觀點，卻在美國社會與文化的主要歷史面上出現了民族誌式的盲點。

就像先前的努力一樣，《風險與文化》將民族誌研究放在不同的社會，並經由該經驗所發展出的理論主題，以便於展現一個美國意識型態的知識論批判，以及美國政治的社會學批判。在這本書的封面上，展示了一頂慶典用的面具和一頂防毒面具，諷刺地預示了道格拉斯的論點，以為在思想的方式上，我們與部落民族並沒有太大的差別。

道格拉斯與維德夫斯基的批判可以分成兩個部分。首先他們指出，美國的因果和風險概念，並不基於客觀的實際理由和實證評價，而是文化所建構起來的觀念，藉以強調當忽視其他危險時所造成的某些危險。藉著引述環境政治學家在所有層面的論述，他們指出，用客觀性和精確性去測量眞實的風險，根本是不可能的，風險本身無法從人們對風險的態度給獨立區分出來，而其風險的態度卻是文化的產物。他們用了幾個來自於非洲社會和英國的跨文化例子，來支撐他們的論點。例如，在道格拉斯最早的田野工作地點——薩伊的儡儡族（Lele）人——在衆多疾病以及其他危險之中，儡儡族人只擔心三種類型，即雷擊、無法生育，和支氣管炎。不管這些危險在任何時候打擊到任何人，儡儡族人都會歸因於這是村落長老的病態念頭。就像這種異文化個案，被表達成是巫術控訴（witchcraft accusations）和污染信仰（pollution beliefs）的事件，是很容易理解社區意見的一致性是如何將自然的風險與道德的缺陷關聯在一起。但是就一種複雜技術，並且由科學和理性意識形態所支配下的分層社會裡，我們比較困難去認知到文化和道德的面向，對自然世界所建構的知覺。但是在英國，舉例來說，並不像美國常有這種醫療瀆職的法律訴訟，這是因爲英國法律並不承認美國那種認定醫生過失的硬性標準規範。很明顯地，在此處也一樣，社會也從文化的角度對不幸事件的責任和因果關係加以界定。

因此，社會制度化下的不信任感和風險都各有不同。有的害怕空氣、水和土地的污染，可能的表達更像是對社會控制下的工具的關注，而非是對可偵測出的危險的直接反應。道格拉斯和維德夫斯基以爲，美國的死亡主要原因畢竟並不來自於污染，而是來自於生活方式——酗酒、抽煙、道路意外，以及飲食習慣——以及圍繞在這些危險週遭的政治，並且在組織風格上，也鮮明地異於環境政治（environmental politics）。甚者，反核聯盟〔包括蛤殼黨（Clamshell）、鮑魚黨（Abalone）、蟹殼黨（Crabshell）以及鯰魚黨（Catfish）〕不單單只是關心放射性物質或是滅種的危險，並且同等關心於如何重建美國社會，如此一來，便已遠離資本密集的核子工業中，經濟和政治決策制定所強化的集中化問題。

在道格拉斯與維德夫斯基書中所批判的第二部分，探究了美國國內的意識形態和社會組織形式間的親密關係。那些輕視污染和核危險的人〔「豐饒論派」（cornucopians）〕傾向於在工業部門任職，而那些擔心這類威脅的人〔「災變論派」（catastrophists）〕卻傾向不願被工業部門所聘任。道格拉斯和維德夫斯基指出，社會上對災變論派支持的增加，主要來自於服務業經濟的成長，並且伴隨社會的逐漸富裕，和受學院教育的人增加。從環境政治裡階級立場的初步分析來看，有助於闡釋美國社會中一些對組織形式樂於實驗的民粹派和民主傳統的力量。而此傳統卻是道格拉斯和維德夫斯基的批判對象，但是道格拉斯和維德夫斯基並沒有展現他們對美國長期政治文化的脈絡知識。

道格拉斯和維德夫斯基承認，自從美國建國以來，美國人便擔心害怕中央政府會不會變得太過強大；的確，美國的第一個十三州邦聯，其錯誤就是因爲中央政府太過軟弱。然而有好幾次的外部威脅或是經濟上的災難，使美國人得以強化了中央政府，而朝向一個階級化官僚系統的國家發展（經濟大蕭條、第二次世界大戰、冷戰）。其他幾次，爲了因應中央集權的趨勢，人們在宗教會社裡，諸如民粹派的同盟團體以及民權運動，和在當代環境保護與反核的聯盟中尋求另類模式。

道格拉斯和維德夫斯基以爲，在其意識形態和組織風格中，這些運動揭露了自特殊的社會位置，對文化知覺所建構的過程。譬如，在「獅子會」（Sierra Club）與「地球之友會」（Friends of the Earth）兩個組織間，以及在「反核環境聯盟」（Environmental Coalition on Nuclear Power [ECNP]）與「蜊殼聯盟」（Clamshell Alliance）二聯盟之間，都存在著有趣的差別。這兩對的前者——獅子會和反核環境聯盟——的成員屬於比較中上的階級，較爲年長、較易相處，在意識形態上比較願意在體系內運作。而後者——地球之友會和蝌殼聯盟——在問題的分析上較爲系統化，在行動上也比較積極。當反核環境聯盟是改革派時，是以遊說政府和地方官員的方式，也比較關心靈活度和行動速度，並且容忍非正式領導人充當發言人的角色。而蝌殼聯盟卻擁有較爲年輕的成員，關注於與勞工階級和少數派建立關係，企圖成就一個平等的民主來取代當代過於中心化的社會結構。

蝌殼聯盟所繼承的不只是民權運動的戰術策略，以及決策制定上的一致實驗，並且也包括了本世紀有關無政府主義者的「參與性民主」（participatory-democracy）此種想法。這種參與性民主組織設有輪替的發起人（facilitator）來替代主席的角色，並且設有以十至二十人爲一小組的互聯組織，來分享區域性的或是其他互聯組織，或是用這種方式來避免小組成長過大，而影響了決策制定的一致性。

道格拉斯和維德夫斯基的確爲跨文化民族誌的知識論和社會學課題，在應用到美國社會的過程上，提供了一個刺激的開始。可是，他們對於參與性民主制度的思想所赤裸表現的敵意，卻使他們看不到美國在歷史上有別於其他西方民主國家的特徵。他們以爲，自願性組織就像宗教狂熱派一樣，其意識形態乃是非理性的，並且現代社會必須依賴官僚制度以及一個由強大的中央政府，來作理性協調的市場。然而，沒有任何的民族誌證據可以用來支持這種說法。道格拉斯和維德夫斯基所引用有關美國宗教派別的社會學論述，不僅稀稀落落，而且還是不適當的引述。相反地，就道格拉斯這一方面來說，這種論點反映了獨特的英國式保守主義，這是源自於一個社會的長期傳統，該傳統在文化價值上表達了中央集權。這本著作在中心與邊緣對立式的分析，對英國人而言，或許有意義，但對美國人卻不是。因此，道格拉斯和維德夫斯基所提出的批判是一種民族誌式地，在概念上曲解了美國，並使之放置在一個框架之中，但卻沒有謹慎地思考美國的特殊歷史和政治文化。當民族誌作者在一個奇風異俗的社會裡工作，這便是一個常犯的主要錯誤；而當這個錯誤是發生在民族誌作者相信該研究就像是自己國內社會裡所從事的相同研究時，那就更嚴重了。

史奈德的著作《美國的親屬制度：一項文化上的報導》（*American Kinship: A Cultural Account*, 1968），尚未全然發展成文化批判，但卻或許回返（repatriated）了人類學的模範。該著作提供了一種對其視之為理所當然的社會範疇的知識論批判，其課題乃是奠基在異地研究的詮釋人類學之上。同時，它也是一項對美國現象具有研究焦點且小心處理的民族誌研究。史奈德在自我意識上展現了一個批判目標，他試圖用激進的方式，去詢問有關親屬制度的各種不同問題。在這樣子的過程中，史奈德改變了美國人對家庭和親屬制度下的在地人式思考方式，同時誘導出我們的文化概念自身，到底是什麼意思。

史奈德想要揭露的是美國文化信仰裡更為基本的元素，利用生物學的力量以及行為的規範，所組織的不只是親屬制度所涵蓋的範疇，而且也組織了有關國民性、法律以及宗教的範疇。而這些文化範疇重疊並且被視為是更為基本的象徵元素組合。

史奈德的研究是根基在堅實的資料搜集上，他統合並且指導了一項對芝加哥中產階級的研究。然而有趣的是，這項研究的修辭學力量並不主要依賴於文本資料分析的展露上，而是作為一種示範的案例或是影響（其訪談資料後來分開展現在一個限量發行的版本）。然而這本書的眞正旨趣，在於它經由民族誌分析的獨特運作，所呈現出的獨特文化概念觀點。史奈德對文化觀點的中心想法（源自帕森斯的理論），與薩林斯的結構主義觀點是相似的——「事物和人的自然秩序」的一般概念並非是自然或天生的，而是文化所建構並且是相對的。這是人類學始終對當代文化批判訊息所提出的理論核心。史奈德主張，象徵的文化生產必須在分析上，與規範或聲明區別開來；而且在此分析的獨特層面上的文化生產和規範聲明，又必須與社會行動和行爲的統計模式區分開來。象徵物就像是代數中的單位；規範就像是數學等式（爲特定目的組合式聲明）；兩者都是行爲的理想模式，行爲最多也是近似於它們。象徵和規範彼此在邏輯上是整合的，而行爲卻是有因果機制的。因而，符號和規範——即文化——能夠在分析上從行爲和社會行動中分離開來。這些獨特具威力的區分，對好幾世代的詮釋民族誌作者，在釐清文化分析的獨特層面上是非常重要的，因爲它們使得問題得以在實際的研究中被提問和表達。《美國人的親屬制度》便是從事這方面努力中的一本代表作。

史奈德的研究因此有好幾個議程。作爲文化批判，它最多停留在潛藏的層面，這主要導因於史奈德選擇他的研究主題——親屬制度——因爲親屬制度在人類學界裡已經是如此中心的主題，反而較少去注意美國文化在批判分析的策略效用（strategic utility）。史奈德很清楚地想要對歐美人示範說明，那些各地看起來似乎同屬於一種自然範疇的事物，或許根本就不是「自然的」，而是某一特定社會的文化產品，即英美社會（Anglo-American），或是更廣泛地說，便是西歐社會。因此，對其他文化中親屬制度的研究，可能已被美國人對親屬制度的偏見給「污染」（contaminated）了，特別是美國思想中那種充滿固執的生物學意識形態。在這種有關跨文化親屬制度研究的偏見裡最重要的示範，便是人類學家在自身社會裡對親屬制度的民族誌研究，這是因爲親屬制度的常識性理解、特定分析概念以及分析慣例本身，便是來自於人類學家自己的社會。

這些關於跨文化民族誌親屬制度的分析運用，所產生的微妙文化偏見，後來由深受史奈德影響的學者說明得相當好〔如初步蘭和本納里（Benali）文化的研究，以及幾個其他的個案，（Inden and Nicholas, 1977；Kirkpatrick, 1983；Shore, 1982）〕。史奈德自己扮演一位回返本土文化的民族誌作者，展示了人類學的概念，不論是應用在哪兒，是如何明確地充滿美國文化式的臆測。因此，透過暗示，史奈德對美國親屬制度研究的部分努力，讓我們得以不同的方式思考美國的親屬制度，而不是所有的親屬制度。

諷刺的是，一旦重新詮釋我們文化裡親屬制度的範疇，以進入有關人生觀（personhood）中更具威力且更基礎的象徵組之後，史奈德發現，親屬制度作爲美國社會研究的重要論題，卻合併於甚至從屬於諸如法律、國民性，以及宗教等課題之下（所有這些議題等同地被理解爲文化現象，或是按史奈德的發現，稱之爲象徵元素）。因此，如果史奈德果眞對美國社會進行策略上的文化批判，或許他最好不要選擇親屬制度作爲強調的重點。然而，激發史奈德的回返式民族誌研究，卻是人類學思想的批判，而非是美國思想的批判。如果我們將史奈德的分析延伸至一種更爲直接的文化批判的話，需要不同重點的強調、不同策略的課題選擇，以及史奈德關於人的文化建構的觀念的主要運用，而非是在於親屬制度的本身。史奈德的一些學生已經對其他文化的人生觀進行比較研究——一種作爲民族誌實驗的刺激，這一點，我們已經在第三章討論過——另一些學生也已試圖將他這種人生觀研究延伸到美國社會裡（Barnett and Silverman, 1979）。對史奈德來說，美國文化的批判分析主要不會奠基在制度的研討上；相反地，法律、家庭、宗教，以及國民性等應被理解，且批判式地被研究成基本象徵符號過程的複雜轉換。

史奈德在方法論上所採取的天眞爛漫，與薩林斯對美國文化的結構主義觀點是相類似的，他並沒有將他所孤立起來的文化分析，放回到如政治、經濟及歷史變遷等社會結構分析的層面上。

結果，史奈德的文化論述變得「漂浮不定」（free-floating），而無法依照階級去界定文化象徵的變數，也無法去討論其他社會結構的要素，或是其歷史根源②。史奈德的觀點因此相當難以去連結到其他學者的實質研究，例如，美國家庭的歷史和現在情況的探討③。

---

②史奈德對該項批判非常瞭解，他後來與史密斯（Raymond T. Smith）共同撰寫了一本書（1973），企圖澄清美國親屬制度的階級差異。

③有一相當有趣的例子，可以用來作爲史奈德在象徵分析的先鋒上。這例子特別是用來提供一個對美國主流中產階級生活的全貌觀式和批判式的詮釋，是裴玲（Constance Perin）的最近著作，她是一位由都市規劃轉行過來的人類學家，主要研究領域爲當代近郊居民。裴玲重新詮釋了中產階級對於「鄰居」（neighbor）的觀念，以作爲一項吊詭的結構，在一種不充分意識的層面上發揮作用，讓美國人覺得他們「並不歸屬於此地」。這導致了一種豐富的概念。這是有關在美國的獨特脈絡下，常常被拿出來討論的現代異化（alienation）的情況的意義，這其中所討論的議題包括社會控制的強迫機制，以及建立在信用、法律，和市民結構的動機。如果沒有一些研究取向，去允許風格在聲調和程度上的不同，並且連結到財政和政治經濟的其他機制的話，這種環繞在疏遠卻又富裕的生活風格上的敏銳分析，恐怕不會有太大的進展。而這正是史奈德對象徵分析的風格，它在裴玲的手上獲得實現。

知識論批判的強勢技術

人類學的強勢知識論批判現在正交由深受上述作者們所影響的新世代學者所進行著，並且將這些作者們的當初想法延伸至新的方向。這些學者精確地來說，有的本身便是實驗民族誌的作者，有的則是受到實驗民族誌影響，並且大部分的實驗民族誌出現於傳統人類學在海外的研究。這些實驗民族誌，正如我們之前看過的，正在由葛茲、史奈德等先鋒創導的詮釋分析修正著，以作爲政治經濟議題的報導，並且對當前人類學的再現慣習，進行自我批判和重新評估。除此之外，這些年輕的學者也捲入了回返式民族誌研究的潮流中，並且關心於如何將人類學的詮釋工作，完全地放置在其他領域如美國研究、歷史學以及文學批判等相關文獻的脈絡內。因此他們放棄了他們的老師爲了效果，而在方法論上所運用的「天眞爛漫」的研究方式，部分的因素是因爲這種方式已經達到其目的，部分則是因爲企圖聚焦在「眞實世界」的批判上頭。然而，仍有少數人類學家所撰寫的重要作品，在文化批判中再現了這種強勢的知識論批判；它所造成的騷動和潛能，至今仍主要停留在以論文撰寫的文章形式上。

這些作品管理著兩個層面的運作。第一，它們對其直接的研究主體所進行的意識形態批判，或是在社會行動和制度化生活中，其思想模態的去神秘化。例如，目前受人喜好的研究主題是對諸如醫生、精神分析者、社會福利工作者以及警察等社會服務專家的思想和實踐的批判，這些專家關心的是人們的經驗，並且將之分類爲委託人、病人、嫌疑犯、受害者等。第二，這些研究對傳統社會科學研究取向進行批判（作爲社會中某特定專業的思維方式）。在介紹去熟悉化的架構時（如前面幾個例子裡，薩林斯、葛茲，和史奈德過去所從事的工作），他們展列並且重新更換社會演員慣有的思維方式，以及傳統社會科學的再現方式。

許多回返己身社會的人類學研究，預料都在處理傳統的人類學主題：如親屬制度、移民、少數民族、公共儀式、宗教膜拜、反文化（countercultural）社區。然而，文化批判最重要的主題並不是這些傳統已被界定的課題，而是大衆文化形式的研究，以及多少較爲試驗性質，對主流的中產階級生活的研究。它們提出了比起1920和30年代文化批判者早已提出但卻更爲廣泛的問題，這是有關社會階層、文化霸權以及認知的改變模態等。有關大衆文化工業、流行文化以及公衆意識的形成等問題，已經成爲新研究方向中最富活力的一項研究。1950年代的菁英份子輕蔑大衆文化，他們擔心大衆文化會不會將低俗的事物（lowest-common-denominator）變成是一種制度化下的產物，然而這項恐懼已經爲民族誌探究所取代，這類的探究是有關工人階級、族群、區域性社區，以及年輕一代如何來「再次利用」（rubbish available within a preconstituted market）——藥品、服裝、汽車——以及通訊手段，以便在社會中建構屬於他們自己意義的地位和經驗。不管這些大衆文化只是繼續單純作爲現實的表達，還是他們所建構的競爭式政治動員，以便來對抗「體系」，這些都是豐富的文化文本，並且可以經由這些文本來閱讀到一個更大，充滿整個社會的鬥爭，這是有關不同的大衆對事件所界定的權威性和其他可能的意義。對文化分析和批判來說，對事物或事件意義的彼此競爭，正是政治的核心所在。

英國伯明翰文化研究小組曾創先使用一些民族誌技術來探討這個課題，而最近類似的努力也在美國更多的地方進行了④。文

---

④舉例來說，弗瑞斯（Frith, 1981）、黑迪吉（Hebdige, 1979）、威利斯（1978）、恰波和葛拉法羅之合著（Chapple and Garafalo, 1982），以及

化批判者雷蒙・威廉斯最近為文化社會學此一課題做了一份充滿野心的計劃腹稿（1981a），主要是朝向制度化的非自發性文化產品所作的研究。作為知識論批判，該研究的運作包含兩種動作，一是在社會結構的多方領域裡，指認其批判的外在環境，二是從提問有關文化霸權的問題，以及社會內部裡彼此競爭的意義片段，其結構是如何形成和協調的。

關於制度和專業文化的批判，是民族誌研究另一有前途的領域。舉例來說，這些早已建立完備的科學社會學和科學史，早就已經運用民族誌（以及社會學裡的民族方法論）技術，將西方社會裡幾乎所有有關於科學的神學式對待，如方法和意識型態等，給予去神秘化。拉圖爾和伍爾加的合著《實驗室生活》（1979），是一本描述實驗室裡的科學家，對其例行工作的一項有趣、徹底的民族誌研究，其中帶有明顯的批判意圖。他們甚至把自身和研究主體的關係，重複地拿來跟古典異文化民族誌中的田野工作情況作比較。此一做法有時把民族誌貶低成像是諷刺漫畫一樣，但是其揭示性的觀察卻保存了展示的課題。譬如，策略的使用轉換了資料的引用與研究，以及將論述小心地包圍在一個較不受爭議、可接受的科學「事實」之內。

另一先鋒式作品是「批判法學研究」（Critical Legal Studies），其中包含的學者有甘迺迪（Duncan Kennedy）、高登（Robert Gordon）、霍維茲（Morton Horwitz）、初貝克（David Trubek）、史東（Katherine Stone）以及其他律師和法學院教授等的參與。他們企圖就美國法律體系所有方面的意識形態和實踐進行批判。採用民族誌的研究取向來批判法律教育、法律專業人士的口頭和書面話語，以及法律程序的社會效果。他們所想要的不

雪鐵龍（Czitron, 1982）、利斯茲（Lipsitz 1981），以及馬可斯（Greil Marcus, 1976）等。

僅只是提供一個現實上有關該體系是如何管理的實際描述，且對立於這些善於法律操作的法律學者所傾向的正式模式，並且更想要展示法律作爲一種過程，是如何對立於傳統的智慧。批判法學研究，就像大衆文化和流行文化研究一樣，對文化霸權、權威意義的建構及其爭論過程都具有貢獻。人類學家納德和摩爾（Laura Nader and Sally Falk Moore）的合著，在已經建立起法律在人類學的分支，輕易地延伸到文化批判所努力的領域中，並且似乎也慢慢地朝這個方向移動。

民族誌研究在醫療專業上的思想和實踐也是類似性質的一個開創。在最近出版的期刊《文化、醫療與精神病學》（*Culture, Medicine, and Psychiatry*），對於民族誌研究裡文化批判的自我意識趨勢的萌芽階段來說，是一個豐富的資料來源。譬如，由高奈斯和哈恩所合撰的論文（Gaines and Hahn, 1982），就人生觀的模式進行批判，他們以爲這正是醫生用來處理他們與病人關係的證據，而且潛藏在關係之中。此一批判不僅符合海外實驗民族誌潮流的主題，同時高奈斯和哈恩在傳遞他們的批判時，不僅有效地運用了跨文化部落研究的例子，也同時維持等同深度的民族誌知識來探討當代美國醫療環境。相似的分析也可以應用在法律專業和所有其他專業者的分析中；並且可以依據這些專業者的不同旨趣，就其客戶的分析，建構專業者的第二個文化模式，此一模式通常與客戶本身在不同活動脈絡裡所認知的常識觀念有所衝突。高夫曼（Erving Goffman）的先鋒著作裡，對於現代社會特別是美國，有關人及其自我的研究，與葛茲和史奈德在異文化裡的人生觀研究，都是可以作爲美國文化批判裡更具系統的民族誌著作的指針。

第三種研究課題是有關民族性（ethnicity）和區域性身份（regional identity）的研究，該課題對這種展現活力的回返式民族誌來說，似乎已經是發展成熟了。這兩種課題一直在社會學界限的問題上，停滯在一種陳腐且重覆簡單的提問上。這種身份在文化建構的探究上，可以作爲這些研究課題的革新之道，特別是關於應用在民族性分析上的自我心理分析觀念，這是由於片斷所構築的自我，並沒有辦法藉由普通的認知模式來立即同化。對許多美國人來說，二十世紀晚期族群的流動或是同化問題，已不再是一個熾熱的議題了，或者這麼說，這類問題已經很容易地被指認和承認了。這是因爲在自由國家的意識形態和計劃內，或多或少已經滿足該適應的模態。於是更爲強迫性的議題，是將濃厚的情感與族群起源緊緊地綁在一塊兒，這是一種曖昧地根植且被給予刺激的關係，並且通過類似於夢幻和轉換的過程而來，而非是經由族群的同盟關係或是影響。到目前爲止，這類的議題主要是在小說和自傳文學中探討，然而對於民族誌的處理來說，它們似乎也是理想的問題。我們在第三章已經討論過，民族誌裡生命史的實驗性「迴光返照」（experimental rejuvenation），對於理解順應美國多元化的社會具有貢獻。它也同時構成了一種對二十世紀晚期美國社會科學其理解民族性之支配方式的批判。

區域性身份或許也是經由相似於民族性的動力來操作的。〔譬如在美國，當「日光地帶」（the Sun Belt）再現一個在意義上和界線上的改變時，南方（the South）永遠都是一個醒目的區域範疇。〕然而不同於民族性的是，區域性身份清楚地來自於領土及政治的區隔，並且無可避免地依附在強烈地歷史集體感受上。區域主義（Regionalism）議題的核心是菁英政治，它是經由對文化形式、宗教神話以及忠誠等操作來實行的，以及經由現代對自我意識的信心所支配下的社會，一種蔓延式的懷疑、認證的可能手段和確實的文化表達。回到本土文化的主題上，就某種程度來說，過去也就是區域性身份所訴請依賴的地方，正是批判式民族誌的理想課題，亦即是尋求探索文化觀念自身。這種文化觀念被理解爲一種常識，並且糾纏在當代美國社會政治經濟中。

對該課題的探索，許多其他的實質場域也已經得以確認。與文化批判緊密關聯的資本主義過程，是先前在相同議題所討論過的另一種研究方式。在一個資本主義過程的社會裡，「社區」似乎是在理想上而非是實體上（tangible），一種更容易成為是民族誌觀察中可界定的單位；它介乎於階級和族群二者間的關係，以及它們在文化表達上可能是最佳的研究範例（借助馬克思的洞察力）。這類文化表達可以經由對事物的研究，也就是商品的生產、工作的本質、對經由廣告所創造出的商品需求、美國生活中依附在金錢之上的象徵性和情感，以及商品消費和使用的模式（見阿帕都瑞〔Appadurai〕，即將出版）等來加以探討。在所有的研究努力上，有三種批判式的譏諷最為重要：行動中的意識形態批判、社會科學研究批判，以及在民族誌研究主體中，對已存在事實（de facto）或是社會的清晰批判的確認。當然，最後一項必須靠前兩項的幫忙，方可構成一項最具威力的訴求，而得以將民族誌作為是文化批判所提供的一種模態。

有一個長期的幻想始終圍繞在英美人類學家當中：有一天，來自初步蘭、波洛洛（Bororo）或是恩丹布社會的人類學家能來到美國，用一種完全不同的文化觀點，並且提供一種「互惠」（reciprocal）的批判民族誌〔正如傳統以為托克維爾（Toqueville）所已經做到的那樣〕。然而，一旦這些人被訓練成為人類學家，他們當然不再是當初那些不同文化下的絕對他者了。在這種狀況之下，我們能獲得的成就是，在異文化的生活世界裡發掘出一種對西方的批判，〔正如陶西格所作的，以及貝梭（Keith Basso）有關阿帕契人（Apaches）的著作《「白人」的畫像》（*Portraits of the White Man,* 1979）〕，或是藉由一位完全熟悉另一文化的民族誌作者，將其對該文化的觀點拿來批判，應用在自己生活方式的各個層面上。這便是獨特的人類學文化批判的第二種主要形式，接下來，我們便來探討這種形式。

跨文化並置下的去神秘化範例

就理想的狀況來說，這項技術需要運用到詳細的異文化民族誌紀錄，並且小心地避免將文化從他們的當代情境中移走，以便用來作爲等同強度的本土民族誌計劃的批判和比較方針。當然，的確有許多人類學討論的例子是拿異文化的民族誌細節，與我們己身文化的某些方面作並置，以便借助「去熟悉化」此一技術來作一批判的重點，但是到目前並沒有人完全盡心竭力地將它作爲是文化批判的策略。通常來說，並置的某一方總是會較爲粗率，而對於細節的處理也較不注意；諷刺的是，往往是有關美國本土文化的這一邊較不精確，這是因爲人類學家一般來說，都會將其較具洞察力的理解，放在異文化的田野工作，而非是自己的國內社會。

早期人類學跨文化並置批判用法的典型範例，要算是牟斯的經典論著《禮物》（*The Gift,* 1967）了，該著作運用了比較的範例，來提問有關法國（和資本主義）政治經濟的道德重組問題，在此個案裡，牟斯倚賴於他人所做的民族誌以及他個人對自身社會的一般知識。因此，牟斯並沒有從事一種將己身社會與異地社會二者的民族誌對照計劃的策略，結果是，該論著聚焦在異文化上，卻留下發展不全的法國案例。並置式文化批判的弱勢技術，便常常有此種在民族誌裡缺乏平衡分析的特徵，相反地，卻只是對並置的某一方或是雙方的情境作一般性論述。一個更爲晚近的跨文化並置的批判範例，是杭廷頓和麥卡夫（Richard Huntington and Peter Metcalfe）合著的比較式論著《死亡的慶祝》（*Celebrations of Death,* 1979）。在這本書裡，結尾的章節是有關美國人處理死亡的方式；此一章節以一個有趣的暗示來作爲對中產階級生活的批判，但是書中所強調的重點，卻是放在作者們自己的民族誌資料，而書中所添附的美國資料卻是來自二手的來源，並且是作爲一種煽動，而非是作爲一個並置的案例，就像在討論異文化裡死亡議題那樣的週旋完整。並且，其批判的功能僅能作爲一種事後說明。

當代人類學文化批判裡最具卓越的傳統，並且強烈地依賴於並置的策略上，已經成爲米德的經歷及寫作的同義詞。米德的經歷主要並不是作爲一名學者，而是美國文化和社會的批判者，而對於她的大衆讀者來說，她的權限來自於身爲一位人類學家的身份——作爲一位科學研究的專家，經由她的田野工作和訓練，米德精通不同於美國生活風格的另類模式。跨文化並置只是米德作爲一位文化批判者所使用的多種技術中的一種而已，然而她的事業卻是開始於一本著作的出版，其中跨文化並置技術變得具決定性：《薩摩亞人的成長》（*Coming of Age in Samoa,* 1949 [1928]）是一本有關薩摩亞文化且具啓發性的報導。該著作並置了薩摩亞人和美國人養育兒童的方式，並以教導的方式替美國人上了一課。諷刺的是——但或許也是對這種評論方式的需求所作的測量——即書中的最後兩章，也就是有關將薩摩亞的資料去關聯至美國的生活，是在米德的出版商的催促下，後來才加上去的。

對米德的老師鮑亞士來說，米德對薩摩亞研究的貢獻，在於通過人類文化的適應性示範，來辯駁種族主義的社會思想。如果我們將這本著作在知識界所具有的知識論批判暗示先放在一旁的話，這本著作對於美國人親子的社會化行爲，以及青春期的「自然」反抗等假設所作出的批判，得以成爲最佳暢銷書。本書管理著兩個層面的批判，並且這已經使得二十世紀的文化批判在概論上變得複雜化。一方面，它就美國社會將人類學視作一項學術訓練裡，其知識份子或是學者的思維模態提出了批判；另一方面，它也同時是意識形態的批判——這是一種思想上普通常識的意識形態，包含著概括式的文化特徵，其中整個學界便是在這種觀念下建立起來的。米德作爲一位先鋒者，但是在她第一本書裡並沒有完全地掌握此二層面的批判。鮑亞士發展了其中一個層面，而她的出版商促使她發展了另外一個層面。在當代批判和反思的民族誌裡，作者們已經幾乎強迫地察覺到這兩種層面，但是在《薩摩亞人的成長》裡，這只是附隨地展現出來而已；大多數當代帶著批判企圖的文本，都表達了它們對知識論批判戲法的憂心，這種現象已經充滿在其研究主體的批判觀點中。《薩摩亞人的成長》作爲一本先鋒式以及有問題的批判作品，採用了跨文化並置的技術，提供我們一種適當的工具來評估這種作爲文化批判的技術潛力。

現在看來，《薩摩亞人的成長》的第一部分，展現了對薩摩亞文化所作的片面式且田園詩般的描繪。這種對薩摩亞文化看法的適當性，已經在由瑞曼（Derek Freeman, 1983）在企圖揭穿米德的民族誌品質的餘波中，如火如荼地辯論起來。然而，我們所關心的並不是這些論辯的議題，而是在於更爲扭曲地再現薩摩亞文化民族誌此一議題上，特別是當它被米德詳細地拿來作爲並置的標準，以便用來比較和批判美國的文化常規（American practices）。米德的批判目的是針對美國文化，但是不曉得是有意還是無意，米德並沒有去處理薩摩亞生活的完整脈絡，因此導致薩摩亞人掉進象徵符號的危險之中，甚至將他們像諷刺畫一般，描述成具有貞潔或是令人滿意的行爲舉止，以便作爲探刺美國文化的批判平台。

再者，就米德所主張的美國文化常規，即被她拿來作爲去神秘化的課題，在內容上並非來自於米德自身或是其他人的民族誌，而是來自於米德個人對於美國文化常規的一般性理解，這種理解乃是以作爲美國文化的一分子，再加上她所知道的合適的學術資料二者所獲得的。所以，米德只是將她自己在薩摩亞所做的相對深入的民族誌與一般的學術觀點，以配對的方式並置爲一，並且還將這種一般觀點，視之爲眞正的美國常規特徵。然而，較佳的研究取向，乃是通過獨立的民族誌研究，來挑戰青春期「狂飆運動」（sturm und drang）的內在本質，來細心檢測美國的文化常規，方能將這些具體的發現與對比下的異文化研究作一比較。倘若對這些民族誌研究缺乏同等深入的程度，米德對於美國常規的觀點將會是一種靜態、清清楚楚、過度概觀化，並且片面的報導。而米德對批判方式的拿捏，結果只是將另一個文化鼓勵作一種相似靜態且片面報導的對照並置。

民族誌和民族誌批判的優點，在於它們聚焦於事物的細微末節，以及對脈絡的持久尊重，並且在任何情境下，都能持續的對複雜性和各種的可能性充分認知。如果在其民族誌批判的計劃裡，有其中一方的案例從民族誌紀錄下，完整的抽離出文化脈絡，而變成一種靜態的陳述，那麼很清楚地這是很危險的症狀。既然如此，我們該如何藉由並置來達成批判，並且既可以訴諸於重點，又可同時避免將再現的任一方自其脈絡中脫離，或是刻板式的表達呢？

有一種更具威力的並置批判技術，依賴在民族誌個案雙方的辯證和互惠式的探究上，即以一方來作爲對方的探針，以刺激出更多的問題。在此，並置的異文化個案不單只是作爲美國常規的另類思考或是理想的對照物，而是作爲己身社會的民族誌深入研究時，在拿捏問題方向上的手段。文化批判的出版報導將會圍繞著兩項民族誌計劃，並且予以追蹤，或許該二者會有不同的強調之處，但是在這種文本裡，另一異文化探針將會變成像是探測己身文化的主體那樣，批判式地探測自己。（在米德的個案裡，這意味著對薩摩亞的詮釋進行批判性的再評估，而非往其靜態的陳述方向前進。）這麼說來，如果按照習慣上的標準，並置的兩端若是抓不住重心，的確會造成一種開放性結局的、不平衡的，甚至難以處理的文本。但是務求文化批判的適當再現，正是實驗民族誌的挑戰。

這類關於米德跨文化並置的實驗性修正，就此刻來說正是合宜，這也是我們在人類學的獨特實驗潮流下，早已界定的再現危機。對廣大的大衆來說，《薩摩亞人的成長》在過去是——並且也將繼續會是——文化批判裡具影響力的作品。但是，正如我們所說的，一般讀者面對當前更具整合的世界體系時，會愈加懷疑有關原始社會的圖像，或是異地風俗社會的孤立性，這一點美國人是非常熟悉的。假使將異文化的他者與我們作一對照，以作爲一批判的論點時，他們必須更寫實地被描繪，以及分享一個與我們相同體驗的現代情境。而藉由民族誌寫作的實驗潮流的貢獻，同樣的懷疑也反映在人類學自身當中；這些貢獻在於其強調性：在任何研究環境下的多元觀點與不同的詮釋，然後完整地將人物描繪至文脈中，並且任何使用民族誌資料的文化批判計劃，都必須承認這些強調。

我們或許可以從特布爾（Colin Turnbull）最近的著作《人類周期》(*The Human Cycle,* 1983)中，清楚地看見一個跨文化並置下，老舊的弱勢文化批判的例子。有關於對這本書的批判者，不只是人類學家，特別是其他評論者。特布爾的作品仍然維持依賴靜態的、「我們／他們」的並置，來傳遞對美國（和西方）社會的批判。在這本著作中，異文化被國粹主義式的拉高價值，相較之下，美國的情況則是籠罩著一片愁雲慘霧。這種赤裸裸的挑戰可能有其令人震驚的效果，但是今日廣大的讀者群已經知道，或者感覺得到，這個世界仍有細微差別並且更具寫實的可能性。柏格（Peter Berger, 1983）表達了當代對特布爾著作的抗議：

自從人類學被授與學位而作爲學術界的一門訓練之後，人類學就被應用在兩個較大的議題上。人類學被用來教育，並且使得人們對於那些與我們有非常不同的生命、價值以及世界觀等方式，可以更具敏感度。依這種方式，人類學對於一個文化交流大量接觸的時代，在自由心智和人文察覺等形成的過程上作出了重大的貢獻。人類學也同時被用來作爲一種意識型態上的工具，借用對遙遠之境所依述的較優越或是較健全的文化，來毀壞西方文明。那些從事這類極不公平的比較活動的人類學家，最起碼對於當代西方社會核心的失敗作出了些微的貢獻。柯林・M・特布爾在這本著作中，和早期的作品一樣，在有些地方繼續爲人類學作爲世界性自由教育的貢獻者，奮力地辯護著。可是，這本書的絕大部分，都是清楚地應用在人類學的第二個議題上，即藉由他者對抗人類生命週期的方式作一比較，以便用來哀嘆我們自身文化的缺陷。（p. 13）

並非所有這類批判的形式都像特布爾的批判那樣刺耳；米德就不是，並且米德的著作構成了我們在弱勢跨文化並置中，所考慮的一種有效形式。話說回來，將跨文化並置作出強勢技術的技術，並非僅僅是依賴於去熟悉化來達到效果，而是試圖將讀者捲入一個延伸式的辯證話語中，來探討有關相似處與相異處的無止盡開放性質。

並置的強勢形式在藝術和文學領域中，與後現代主義的當代困境有一種有趣的類似關係，而這層關係又與來自歷史現代主義的發展有關聯（Foster, 1983）。現代主義過去將眾多的效果純粹依賴在震撼性的價值上，然而，現在沒有任何具震撼性的東西了，於是乎，後現代主義企圖將去熟悉化的策略轉移成一種延伸式的複雜話語，以便將讀者或是觀眾拉進其話語之中。在藝術的領域裡所追尋的，是一種實驗性的文本和表演方式，以利於發展出這種強迫性的批判對話。而人類學作爲一項文化批判，已經面臨到同樣的困境，並且企圖通過民族誌對再現模態的改變，尋找相似的解決辦法。民族誌並置若是發展成熟，將因此變成最具威力並且最爲獨特的文化批判形式，這其中，人類學或許可以完成主要的兩項現代辯護中的第二個議題。

跨文化並置的強勢技術

我們所以爲的強勢跨文化並置，是一種研究己身社會脈絡的民族誌計劃，該脈絡從人類學被授與學位開始，便已經和研究異地的民族誌有一種實質的關係存在。（早期最理想的方式是由同一個學者來主持研究，但實際上，偶爾是借用別人已出版的民族誌）。異地民族誌給予研究己身社會的民族誌，一個分析的框架或是策略，否則的話，這種分析是無法達成的。這種民族誌個案和經驗的雙重追溯，給予了自田野工作到文化批判文本這種民族誌回返式研究的特徵，如同一些實驗民族誌的例子一樣，它們可能會採用民族誌的細節內容及修辭，但卻不會是傳統意義上那樣單純的民族誌。在擬思過這種民族誌計劃的大綱以及所造就的文本後，我們對於是否還要詳盡描述（或是規定）任何更進一部的程序感到猶豫，爲的是避免去建構一個文化批判的機械式方法或是範式。就現今的一般實驗而言，任何的理論來源、分析風格、修辭學以及描述的程序，都是借自於人類學和其他學科裡革新式文本的出現，以作爲一種影響力流通著。譬如，這種民族誌計劃可能是由批判寫作的較舊式傳統來形塑自身，或是主要從某人類學家的知識性自傳而崛起，而所包含的不僅是異文化中的專業民族誌經驗，更是該人類學家個人對自身族群、性別或區域性等的一種認同。

雖然我們從個人接觸的方式中知道，並置的過程乃是潛藏在任何民族誌計劃所擁有的兩面性本質中，並且的確已經在最近的研究著作中給予資訊，可是我們卻想不出任何一本已出版的著作，可以清晰地作爲我們想要講的例子。所以，我們請讀者參照本書（英文原著中）的附錄部分，其中包括我們每個人正在進行的研究的記述。目前我們還不確定這些研究計劃的結果如何，特別是有關其文本生產的形式，但重要的是，在此我們用範例來說明這種並置式的比較是如何進行。幸運的是，在這兩個範例之中，仍有許多不同之處，如風格、研究取向，課題的旨趣等，這一點補強了我們的重點，即我們所勾勒出的這種文化批判是絕不會太狹窄的，並且可以涵蓋任何範圍的個人品味，以及研究的旨趣。

民族誌的多元接納

我們所主張的強勢跨文化並置，在批判民族誌計劃的各個面向上都辯證式地進行著：其辯證的結果對並置 y 二者的社會都提出了批判。並且，任何這類的計劃都同樣涉及對異文化研究的多種引用，而與原本並置的二者形成了一種三角關係。這立即出現了一個問題，即根據人類學在文化批判的過程所撰寫的著作，其潛在或是滿意讀者群的出現。這種人類學強勢文化批判的激進式意含，經由作者對彼此批判所強調的並置方式，因爲作者對讀者群所預想的多樣化可能性，而使得這個意含進入一種更加複雜的意義層面。我們可以從葛拉西（Henry Glassie）在最近出版的愛爾蘭民族誌的序言中，稍微看到這點。在序言中，葛拉西特別提到寫作的同時，要顧及有學問，但卻帶點鄉土味兒的研究對象，還有世界共通的閱讀大衆（在這些多種類型的讀者中，包括美國學術界和最感興趣的愛爾蘭大衆）。撰寫單一的文本，從中發出多元的聲音，並且清晰地考慮到讀者群的多樣化，這或許正是作爲民族誌和文化批判的人類學寫作，在其當代實驗的推動力上最爲尖銳的刺激。

以推測的方式來說，其他社會的成員會逐漸愈來愈有學問，而會去閱讀有關自身的民族誌報導，並且反應在他們自身社會的描述上，同時也反應至民族誌雙重觀點中有關吾人自身社會的前題上。就他們那一部分而言，美國的讀者可能會對有關異地社會理想化、簡化後的民族誌報導感到反感，進而要求對自身社會研究的民族誌能更寫實些，這樣的人類學批判才能更具說服力。這種彼此要求並置的觀點，必須發展出成熟的互惠交流，甚至要求在人類學文本寫作中要有多重的文化參照重點，始終是深具潛力的。依賴於這類深具潛力的要求的刺激和交會，以擴大讀者群，正是實驗寫作的作者所期待的，並藉此超越過去人類學寫作中，相對狹窄和傳統的讀者群。

在過去，民族誌寫作只考慮到兩類有限的讀者群。嚴肅的民族誌所撰寫的對象，主要是爲其他人類學家或是該地區的專家。文化批判人類學著作的讀者群雖然比較大規模，但仍舊是有限的：龐大的美國中產階級和讀者大衆，被視爲是沒什麼差異性，並且缺乏一個明顯的、多元特色的文化團體和族群屬性。而大衆讀者群便是浸染在自由主義思想下的寫作，所想像、訴求、以及鼓勵的對象。這類的批判，其價值在於時常對其他的生活方式表達寬容和正當性，以及對該社區的滿足等訊息。而這些訊息用來改善此一富裕，以成功爲動機取向的讀者群其地方性的格局（parochial tendencies），並且使這群讀者的視野能保持虛心的態度和冷靜的心情。

雖然人類學批判所提供的基本訊息，將持續是寫作的重要理由，但是民族誌所進行的批判計劃，是一個對世界知覺的根本性改變。這一結果迫使了「民族誌寫作的方式」和「民族誌作者知道是爲誰而寫」二者的轉換。前者正在當代實驗潮流下進行；然而後者卻發展遲緩。事實上，這其中一部份是受到大多數所生產的民族誌研究，在傳統學術脈絡下的積習和要求所約束。

然而，無可否認的是，今日讀者群已經變得更多元。人類學家也已因應了各種的實驗技術，企圖將多元的聲音帶進文本之內——或者至少是一種多元的觀點——以反映在撰寫民族誌時，眞實的研究過程和建構的工作。有時這些實驗已經變成自身的目的——固執於話語和對話的再現。但是這些技術在作品中，終究必須更爲精煉，因爲不同種類的讀者群會牽涉其中，進而約束人類學必須爲其再現負責。事實上，民族誌作者正在爲自身社會和異地文化二者間，多樣化且具批判力的讀者群所撰寫著，如果他們能增加對這一點的了解，那麼便會更進一步地從事文本的發展，以給予實質上以及自我意識上的多元觀點。

結語

在當代人類學的研究活動及其旨趣的多樣性中，有些人會對民族誌的核心傳統鼓掌以表示喝采，有的人則是憂心忡忡。在本書，我們已經提出了民族誌當前的窘境，以及人類學對這些窘境所做出的反應。並且在現代學科訓練歷史中此一不確定的時期裡，提供了一個恢復此一目的的機會。從一些與人類學有密切關係的學科發展來看，當前正是對社會實體的展現方式，表達極度關心的階段。緊接著，這種尖銳感受到的描述問題，導致在人文科學內，有了當前這種民族誌式的時刻，使得人類學與其他的學科具有一種潛在的重要關聯性。

同時，在人類學自身裡，關於民族誌是什麼，可以成為什麼，或是應該作為什麼等問題，正以一種自我察覺和實驗的方式在探求著。然後，在人類學內部裡，此一時期便成了一個實驗性的時刻。民族誌的研究和寫作模態，在經由二十世紀文化人類學發展成為一項學術訓練之後，標示了十九世紀關於「人的科學」的偉大觀點，實際上已經被中止了。不過，這種偉大觀點的精神，在民族誌的計劃裡，仍繼續是一種強烈的修辭架構，但是，這已經無法回到當初十九世紀的宏觀計劃本身——而「返回宏觀計劃」正是「非歷史化」所一廂情願的想法。民族誌確實是一個活動場域，在那兒「人類學作為一個科學」的觀念，正可以被用來說明其能力，以便包容一個受激發、具意圖性生命的詳盡現實。當指導鉅觀理論架構（macrotheoretical frameworks），以及論辯的一致性發生混亂之時，民族誌實踐不僅在人類學內，並且在一定數量的其他學科裡，仍停留在人類學繼續維持其生命力的地方。在我們所已確認的實驗趨勢中，當前對民族誌實踐的探索和無形式的提問方式，只能被視爲是健康（healthy）的。現今的民族誌實踐應該被理解爲是一種過程。這其中在二十世紀早期所開展出來，成爲一項學術專業的文化人類學，正藉由基本理由及其所作的允諾，在當前的世界裡更新著。然而當今所理解的世界與當初民族誌先鋒時期所研究和寫作的那一個世界相比，已經是相當不同了。一個具備有歷史性意義以及政治敏感度的詮釋人類學，保存了「相對主義」來作爲它一開始對所涉及問題的研究方法，並且重新建構田野工作、文化他者，以及文化概念自身，以作爲民族誌再現的架構重點。民族誌經常把熟悉的事物與不熟悉的事物拿來相比較，最後鼓勵一種激進式的提問，究竟民族誌自身的接納度範圍爲何，或者以相同的方式，去詢問社會科學裡的任何著作，其可以被接納的範圍應該可以到哪兒。民族誌的任何作品於是變成一種歷史意義上的自我察覺文件，該項文件認出了多方接納的可能性，以及多種話語可能的關聯性。這種延伸性關聯的眼光，一點也不帶有任何烏托邦的意味，而是完全地根植在人類學研究和寫作的傳統裡，這種傳統將會在自身的計劃裡，完整地識別歷史和政治意含。

此一實驗的時刻可以被形形色色地詮釋著。它可以被視爲是健康的；也可以被看成是人類學衰退到知識的雜亂堆裡。我們在此採取了正面的看法，來作爲我們所謂的再現之危機，或者是作爲一般理解廣泛論辯的後現代主義知識狀態的背景〔（Taylor, 1984, 1986），以及兩本正在撰寫中，比起我們所討論的人類學後現代實踐議題，更進一步論述的著作〕。儘管民族誌對於統一理論體系的混亂以及普遍的漠視（後現代主義者會說正因爲如此），但是民族誌比起以往更具複雜，而且在知識上更富挑戰性。在許多學科缺乏穩固基礎的時期裡，實踐成爲改革的引擎。正因爲如此，當代的實驗作家正在使民族誌適應於先前我們所探討的，那種關於歷史盲點早已建構完備的批判方式。在本書中，這些實驗性書寫的報酬在於人類學對異地傳統文化領域的探索，以及在人類學回返趨勢所作的修正，這項文化批判計劃，雖然長期發展不健全，但卻被視爲現代人類學最具有潛力的地方。

就這種實驗趨勢所關心的目標來看，這並非是一項眞正的創新。它僅只是實現了人類學長期以來，經由民族誌的撰寫所允諾的貢獻。它擴大了所有民族誌在多元方向上的潛在關聯性，特別是作爲一種與研究主體有關的話語形式。正當詮釋民族誌更朝向研究主體的文學、對話以及自我表明的中介發展時，它在實踐上實現了相對主義這種信念，但卻不幸地被加強成一種教義（doctrine），以作爲二十世紀人類學自由思想的核心貢獻。這種彼此強化的實驗趨勢，和民族誌作爲文化批判的兩面性本質的領悟等，二者所作的承諾便是一個被賦予應用的相對主義。這種相對主義的修復，讓世界各種改變的狀態，得以完整地再現出來。當此一世界在多樣性的感受力——假使不是在現實層面上——受到現代意識的威脅時，這種實驗趨勢就必須提供一個令人信服的途徑，來捕捉世界的多樣性。這使得民族誌從過去長期以來僅被視爲一種描述，如今卻搖身一變成爲了潛在受爭議且不安定的「再現」模態。這個世界的差異已不再被人注意，不再像是那個探索或是搶救的時代，也不再像是殖民主義且高度資本主義的時代，而是在一個明顯的單一均質化的時代。在這個確實性受到猜疑的時代裡，當我們辨識到文化的多樣性而忽略了實際的意含時，民族誌必須挽回或是恢復到有效而且具有意義的層面。

我們以一段話來作總結，或許會有人期待任何文化批判計劃，都能顯著地表達出有關道德或是倫理等面向。對一些人來說，在現實社會的特殊背景下，價值觀的擁護或維護，都是文化批判的主要目的。然而，身爲民族誌的作者，吾人對於人類的多樣變化本就是一項原則性的旨趣，並且對於任何的研究主體，也都是一律公平地對待。我們敏銳地對那些猶豫不決、諷刺性以及自相矛盾的事物具備敏感度，讓這類的價值觀以及理解的機會，都在此一多元的社會脈絡中，於日常生活的層面上找到表達的出口。因此，價值觀的陳述和主張並不是民族誌文化批判的目標；相反地，民族誌文化批判的目標，係在不同價值觀的接合和暗示下，對歷史和文化情況的實證探究。在本書中，我們已經將注意力放在表達的手段，以及潛藏在價值觀裡的疑難雜症，想像成是美學、知識論以及研究旨趣的問題，這些都是民族誌作者所投入的田野研究，以及以一種革新的實驗方式來書寫時所會遭遇到的問題。

價值觀的明確證實和維護，在「社會條件的批判式知覺」此一背景下自有其文類。藝術與哲學曾經是價值觀、美學以及知識論作有系統論辯的領域，可是，這些話語的興盛卻是建立在自我意識與這個世界二者的分離上，以便將討論的議題看得更清楚。他們或許利用了實證研究，但是卻將有關社會現實其主要和詳盡的再現內容，留給另一類型的思考者。我們所理解的民族誌，在實驗的轉變以及批判的可能性上，企圖成爲實證研究以及寫作的訓練工具，來探索關注於西方藝術和哲學等相同種類的論辯。而這種論辯在世界各地的社會生活中，正以一種具本土性和特色的文化脈絡來顯露自身。

參考書目

Alexander, Jeffrey. 1982–83. *Theoretical logic in sociology*. 4 vols. Berkeley: University of California Press.
Alter, Robert. 1982. The Jew who didn't get away: On the possibility of an American Jewish culture. *Judaism* 31(3): 274–86.
Anderson, Perry. 1984. *In the tracks of historical materialism*. Chicago: University of Chicago Press.
Appadurai, Arjun, ed. n.d. *The social life of things: Commodities in cultural perspective*. New York: Cambridge University Press. Forthcoming.
Asad, Talal, ed. 1973. *Anthropology and the colonial encounter*. New York: Humanities Press.
Bahr, Donald, J. Gregorio, D. I. Lopez, and A. Alvarez. 1974. *Piman shamanism and staying sickness*. Tucson: University of Arizona Press.
Bandelier, Alfred. 1971 [1890]. *The delight makers*. New York: Harcourt Brace Jovanovich.
Barnett, Steve, and Martin Silverman. 1979. *Ideology and everyday life*. Ann Arbor: University of Michigan Press.
Basso, Keith. 1979. *Portraits of "the whiteman": Linguistic play and cultural symbols among the western Apache*. New York: Cambridge University Press.
Bateson, Gregory. 1936. *Naven: A survey of the problems suggested by a composite picture of the culture of a New Guinea tribe drawn from three points of view*. Cambridge: Cambridge University Press.
Becker, Ernest. 1971. *The lost science of man*. New York: G. Braziller.
Benedict, Ruth. 1934. *Patterns of culture*. Boston: Houghton Mifflin.
Berger, Peter. 1983. Review of *The Human Cycle* by Colin Turnbull. *New York Times Book Review*, April 10, p. 13.
Berger, Peter, and Brigitte Berger. 1983. *The war over the family: Capturing the middle ground*. New York: Doubleday.
Bernstein, Richard J. 1976. *The restructuring of social and political theory*. Philadelphia: University of Pennsylvania Press.

———. 1983. *Beyond objectivism and relativism: Science, hermeneutics, and praxis*. Philadelphia: University of Pennsylvania Press.

Bertaux, Daniel, and Isabelle Bertaux-Wiame. 1981. Artisanal bakery in France: How it lives and why it survives. In *The petite bourgeoisie*, ed. Frank Bechhofer and Brian Elliott. New York: St. Martin's Press.

Bolter, J. David. 1984. *Turing's man: Western culture in the computer age*. London: Duckworth.

Boon, James. 1982. *Other tribes, other scribes: Symbolic anthropology in the comparative study of cultures, histories, religions and texts*. New York: Cambridge University Press.

———. 1983. America: Fringe benefits, a Review of *Risk and Culture* by Mary Douglas and Aaron Wildavsky. *Raritan* 2(4): 97–121.

Bourdieu, Pierre. 1977. *Outline of a theory of practice*. Cambridge: Cambridge University Press.

Bowen, Elenore Smith [Laura Bohannan]. 1964. *Return to laughter*. New York: Doubleday.

Briggs, Jean L. 1970. *Never in anger: Portrait of an Eskimo family*. Cambridge, Mass: Harvard University Press.

Bruss, Elizabeth. 1982. *Beautiful theories: The spectacle of discourse in contemporary criticism*. Baltimore: The Johns Hopkins University Press.

Casagrande, Joseph, ed. 1960. *In the company of man: Twenty portraits of anthropological informants*. New York: Harper & Brothers.

Castaneda, Carlos. 1968. *The teachings of Don Juan: A Yaqui way of knowledge*. Berkeley: University of California Press.

Certeau, Michel de. 1983. History: Ethics, science and fiction. In *Social science as moral inquiry*, ed. Norma Haan, Robert Bellah, Paul Rabinow, and William Sullivan. New York: Columbia University Press.

Chagnon, Napoleon. 1968. *Yanomamo: The fierce people*. New York: Holt, Rinehart & Winston.

Chapple, S., and R. Garafalo. 1982. *Rock 'n' roll is here to pay*. Chicago: Nelson-Hall.

Chernoff, John. 1979. *African rhythm and African sensibility: Aesthetics and social action in African musical idioms*. Chicago: University of Chicago Press.

Clifford, James. 1981. On ethnographic surrealism. *Comparative Studies in Society and History* 23: 539–64.

———. 1982. *Person and myth: Maurice Leenhardt in the Melanesian world*. Berkeley: University of California Press.

———. 1983a. Power and dialogue in ethnography: Marcel Griaule's initiation. In *Observers observed: Essays on ethnographic fieldwork*, ed. G. W. Stocking, Jr. Madison: University of Wisconsin Press.

———. 1983b. On ethnographic authority. *Representations* 2 Spring 1983: 132–143.

Clifford, James, and George E. Marcus, eds. 1986. *Writing culture: The poetics and the politics of ethnography*. Berkeley: University of California Press.
Crapanzano, Vincent. 1973. *The Hamadsha: A study in Moroccan ethnopsychiatry*. Berkeley: University of California Press.
———. 1980a. *Rite of return: Circumcision in Morocco*. Psychoanalytic Study of Society, vol. 9, ed. Warner Meunsterberger and L. Bryce Boyer. New York: Library of Psychological Anthropology.
———. 1980b. *Tuhami: Portrait of a Moroccan*. Chicago: University of Chicago Press.
Czitron, Daniel. 1982. *Media and the American mind*. Chapel Hill: University of North Carolina Press.
Danto, Arthur. 1981. *The transfiguration of the commonplace: A philosophy of art*. Cambridge, Mass.: Harvard University Press.
Dennett, Dennis. 1984. Computer models and the mind—a view from the East Pole. *Times Literary Supplement*, p. 1454.
Dolgin, Janet L., David S. Kemnitzer, and David M. Schneider, eds. 1977. *Symbolic Anthropology*. New York: Columbia University Press.
Douglas, Mary, and Aaron Wildavsky. 1982. *Risk and culture*. Berkeley: University of California Press.
Dowd, Maureen. 1984. A writer for the *New Yorker* says he created composites in reports. *New York Times*, June 6, p. 1.
Dumont, Jean-Paul. 1978. *The headman and I*. Austin: University of Texas Press.
Dumont, Louis. 1970. *Homo hierarchicus*. Chicago: University of Chicago Press.
Dwyer, Kevin. 1982. *Moroccan dialogues: Anthropology in question*. Baltimore: The Johns Hopkins University Press.
Evans-Pritchard, E. E. 1940. *The Nuer*. Clarendon: Oxford University Press.
Fabian, Johannes. 1983. *Time and the other: How anthropology makes its object*. New York: Columbia University Press.
Favret-Saada, J. 1980 [1977]. *Deadly words: Witchcraft in the Bocage*. Cambridge, Eng.: Cambridge University Press.
Fay, Stephen. 1982. *Beyond greed*. New York: Viking.
Feld, Steven. 1982. *Sound and sentiment: Birds, weeping, poetics, and song in Kaluli expression*. Philadelphia: University of Pennsylvania Press.
Fischer, Michael M. J. 1977. Interpretive anthropology. *Reviews in Anthropology* 4(4): 391–404.
———. 1980. *Iran: From religious dispute to revolution*. Cambridge, Mass.: Harvard University Press.
———. 1982a. *From interpretive to critical anthropologies*. Trabalhos de Ciencias, Serie Anthropologia Social, no. 34. Fundacao Universidade de Brasilia.

———. 1982b. Portrait of a mullah: The autobiography and bildungsroman of Aqa Najafi-Quchani. *Persica* 10: 223–57.

———. 1982c. Islam and the revolt of the petite bourgeoisie. *Daedalus* 111(1): 1–125.

———. 1983. Imam Khomeini: Four ways of understanding. In *Voices of Resurgent Islam,* ed. John Esposito. New York: Oxford University Press.

———. 1984. Toward a third world poetics: Seeing through fiction and film in the Iranian culture area. *Knowledge and Society* 5: 171–241. New York: JAI Press.

———. 1986. Ethnicity and post-modern arts of memory. In *Writing culture: The poetics and the politics of ethnography.* Berkeley: University of California Press.

Fortes, Meyer. 1973. On the concept of the person among the Tallensi. In *La notion de personne en Afrique noire,* ed. Germaine Dieterlen et al., Colloques Internationaux du C.N.R.S., no. 544, 1971 (Editions du C.N.R.S., Paris), pp. 284–319.

———. 1974. The first born. *Journal of Child Psychology and Psychiatry* 15: 81–104.

Fortune, Reo F. 1932. *The sorcerers of Dobu.* London: G. Routledge & Sons.

———. 1935. *Manus religion: An ethnological study of the Manus natives of the Admiralty Islands.* Philadelphia: American Philosophical Society.

Foster, Hal, ed. 1983. *The anti-aesthetic: Essays on postmodern culture.* Port Townsend, Wash.: Bay Press.

Fox, Richard. 1969. *From Zamindar to ballot box: Community change in a North Indian market town.* Ithaca: Cornell University Press.

Freeman, Derek. 1983. *Margaret Mead and Samoa: The making and unmaking of an anthropological myth.* Cambridge, Mass.: Harvard University Press.

Frith, Simon. 1981. *Sound effects: Youth, leisure and the politics of rock n' roll.* New York: Pantheon.

Gadamer, Hans-Georg. 1975. *Truth and method.* New York: Seabury Press.

Gaines, Atwood, and Robert Hahn, eds. 1982. Physicians of Western medicine: Five cultural studies. Special Issue of *Culture, Medicine, and Psychiatry* 6(3).

Gardner, Howard. 1983. *Frames of mind: The theory of multiple intelligences.* New York: Basic Books.

Geertz, Clifford. 1963. *Peddlers and princes: Social development and economic change in two Indonesian towns.* Chicago: University of Chicago Press.

———. 1965. *The social history of an Indonesian town.* Cambridge, Mass.: Harvard University Press.

———. 1973a. *The interpretation of cultures.* New York: Basic Books.

———. 1973b. Person, time, and conduct in Bali. In *The interpretation of cultures.* New York: Basic Books.

———. 1973c. Thick description: Toward an interpretive theory of culture. In *The interpretation of cultures*. New York: Basic Books.

———. 1973d. Deep play: Notes on the Balinese cockfight. In *The interpretation of cultures*. New York: Basic Books.

———. 1980a. *Negara: The theater state in nineteenth century Bali*. Princeton: Princeton University Press.

———. 1980b. Blurred genres. *American Scholar* 49: 165–79.

———. 1984. Anti-anti relativism. *American Anthropologist* 86(2): 263–77.

Geertz, Clifford, Hildred Geertz, and Lawrence Rosen. 1979. *Meaning and order in Moroccan society: Three essays in cultural analysis*. New York: Cambridge University Press.

Gerholm, Tomas, and Ulf Hannerz, eds. 1982. The shaping of national anthropologies. Special Issue of *Ethnos*. Etnografiska Museet, Stockholm.

Giddens, Anthony. 1976. *New rules of sociological method*. New York: Basic Books.

———. 1979. *Central problems in social theory: Action, structure and contradiction in social analysis*. Berkeley: University of California Press.

Gilligan, Carol. 1982. *In a different voice: Psychological theory and women's development*. Cambridge, Mass.: Harvard University Press.

Glassie, Henry. 1982. *Passing the time in Ballymenone: Culture and history of an Ulster community*. Philadelphia: University of Philadelphia Press.

Gleick, James. 1984. Solving the mathematical riddle of chaos. *New York Times Magazine*, June 10, pp. 30–32.

Gluckman, Max, ed. 1964. *Closed systems and open minds: The limits of naivety in social anthropology*. Chicago: Aldine.

Golde, Peggy, ed. 1970. *Women in the field: Anthropological experiences*. Chicago: Aldine.

Gouldner, Alvin W. 1970. *The coming crisis of Western sociology*. New York: Basic Books.

Gray, John N. 1984. Lamb auctions on the borders. *European Journal of Sociology* 24: 54–82.

Grindal, Bruce T. 1983. Into the heart of Sisala experience: Witnessing death divination. *Journal of Anthropological Research* 39: 60–80.

Handelman, Susan A. 1982. *The slayers of Moses*. Albany: State University of New York Press.

Handler, Richard. 1983. The dainty and the hungry man: Literature and anthropology in the work of Edward Sapir. In *Observers observed: Essays on ethnographic fieldwork*, ed. G. W. Stocking, Jr. Madison: University of Wisconsin Press, pp. 201–31.

Harris, Marvin. 1981. *America now: The anthropology of a changing culture*. New York: Simon and Schuster.

Haskell, Thomas. 1977. *The emergence of professional social science*. Urbana: University of Illinois Press.

Hatch, Elvin. 1983. *Culture and morality*. New York: Columbia University Press.
Hebdige, Dick. 1979. *Subculture: The meaning of style*. London: Methuen.
Henry, Jules. 1963. *Culture against man*. New York: Random House.
Hirsch, Fred. 1976. *The social limits to growth*. Cambridge, Mass.: Harvard University Press.
Hollis, Martin, and Steven Lukes, eds. 1982. *Rationality and Relativism*. Cambridge, Mass.: MIT Press.
Huntington, Richard, and Peter Metcalf. 1979. *Celebrations of death: The anthropology of mortuary ritual*. New York: Cambridge University Press.
Hymes, Dell. 1981. *"In vain I tried to tell you": Essays in Native American ethnopoetics*. Philadelphia: University of Pennsylvania Press.
Hymes, Dell, ed. 1969. *Reinventing anthropology*. New York: Pantheon Books.
Inden, Ronald B., and Ralph W. Nicholas. 1977. *Kinship in Bengali culture*. Chicago: University of Chicago Press.
Jackson, Michael. 1982. *Allegories of the wilderness: Ethics and ambiguity in Kuranko narratives*. Bloomington: Indiana University Press.
Jameson, Fredric. 1984. Postmodernism, or the cultural logic of late capitalism. *New Left Review* 146: 53–93.
Jarvie, I. C. 1964. *Revolution in anthropology*. New York: Humanities Press.
Jennings, Humphrey, and Charles Madge, eds. 1937. *May the twelfth: Mass-observation day-surveys 1937 by over two hundred observers*. London: Faber & Faber.
Karp, Ivan. 1980. Beer drinking and social experience in an African society. In *Explorations in African systems of thought*, ed. I. Karp and C. S. Bird. Bloomington: Indiana University Press.
Karp, Ivan, and Martha B. Kendall. 1982. Reflexivity in field work. In *Explaining human behavior*, ed. Paul F. Secord. Beverly Hills, Calif.: Sage Publications.
Keil, Charles. 1979. *Tiv Song*. Chicago: University of Chicago Press.
Kirkpatrick, John. 1983. *The marquesan notion of the person*. Ann Arbor: UMI Research Press.
Kracke, Waud. 1978. *Force and persuasion: Leadership in an Amazonian society*. Chicago: University of Chicago Press.
Kuhn, Thomas. 1962. *The structure of scientific revolutions*. Chicago: University of Chicago Press.
Lacan, Jacques. 1977. *Ecrits*. New York: Norton.
Latour, Bruno, and Steve Woolgar. 1979. *Laboratory life: The social construction of scientific facts*. Beverly Hills, Calif.: Sage Publications.
Lévi-Strauss, Claude. 1963. *Structural anthropology*. New York: Basic Books.
———. 1966 [1962]. *The savage mind*. Chicago: University of Chicago Press.
———. 1969a [1949]. *The elementary structures of kinship*. Boston: Beacon Press.

———. 1969b [1964]. *The raw and the cooked.* New York: Harper & Row.
———. 1973 [1966]. *From honey to ashes.* New York: Harper & Row.
———. 1974 [1955]. *Tristes tropiques.* New York: Atheneum.
———. 1978 [1968]. *The origin of table manners.* New York: Harper & Row.
———. 1981 [1971]. *The naked man.* New York: Harper & Row.

Levy, Robert I. 1973. *Tahitians: Mind and experience in the Society Islands.* Chicago: University of Chicago Press.

Lewis, Oscar. 1961. *Children of Sanchez: Autobiography of a Mexican family.* New York: Random House.

———. 1966. *La vida: A Puerto Rican family in the culture of poverty—San Juan and New York.* New York: Random House.

Lipsitz, George. 1981. *Class and culture in Cold War America.* New York: Praeger.

Livingston, Debra. 1982. 'Round and 'round the bramble bush: From legal realism to critical legal scholarship. *Harvard Law Review* 95: 1670–76.

Luhmann, Niklas. 1984. *Soziale Systeme: Grundrisse einer allegemeinen Theorie.* Frankfurt am Main: Suhrkamp.

Lyotard, Jean-Francois. 1984 [1979]. *The postmodern condition: A report on knowledge.* Minneapolis: University of Minnesota Press.

MacCannell, Dean, and Juliet Flower MacCannell. 1982. *The time of the sign: A semiotic interpretation of modern culture.* Bloomington: Indiana University Press.

MacIntyre, Alisdair. 1981. *After virtue: A study in moral theory.* Notre Dame: University of Notre Dame Press.

Majnep, Ian, and Ralph Bulmer. 1977. *Birds of my Kalam country.* Auckland: Oxford University Press.

Malinowski, Bronislaw. 1922. *Argonauts of the Western Pacific.* New York: Dutton.

———. 1967. *A diary in the strict sense of the term.* New York: Harcourt, Brace & World.

Marcus, George E. 1980. Law in the development of dynastic families among American business elites: The domestication of capital and the capitalization of family. *Law & Society Review* 14:859–903.

———. 1983. The fiduciary role in American family dynasties and their institutional legacy: From the law of trust to trust in the Establishment. In *Elites: Ethnographic Issues,* ed. G. E. Marcus. Albuquerque: University of New Mexico Press.

———. 1985. A timely rereading of Naven: Gregory Bateson as oracular essayist. *Representations,* Fall, no. 12.

Marcus, George E., and Dick Cushman. 1982. Ethnographies as texts. *Annual Review of Anthropology* 11: 25–69.

Marcus, Greil. 1976. *Mystery train.* New York: Dutton.

Marx, Leo. 1964. *The machine in the garden: Technology and the pastoral ideal in America*. New York: Oxford University Press.

Massignon, Louis. 1982. *The passion of al-Hallaj: Mystic and martyr of Islam*. Princeton: Princeton University Press.

Mauss, Marcel. 1967 [1925]. *The gift: Forms and functions of exchange in archaic societies*. New York: Norton.

———. 1968 [1938]. A category of the human spirit (a translation by L. Krader of "Une catégorie de l'esprit humain: La notion de personne, celle de 'moi' ") *Psychoanalytic Review* 55: 457–90.

Maybury-Lewis, David H. P. 1965. *The savage and the innocent*. London: Evans.

Mead, Margaret. 1949 [1928]. *Coming of Age in Samoa*. New York: Mentor Books.

Meeker, Michael. 1979. *Literature and violence in North Arabia*. New York: Cambridge University Press.

Miner, Horace. 1956. Body ritual among the Nacirema. *American Anthropologist* 58(3): 503–07.

Mintz, Sidney. 1960. *Worker in the cane: A Puerto Rican life history*. New Haven: Yale University Press.

Nash, June. 1979. *We eat the mines and the mines eat us: Dependency and exploitation in Bolivian tin mines*. New York: Columbia University Press.

Obeyesekere, Gananath. 1981. *Medusa's hair: An essay on personal symbols and religious experience*. Chicago: University of Chicago Press.

———. 1983. *The cult of the goddess Patini*. Chicago: University of Chicago Press.

Ortner, Sherry B. 1984. Theory in anthropology since the sixties. *Comparative Studies in Society and History* 26: 126–66.

Perin, Constance. 1977. *Everything in its place: Social order and land use in America*. Princeton: Princeton University Press.

Piore, Michael J., and Charles F. Sabel. 1984. *The second industrial divide*. New York: Basic Books.

Price, Richard. 1983. *First-time: The historical vision of an Afro-American people*. Baltimore: The Johns Hopkins University Press.

Rabinow, Paul. 1977. *Reflections on fieldwork in Morocco*. Berkeley: University of California Press.

Riesman, Paul. 1977. *Freedom in Fulani social life: An introspective ethnography*. Chicago: University of Chicago Press.

Rorty, Richard. 1979. *Philosophy and the mirror of nature*. Princeton: Princeton University Press.

Rosaldo, Michelle Z. 1980. *Knowledge and passion: Ilongot notions of self and social life*. New York: Cambridge University Press.

Rosaldo, Renato. 1980. *Ilongot headhunting, 1883–1974: A study in society and history*. Stanford: Stanford University Press.

Rosaldo, Renato. 1980. *Ilongot headhunting, 1883–1974: A study in society and history*. Stanford: Stanford University Press.

Rose, Dan. 1982. Occasions and forms of anthropological experience. In *A crack in the mirror: Reflexive perspectives in anthropology,* ed. Jay Ruby. Philadelphia: University of Pennsylvania Press.

———. 1983. In search of experience: The anthropological poetics of Stanley Diamond. *American Anthropologist* 85(2): 345–55.

Rothenberg, Jerome, and Diane Rothenberg. 1983. *Symposium of the whole: A range of discourse toward an ethnopoetics*. Berkeley: University of California Press.

Rothenberg, Randall. 1984. *The neoliberals: Creating the new American politics*. New York: Simon & Schuster.

Sabel, Charles F. 1982. *Work and politics: The division of labor in industry*. New York: Cambridge University Press.

Sahlins, Marshall. 1976. *Culture and practical reason*. Chicago: University of Chicago Press.

———. 1981. *Historical metaphors and mythical realities: Structure in the early history of the Sandwich Islands kingdom*. Ann Arbor: University of Michigan Press.

Said, Edward. 1979. *Orientalism*. New York: Random House.

Schieffelin, Edward L. 1976. *The sorrow of the lonely and the burning of the dancers*. New York: St. Martin's Press.

Schneider, David. 1968. *American kinship: A cultural account*. Englewood Cliffs, N.J.: Prentice-Hall.

Schneider, Jane, and Peter Schneider. 1976. *Culture and political economy in Western Sicily*. New York: Academic Press.

Shankman, Paul. 1984. The thick and the thin: On the interpretive theoretical program of Clifford Geertz. *Current Anthropology* 25(3): 261–80.

Shore, Bradd. 1982. *Sala'ilua: A Samoan mystery*. New York: Columbia University Press.

Shostak, Majorie. 1981. *Nisa: The life and words of a !Kung woman*. Cambridge, Mass.: Harvard University Press.

Sims, Norman, ed. 1984. *The literary journalists*. New York: Ballantine Books.

Smith, Carol. 1978. Beyond dependency theory: National and regional patterns of underdevleopment in Guatemala. *American Ethnologist* 5(2): 574–617.

———. 1984. Local history in global context: Social and economic transitions in Western Guatemala. *Comparative Studies in Society and History* 26(2): 193–228.

———, ed. 1976. *Regional analysis*. 2 vols. New York: Academic Press.

Smith, Raymond T., and David M. Schneider. 1973. *Class differences and sex roles in American kinship and family structure*. Englewood Cliffs, N.J.: Prentice-Hall.

Sperber, Dan. 1982. Ethnographie interpretative et anthropologie théorique. In *Le savior des anthropologues*. Paris: Hermann.
Stern, J. P. 1973. *On realism*. New York: Routledge & Kegan Paul.
Stoller, Paul. 1984. Eye, mind and word in anthropology. *L'Homme* 24: 91–114.
Stott, William. 1973. *Documentary expression and thirties America*. New York: Oxford University Press.
Tambiah, Stanley J. 1976. *World conqueror and world renouncer*. New York: Cambridge University Press.
Taussig, Michael. 1980. *The devil and commodity fetishism in South America*. Chapel Hill: University of North Carolina Press.
Taylor, Charles. 1979. Interpretation and the sciences of man. In *Interpretive social science: A reader,* ed. Paul Rabinow and William M. Sullivan. Berkeley: University of California Press.
Taylor, J. M. 1979. *Eva Peron: Myths of a woman*. Chicago: University of Chicago Press.
Tedlock, Dennis. 1983. *The spoken word and the work of interpretation*. Philadelphia: University of Pennsylvania Press.
Tedlock, Dennis, trans. 1985. *The Popol Vuh*. New York: Simon & Schuster.
Thurow, Lester. 1983. *Dangerous currents: The state of economics*. New York: Random House.
Todorov, Tzvetan. 1984 [1982]. *The conquest of America*. New York: Harper & Row.
Travers, Jeffrey, and Stanley Milgram. 1969. An experimental study of the small world problem. *Sociometry* 32(4): 443–75.
Turkle, Sherry. 1984. *The second self: Computers and the human spirit*. New York: Basic Books.
Turnbull, Colin. 1983. *The human cycle*. New York: Simon & Schuster.
Turner, Victor. 1957. *Schism and continuity in an African society: A study of Ndembu village life*. Manchester: Manchester University Press.
———. 1960. Muchona the hornet, interpreter of religion. In *In the company of man: Twenty portraits of anthropological informants*. New York: Harper & Brothers.
Tyler, Stephen. 1969. *Cognitive anthropology*. New York: Holt, Rinehart & Winston.
———. 1981. Words for deeds and the doctrine of the secret world. In *Papers from the parasession on language and behavior, Chicago Linguistic Society*. Chicago: University of Chicago Press.
———. 1984. The poetic turn in post-modern anthropology: The poetry of Paul Friedrich. *American Anthropologist* 6(2): 328–36.
———. 1986. Post-modern ethnography: From document of the occult to occult document. In *Writing Culture: The poetics and politics of ethnography,* ed. James Clifford and George E. Marcus. Berkeley: University of California Press.

———. n.d. Ethnography, intertextuality, and the end of description. *American Journal of Semiotics*. Forthcoming.

———. n.d. *Post-modern anthropology*. Publication of the Washington Anthropological Society, ed. Phyllis Chock. Forthcoming.

Ungar, Roberto M. 1976. *Law and modern social theory*. New York: Free Press.

———. 1984. *Passion: An essay on personality*. New York: Free Press.

Vidich, Arthur J. 1952. *The political impact of colonial administration*. PhD dissertation, Harvard University.

Wallace, Anthony. 1969. *The death and rebirth of the Seneca*. New York: Random House.

———. 1978. *Rockdale: The growth of an American village in the early industrial revolution*. New York: Knopf.

Wallerstein, Immanuel. 1974. *The modern world-system: Capitalist agriculture and the origins of the European world-economy in the sixteenth century*. New York: Academic Press.

Walzer, Michael. 1983. *Spheres of justice: A defense of pluralism and equality*. New York: Basic Books.

Wax, Rosalie. 1971. *Doing fieldwork: Warnings and advice*. Chicago: University of Chicago Press.

Weatherford, J. MacIver. 1981. *Tribes on the hill*. New York: Rawson, Wade.

Webster, Stephen. 1982. Dialogue and fiction in ethnographic truth. *Dialectical Anthropology* 7: 91–114.

———. 1983. Ethnography as storytelling. *Dialectical Anthropology* 8: 185–206.

White, Hayden V. 1973. *Metahistory: The historical imagination in nineteenth century Europe*. Baltimore: The Johns Hopkins University Press.

Williams, Raymond. 1973. *The country and the city*. New York: Oxford University Press.

———. 1977. *Marxism and literature*. London: Oxford University Press.

———. 1981a. *Culture*. Glasgow: Fontana Books.

———. 1981b. *Politics and letters: Interviews with New Left Review*. London: New Left Editions, Verso.

Willis, Paul. 1978. *Profane culture*. London: Routledge and Kegan Paul.

———. 1981 [1977]. *Learning to labour: How working class kids get working class jobs*. New York: Columbia University Press.

Wilson, E. O. 1975. *Sociobiology: The new synthesis.* Cambridge, Mass.: Harvard University Press.

Wolf, Eric. 1982. *Europe and the people without history*. Berkeley: University of California Press.

Wolfe, Tom, and E. W. Johnson, eds. 1973. *The new journalism*. New York: Harper & Row.

人名譯名對照表

Adams, Henry 亨利・亞當
Adorno, Theodor 提奧多・阿多諾
Agee, James 詹姆士・亞吉
Alexander, Jeffrey 傑弗瑞・亞歷山大
Althusser, Louis 路易斯・阿圖塞
Alurista 阿盧里斯塔
Alvarez, Albert 阿伯特・阿瓦瑞茲
Anderson, Perry 裴瑞・安德森
Appadurai, Arjun 亞鈞・阿帕都瑞
Asad, Talal 塔拉・阿薩德

Bahr, Donald M.當勞・巴爾
Bales, Robert 羅伯特・貝爾斯
Bandelier, Adolph 阿道夫・班德利爾
Barnett, Steve 史蒂夫・巴奈特
Barthes, Roland 羅蘭・巴特
Bataille, Georges 喬治斯・巴泰爾
Bateson, Gregory 葛哥瑞・倍森
Becker, Ernest 爾尼斯特・貝克爾
Bell, Daniel 丹尼爾・貝爾
Benedict, Ruth 露絲・班乃迪克
Benjamin, Walter 瓦特・班雅明
Berger, Peter 彼特・柏格
Bernstein, R. J. 李察・伯恩斯坦
Boas, Franz 法蘭士・鮑亞士
Bohannan, Laura 蘿拉・波哈南
BolterJ. David 大衛・波爾特
Boon, James A.詹姆斯・波恩
Bourdieu, Pierre 皮耶・布迪厄
Bowen, Elinore 伊利諾爾・鮑文
Braudel, Fernand 費南・波戴爾
Breton, Andre 安德烈・布列頓
Brigg, Jean 尚・布瑞
Bruss, Elizabeth 依莉莎白・布陸斯
Bulmer, Ralph 瑞夫・布爾莫
Burgess, Ernest 爾尼斯特・伯吉斯

Caillois, Roger 羅杰・凱洛
Cantwell, Robert 羅伯特・坎威爾
Casagrande, Joseph 約瑟夫・卡薩戈蘭德
Castaneda, Carlos 卡洛斯・卡斯塔妮鞑
Chagnon, Napoleon 拿波里・察格儂

Gouldner, Alvin 古德納
Gregorio, Juan 瓊・桂戈里歐
Griaule, Marcel 馬歇爾・格瑞奧
Grindal, Bruce T.布魯斯・哥林達

Hahn, Robert 羅伯・哈恩
Handler,Richard 理查・韓德勒
Hannerz,Ulf 伍弗・漢尼茲
Hardy, Thomas 湯瑪斯・哈迪
Harris, Marvin 馬爾芬・哈瑞斯
Haskell, Thomas 湯瑪斯・哈斯柯
Hatch, Elvin 艾爾文・翰奇
Hebdige, Dick 迪克・黑迪吉
Hirsch, Fred 弗瑞德・赫胥
Hollis, Martin 馬汀・荷里斯
Horkheimer, Max 馬克思・霍克海默
Horwitz, Morton 摩頓・霍維茲
Huntington, Richard 理查・杭廷頓
Hymes, Dell 戴爾・海姆斯

Inden, Ronald 羅納德・印丹

Jackson, Michael 麥可・傑克森
Jameson, Fredric 弗瑞左・詹明信
Jennings, Humphrey 杭弗瑞・堅尼
Johnson, E. W.強森

Karp, Ivan 伊凡・卡普
Kemnitzer, David S.大衛・肯尼澤
Kendall, Martha B.瑪莎・坎多
Kennedy, Duncan 鄧肯・甘迺迪
Kidder, Tracy 翠西・基德
Kirkpatrick, John 約翰・科派翠克
Kirshheimer, Otto 奧拓・克胥海默
Korsch, Karl 卡爾・柯爾胥
Kracke, Woude 伍德・夸克
Kroeber, Alfred 阿爾弗瑞・克羅伯

Lacan, Jacques 雅克・拉康
Lange, Dorthea 朵提雅・朗格
Lasch, Christopher 克里斯・拉胥
Latour, Bruno 布魯諾・拉圖爾
Leacock, Eleanor 艾里諾・李考克
Leenhardt, Maurice 莫瑞斯・琳哈德
Leiris, Michel 米歇爾・雷瑞斯
Lentricchia, Frank 法蘭克・朗崔佳
Levi-Strauss, Claude 克勞德・李維史陀
Levy, Robert 羅伯・萊維
Levy-Bruhl, Lucien陸森・萊維－布洛爾
Lewis, Oscar 奧斯卡・路易斯
Lipsitz, George 喬治・利斯茲
Livingston, Debra 迪普拉・李文斯頓
Lopez, David I.大衛・羅裴茲
Lowenthal, Leo 李歐・羅文薩
Luhmann, Niklas 尼克拉斯・盧曼
Lukes, Steven 史提芬・陸克斯
Lyotard, Jean-Francois 尚—法蘭休斯・李歐塔

MacCannell, Dean 迪恩・麥肯諾
MacCannell, Juliet Flower 裘莉亞・

譯後記

翻譯一本原著，對我來說就像是在練習一首樂曲的彈奏，尤其這本書是我正式公開的翻譯。基於這種考量，我希望能按照作曲者所表達的意圖、節奏和風格上進行詮釋，而非是我個人發揮式的表達。因此，譯文中若有閱讀彆扭之處，煩請讀者指正與原諒。

正式接觸這本論著，是我於 1997 年就讀於奧勒岡大學人類學研究所時，在該年完成碩士研究後，便開始著手於翻譯的前置作業。礙於諸多因素，直到今日才有機會完成這項計劃。由於版權的考量，此一譯本維持英文原著在 1986 年的版本。

翻譯的過程中，我的老師余德慧先生在加油打氣之餘，也留意地通知我，他的好友北京大學教授王銘銘先生，與其同儕藍達居先生二人已在中國的學術期刊上，刊載了原著第五章的部份內容。其後也與王教授聯絡上，原以爲華文世界裡既然已經有專業的學者翻譯了其中的一部份，我便無需著墨於此，沒想到其譯稿雖具修潤之美，但仍帶有相當多的當地語彙和譯法，於是關於此一章節，我還是重新翻譯了一次。但是對於王先生的盛情相助，在此仍須致謝。其次還要謝謝我的碩士指導教授 Dr. Richard Chaney（1940-1998），和普林斯頓大學人類學研究所博士班指導教授 James A. Boon 在我閱讀和翻譯的過程中，所提供的無數寶貴啓發與理解。

當然，最重要的要感謝高信疆先生無條件地鼓勵並支持晚輩的研究生涯，以及桂冠圖書公司賴阿勝先生對晚輩的提攜與幫助。還有就是原作者喬治・馬庫色（George Marcus）教授（萊斯大學）對於版權取得上的熱情相助，在與他進行訪談的過程中，個人澄清了許多的疑點。沒有這三個人，我不會有任何機會出版這本翻譯論著。同時，在打樣校對的過程中，桂冠圖書公司的編輯們（特別是劉彥廷先生）對我的耐心與溝通，其中張慧芝小姐以及陳妍利小姐對於序言部分翻譯的建議與修潤，使得此一章節成爲本譯本最具可讀性的單元，在此都一併致謝。

國家圖書館出版品預行編目資料

文化批判人類學：一個正在實驗的人文科學／喬治・馬庫斯（George E. Marcus)、麥可・費雪（Michael M. Fischer）著；林徐達譯 -- 初版. -- 台北縣： 桂冠， 2004 [民 93]

面； 公分. –

譯自：Anthropology as Cultural Critique：An Experimental Moment in the Human Sciences

參考書目：面
ISBN 957-730-453-2 （平裝）

1. 文化人類學 –論文,講詞等

541.307 93003317

08614

文化批判人類學：一個正在實驗的人文科學

Anthropology as Cultural Critique：An Experimental Moment in the Human Sciences

著者—— 喬治・馬庫斯（George E. Marcus）麥可・費雪(Michael M. Fischer）
譯者—— 林徐達
責任編輯—— 張慧芝、陳妍利
出版者—— 桂冠圖書股份有限公司
地址—— 台北縣 231 新店市中正路 542-3 號 2F
電話—— 02-22193338 02-23631407
購書專線—— 02-22190778
傳真—— 02-22182859~60
郵政劃撥—— 0104579-2 桂冠圖書股份有限公司

印刷廠—— 海王印刷廠
裝訂廠—— 欣亞裝訂公司
初版一刷—— 2004 年 4 月
網址—— www.laureate.com.tw
E-mail—— laureate@ laureate.com.tw

ISBN 957-730-453-2 定價 —— 新台幣 250 元